Ad Hoc 網路安全體系

葉永飛 / 著

Ｓ崧燁文化

前　言

　　Ad Hoc 網路，最初起源於美國的軍事通信，由於其自組性、易鋪設、臨時性、組網快速靈活、無基礎設施要求等獨特的優勢，被廣泛應用於民用緊急救援、傳感器網路、個人網路及商業應用等各個領域。Ad Hoc 網路中無需固定基礎設施支持，帶有無線收發裝置的移動終端作為網路節點可自發組建網路並完成信息傳輸任務。網路主要基於分佈式算法和分層網路協議的協調合作實現自組織運行功能。90 年代中期，隨著應用領域的擴大，Ad Hoc 網路的各項技術開始成為移動通信領域中公開研究的熱點。

　　由於具有區別於蜂窩移動通信等傳統網路的顯著特點，所以無法將一些成熟的技術直接應用於 Ad Hoc 網路，這就需要根據網路特點設計相關的路由協議、網路協議及保密措施等。

　　移動 Ad Hoc 網路作為一種新型的無線移動多跳網路，比傳統網路更容易遭受各種安全威脅，如偽造身分、竊聽、重放、篡改報文和拒絕服務等。Ad Hoc 網路面臨的安全問題分兩個層次：一層是對網路安全機制的攻擊，尤其是對密鑰管理機制的攻擊，包括惡意破壞公鑰或者洩露某些密鑰等；另一層是對 Ad Hoc 網路基本機制攻擊，如對路由信息的攻擊。Ad Hoc 網路的安全問題成為一個極具挑戰性的研究課題。網路協議棧中五層協議緊密配合，可以構建安全的 Ad Hoc 網路體系結構。

　　通過分析 Ad Hoc 網路協議各層的特點及存在的安全隱患，本書致力於建立一個較為完善的安全體系。在這個安全體系中，將網路拓撲結構設計、節點身分認證、數據加密、組播密鑰管理及安全路由策略實現等安全要素全方位融合，形成有機整體，針對現存的各種攻擊及安全漏洞，提供有效的抵禦措施。

　　本書共分 10 章，第 1 章提出了本書的研究背景、研究意義及主要研究內

容；第2章介紹Ad Hoc網路的主要拓撲結構並提出一種基於B-樹的網路拓撲結構用於自組織網路；第3章的內容是關於Ad Hoc網路的路由策略，在介紹現存的經典策略的基礎上，又提出一種安全先驗式路由策略用於保障網路節點間通信；第4章主要分析Ad Hoc網路現存的集中式密鑰管理方案和證書鏈公鑰管理方案；第5章分析了適用於Ad Hoc網路的另一種密鑰管理方案——分佈式密鑰管理方案的優點與缺陷，並在分析完全分佈式密鑰管理方案的理論基礎上提出了基於簇結構的Ad Hoc網路安全密鑰管理方案，方案中詳細論述如何在網路中運用完全分佈式的密鑰管理方案對基於簇結構的網路系統私鑰進行管理；第6章提出了網路中自組織組密鑰管理方案，設計方案的目的是安全管理適用於簇結構拓撲的Ad Hoc網路中的組密鑰，方案針對網路拓撲結構極不穩定的特性，提出一種適應性的組密鑰更新機制，從而保證了組密鑰的前向和后向安全性。第7章是關於Ad Hoc網路的媒介訪問控製及差錯控製，主要用於解決數據傳輸中發生的差錯，以保證網路的正確性；第8章介紹了影響Ad Hoc網路安全的一些其它重要因素及解決策略；第9章主要是關於常用的無線網路仿真平臺的介紹，為用戶的實驗提供便利；第10章是對Ad Hoc網路各項技術的一個綜合應用，設計並實現了基於ZigBee的農業環境遠程監測系統，利用傳感器組建網路，採集農田數據，為精準農業的發展和實現提供可靠的數據支持。

由於本人水平有限，加之時間倉促，書中難免有疏漏和錯誤，如有不妥之處，敬請大家批評指正。

目　錄

第 1 章　Ad Hoc 網路概述 / 1

1.1　Ad Hoc 網路發展 / 1

1.2　Ad Hoc 網路安全威脅與攻擊 / 9

1.3　Ad Hoc 網路安全需求 / 11

1.4　Ad Hoc 網路安全機制 / 13

1.5　本章小結 / 17

　參考文獻 / 18

第 2 章　Ad Hoc 網路拓撲結構 / 21

2.1　Ad Hoc 網路結構 / 21

　　2.1.1　平面結構 / 22

　　2.1.2　分級結構 / 22

2.2　構建基於 B-樹網路拓撲結構 / 24

　　2.2.1　B-樹的特徵 / 24

　　2.2.2　構建基於 B-樹的網路拓撲結構 / 25

　　2.2.3　添加網路節點的操作 / 26

　　2.2.4　刪除網路節點的操作 / 28

　　2.2.5　B-樹網路拓撲結構分析 / 30

2.3　本章小結 / 30

參考文獻 / 31

第3章　Ad Hoc 網路安全路由策略 / 32

3.1　網路節點安全路由機制 / 32
3.2　Ad Hoc 網路典型路由協議 / 33
3.2.1　主動路由協議 DSDV / 33
3.2.2　按需路由協議 AODV / 36
3.2.3　泛洪路由協議 Flooding 和 Gossiping / 40
3.2.4　動態源路由協議 DSR / 41
3.3　路由協議的安全威脅與攻擊 / 44
3.3.1　蟲洞攻擊（Wormhole Attack）/ 45
3.3.2　急流攻擊（Rushing Attack）/ 46
3.3.3　女巫攻擊（Sybil Attack）/ 46
3.4　Ad Hoc 網路安全先驗式路由策略 / 47
3.4.1　相關算法 / 48
3.4.2　路由請求機制 / 52
3.4.3　路由響應機制 / 55
3.4.4　數據傳輸 / 57
3.5　本章小結 / 57

參考文獻 / 58

第4章　集中式密鑰管理和身分認證方案 / 62

4.1　集中式密鑰管理方案 / 63
4.1.1　方案實現原理 / 63
4.1.2　集中式密鑰管理方案的分析 / 64

4.2　證書鏈公鑰管理方案 / 64

　　4.2.1　方案的理論基礎 / 64

　　4.2.2　方案的實現過程 / 65

　　4.2.3　方案的實驗結果 / 67

　　4.2.4　證書鏈公鑰管理方案分析 / 69

4.3　本章小結 / 70

參考文獻 / 70

第 5 章　分佈式密鑰管理方案研究與設計 / 72

5.1　部分分佈式密鑰管理方案的分析 / 72

　　5.1.1　方案概述 / 72

　　5.1.2　部分分佈式密鑰管理方案的優點與不足 / 74

5.2　完全分佈式密鑰管理方案的分析 / 75

　　5.2.1　方案概述 / 75

　　5.2.2　證書的更新與取消 / 76

　　5.2.3　完全分佈式密鑰管理方案的優點與不足 / 76

5.3　基於簇結構的安全密鑰管理方案的理論基礎 / 77

　　5.3.1　方案的應用環境 / 77

　　5.3.2　Shamir 的 (t, n) 門限機制 / 78

5.4　基於簇結構的安全密鑰管理方案的實現 / 80

　　5.4.1　方案適用的網路環境 / 80

　　5.4.2　網路系統公/私密鑰對的形成 / 82

　　5.4.3　簇私鑰份額的分發管理 / 83

　　5.4.4　簇私鑰份額的安全管理 / 84

　　5.4.5　方案對路由協議的需求 / 88

5.5　基於簇結構密鑰管理方案性能分析 / 89

5.6　方案的安全性分析 / 92

5.7 分佈式與證書鏈相結合密鑰管理方案 / 92

    5.7.1 混合式密鑰管理方案的基本思想 / 92

    5.7.2 方案實現的障礙 / 93

5.8 三種主要密鑰管理方案的分析比較 / 93

5.9 本章小結 / 94

參考文獻 / 94

第 6 章　自組織組密鑰管理方案設計 / 97

6.1 Ad Hoc 網路組密鑰管理方案需解決的問題 / 97

6.2 方案的理論基礎 / 98

6.3 Jen 方案的主要內容 / 99

6.4 自組織組密鑰管理方案的實現 / 100

    6.4.1 密鑰樹的形成 / 100

    6.4.2 組成員可信值的定義 / 101

    6.4.3 組密鑰的生成 / 101

    6.4.4 組密鑰的更新 / 101

6.5 通訊代價分析 / 104

6.6 安全性分析 / 105

6.7 本章小結 / 106

參考文獻 / 106

第 7 章　媒介訪問與差錯控製 / 108

7.1 Ad Hoc 網路的媒介訪問控製 / 108

    7.1.1 Ad Hoc 網路中 MAC 協議面臨的問題 / 109

    7.1.2 Ad Hoc 網路對 MAC 協議的要求 / 111

    7.1.3 MAC 協議的性能評價指標 / 112

7.1.4　MAC 協議訪問控製方法 / 113

7.2　差錯控製 / 121

7.2.1　檢測錯誤 / 122

7.2.2　糾正錯誤 / 124

7.3　IEEE 802.11 MAC 協議 / 126

7.3.1　IEEE 802.11 協議 / 126

7.3.2　IEEE 802.11 協議的工作模式 / 127

7.3.3　IEEE 802.11 協議的介質訪問層控製 / 127

7.3.4　IEEE 802.11 協議避免衝突的方式 / 128

7.3.5　二進制指數退避算法 BEB / 131

7.3.6　MAC 層動態速率切換功能 / 133

7.4　本章小結 / 135

參考文獻 / 136

第 8 章　Ad Hoc 網路的其它安全因素 / 138

8.1　網路節點定位系統攻擊 / 138

8.1.1　網路節點定位技術概述 / 139

8.1.2　基於測距的網路節點定位技術 / 140

8.1.3　無需測距的網路節點定位技術 / 146

8.1.4　定位系統攻擊 / 149

8.1.5　安全節點定位技術 / 150

8.2　時鐘同步 / 153

8.2.1　影響因素及其結果 / 153

8.2.2　時鐘同步的威脅與安全 / 155

8.3　數據融合和聚合 / 156

8.4　數據訪問 / 156

8.4.1　數據庫訪問方式 / 157

8.4.2　其它數據查詢方案 / 159

　8.5　節點移動管理 / 159

　8.6　本章小結 / 160

　參考文獻 / 161

第 9 章　Ad Hoc 網路仿真平臺 / 163

　9.1　OPNET 簡介及使用 / 163

　　　9.1.1　OPNET Modeler 開發環境介紹 / 165

　　　9.1.2　OPNET 核心函數簡介 / 171

　9.2　NS-2 簡介及使用 / 177

　　　9.2.1　NS-2 的實現機制 / 177

　　　9.2.2　NS-2 模擬及仿真過程 / 181

　　　9.2.3　NS-2 的網路組件 / 182

　　　9.2.4　NS-2 的模擬輔助工具 / 184

　9.3　QualNet 簡介及使用 / 193

　　　9.3.1　QualNet 的輔助工具 / 193

　　　9.3.2　QualNet 的仿真工作流程 / 196

　　　9.3.3　QualNet 中源代碼編譯 / 196

　9.4　OMNeT++簡介及使用 / 197

　　　9.4.1　OMNeT++的模擬器 / 197

　　　9.4.2　OMNeT++組織框架 / 198

　　　9.4.3　OMNeT++的兩種工具語言 / 200

　　　9.4.4　OMNeT++建模操作 / 201

　　　9.4.5　OMNeT++仿真 / 202

　9.5　本章小結 / 204

　參考文獻 / 205

第 10 章　基於 ZigBee 的農業環境遠程監測系統 / 206

10.1　開發背景 / 206

10.2　系統總體框架 / 207

10.3　系統開發環境及關鍵技術 / 208

10.3.1　系統開發環境 / 209

10.3.2　系統開發關鍵技術 / 209

10.4　系統設計 / 210

10.4.1　系統整體設計 / 210

10.4.2　系統硬體連接 / 211

10.4.3　系統軟體設計 / 211

10.5　遠程監控系統實現 / 219

10.5.1　移植應用程序 / 220

10.5.2　Web 模塊實現 / 231

10.5.3　系統數據庫實現 / 232

10.5.4　通訊模塊的實現 / 234

10.6　測試結果 / 235

10.7　本章小結 / 236

參考文獻 / 237

結　論 / 239

致　謝 / 243

第 1 章 Ad Hoc 網路概述

1.1 Ad Hoc 網路發展

20 世紀 70 年代，美國國防部高級研究規劃署（Defense Advanced Research Project Agency，DARPA）在開發因特網雛形——報文交換技術不久，基於軍事通信的需要，資助了一項特別的研究——分組無線網路（Packet Radio Network），持續近 20 年研究分組無線網在戰場環境下數據通信中的應用。分組無線網路由一系列移動節點組成，是一種自組織網路，不依賴於任何已有的網路基礎設施。網路中的節點動態且任意分佈，節點之間通過無線方式互連，將分組交換網路的概念引申到廣播網路的範疇。在項目完成之後，DARPA 於 1993 年又啓動了高殘存性自適應網路（Survivable Adaptive Network，SURAN）項目。研究如何對已有的研究成果進行擴展，以適應更大規模的網路，同時開發適應戰場快速變化環境的自適應網路協議。1994 年，DARPA 啓動了持續至今的全球移動信息系統（Global Mobile Information Systems，GloMo）項目。在分組無線網路研究成果的基礎上全面深入研究可快速展開、能夠滿足軍事需求、高抗毀性的移動信息系統。成立於 1991 年的 IEEE802.11 標準委員會則採用了「Ad Hoc 網路」一詞對這種特殊的對等式無線移動網路命名。

「Ad Hoc」一詞來源於拉丁語，意思是「for this」引申為「for this purpose only」，譯作「為某種目的特定的、專用的」意思，即 Ad Hoc 網路是一種有特殊用途的網路。Ad Hoc 網路通常也稱為 MANET 網路、「無固定設施網路」或「自組織網路」。

Ad Hoc 網路（移動自組織網路）是由一組帶有無線收發裝置的移動終端組成的一個多跳的、臨時的、自治的無線局域網系統，主要基於分佈式算法和分層網路協議的協調合作實現自組織運行功能。由移動終端構成網路的節點無

需集中控制中心的參與，可動態地與其它節點建立聯繫自發組建網路並完成信息傳輸任務。網路中各節點處於平等地位，兼有路由轉發功能，經過一跳或多跳轉發將數據從源節點發送至目的節點。由多種移動設備組建的移動 Ad Hoc 網路示意圖如圖 1-1 所示。

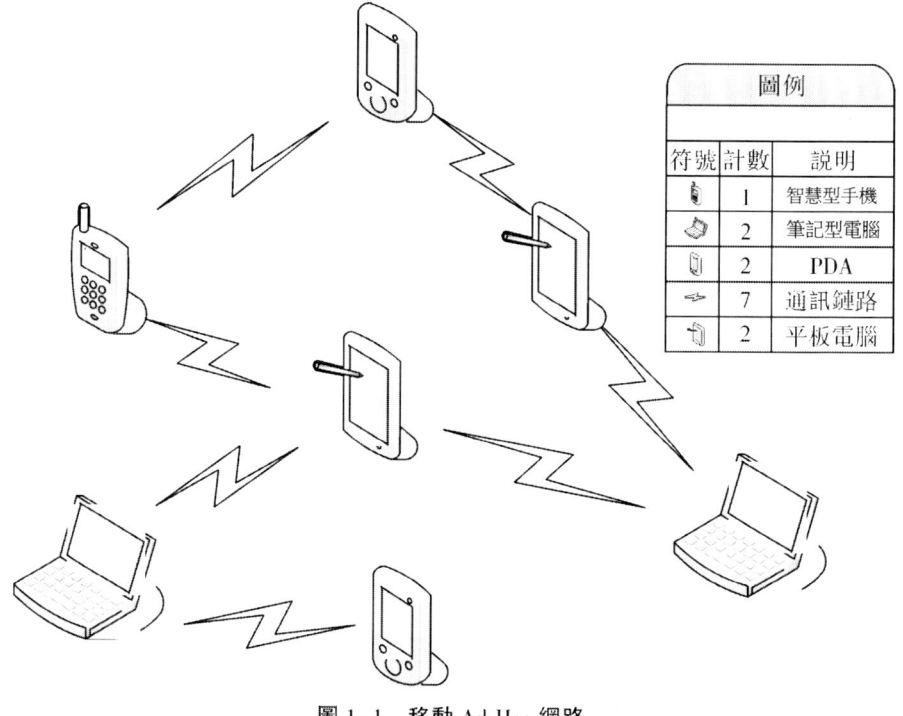

圖 1-1　移動 Ad Hoc 網路

與傳統網路相比，Ad Hoc 網路具有以下特性：

（1）自組織性。移動設備根據設定的自組織原則，自動尋找路徑，自發構建網路，當網路中節點發生變化時能快速自調整網路結構。

（2）具有動態的拓撲結構。帶有無線收發裝置的移動設備在 Ad Hoc 網路中可隨時隨地移動，運動的方向和速度不定，頻繁的離開和加入網路活動導致網路拓撲結構動態變化。網路中各節點間的無線信道通信媒介受外界的干擾及設備自身特點都會影響網路的拓撲結構，但傳統的有線和無線網路拓撲結構卻相對較穩定。

（3）有限的傳輸帶寬。Ad Hoc 網路主要依賴無線信道進行信息傳輸。無線信道本身提供的帶寬有限，且由於多徑衰落、噪聲干擾、多路訪問等多種因素的影響，實際傳輸帶寬還達不到理論上的最大傳輸帶寬。有限的傳輸帶寬易

引起網路擁塞。

（4）網路具有一定的生存期。Ad Hoc 網路一般是基於某種應用臨時搭建，當任務結束後網路將被銷毀，網路的生存期有時限。

（5）節點能源有限。與有線網路中的主體不同，Ad Hoc 網路中移動節點主要靠電池等可耗盡能源來提供能量，組建網路時需充分考慮移動設備能源有限的特點。

（6）通信媒介為無線信道。Ad Hoc 網路中移動終端通過無線信道傳輸信息，比有線網路遭受更多的安全威脅。

（7）分佈式運行。Ad Hoc 網路中沒有控制中心，所有節點兼有主機和路由器兩種功能。當傳輸的距離超出節點無線收發機信號覆蓋範圍時，需多個節點合作對消息多跳轉發進行正確傳送，也保證任務完成的同時節省每個節點的能源。

（8）網路的抗毀性強。Ad Hoc 網路能被快速自組構建，且不受固定拓撲結構限制，因而具有很強的魯棒性和抗毀性。

（9）輔助現有網路工作。Ad Hoc 網路可以以末端子網的形式接入現有網路，從而起到一個備份的作用，當現有網路遭遇毀滅性的災難時，可以啟用 Ad Hoc 網路繼續進行工作。

由於 Ad Hoc 網路具有自組性、易鋪設、臨時性、組網快速靈活、無基礎設施要求及使用方便等特點，它的應用領域明顯與傳統網路不同。目前 Ad Hoc 網路已經得到了國際學術界和工業界的廣泛關注，被應用到各個領域，已成為移動通信技術向前發展的一個重要方向，並將在未來的通信技術中占據重要地位。Ad Hoc 網路主要應用於以下領域：

（1）軍事通信

研發 Ad Hoc 網路主要目的是用於軍事戰場信息系統建設。在軍事戰場上實地環境惡劣，但各種軍事人員、裝備、車輛之間需借助網路即時通信。由於 Ad Hoc 網路具備易鋪設、自組織、抗毀性強、無需控制中心和基礎設施支持等優點，因此成為軍事通信首選通信網路。不依賴於衛星通信系統，也不借助有線通道，Ad Hoc 網路在軍事上的應用具有不可比擬的優勢。

（2）民用緊急救助

當有火災、洪水、地震等自然災害突發時，基礎設施遭受毀滅性破壞導致已有傳統網路無法正常工作，但由於 Ad Hoc 網路無需固定設施支持並可快速自組網路，所以在緊急救援中能發揮重要的信息傳輸作用。在其它極端情況下，如地形惡劣的環境、偏遠山區及礦區作業等環境，由於無法滿足傳統網路

對基礎設施的搭建要求，因此 Ad Hoc 網路也是民用緊急救助時組建網路的必選。

（3）無線傳感器網路（Wireless Sensor Networks，WSN）

由分佈在空間上的傳感器組成的一種無線自組網路，節點協作監測周圍環境。無線傳感器網路起源於軍事上的戰場監測，后逐漸發展到民用領域，涉及智能交通、智能家居、精準農業及健康監護多個方面，是 Ad Hoc 網路的一種典型應用方式。

（4）個人網路

將個人使用的智能手機、筆記本、平板電腦等移動設備通過 Ad Hoc 網路技術連接起來，方便數據共享。將應用加以拓展，可組建虛擬課堂及搭建交流平臺，節約費用而又保證數據的安全。

（5）商業應用

利用 Ad Hoc 網路獨有的優勢，可在商家與顧客之間的設備上快速建立連接，便捷快速地傳輸信息。如利用射頻技術快速掃碼，Ad Hoc 設備快速讀取服務信息、完成驗證操作等。這些應用既方便了用戶，又節約了時間和費用。

除此之外，Ad Hoc 網路還可以應用於立體交通、家庭網路組建、蜂窩移動通信等多個方面，且其應用領域還在不斷挖掘拓展之中，擁有這樣靈活健壯的網路，人們的生活質量會越來越高。廣泛的應用領域使 Ad Hoc 網路具有重要的戰略意義。

20 世紀 90 年代中期，隨著一些技術的公開，Ad Hoc 網路已經從無線通信領域中的一個小分支逐漸擴大到相對獨立的領域，開始成為移動通信領域一個公開的研究熱點。由於 Ad Hoc 網路具有與蜂窩移動通信和傳統網路顯著不同的特點，所以一些成熟的技術無法直接應用，需要根據實際需要設計相關的路由協議、網路協議及保密措施等。目前，無論在國際上，還是在區域上（歐洲和亞洲等地區），研究 Ad Hoc 網路相關技術的機構如雨后春筍般出現，週期舉辦的主題學術會議日益增多，為技術交流提供各種機會。國際上有代表性的 Ad Hoc 網路研究機構及一些研究成果介紹如下：

任職於加利福尼亞大學洛杉磯分校（University of California，Los Angeles，UCLA）的 Mario Gerla 教授創建了網路研究實驗室（Network Research Lab）。該實驗室研究 Ad Hoc 網路的主要技術涉及：藍牙網路、MAC 協議、多跳網路服務質量（Quality of Service，QoS）、多播協議、功率控制以及路由協議等。實驗室介紹參見網站 http：//www.cs.ucla.edu/NRL/wireless/。

Elizabeth M. Belding－Royer 教授在加利福尼亞大學聖巴巴拉分校

（University of California，Santa Barbara，UCSB）管理的移動性管理和網路實驗室（Mobility Management and Networking Laboratory）主要研究移動無線網路、信息傳輸技術。實驗室網址是：http：//moment.cs.ucsb.edu。

J. J. Garcia-Luna-Aceves 教授在加利福尼亞大學聖克魯茲（University of California，Santa Cruz，UCSC）分校領導的計算機通信研究小組（The Computer Communication Research Group）主要研究無線網路協議、算法、架構及信道接入等內容。網址為：http：//www.cse.ucsc.edu/research/ccrg/home.html。

Zygmunt J. Hass 教授在康奈爾大學（Cornell University）創辦無線網路實驗室（Wireless Networks Lab）。實驗室主要對 Ad Hoc 網路的信息安全、路由協議、MAC 協議等方面內容進行研究，網址為：http：//people.ece.cornell.edu/haas/wnl/。

Nitin Vaidaya 教授在伊利諾伊大學厄巴納-香檳分校（University of Illinois at Urbana-Champaign，UIUC）創辦 Ad Hoc 網路研究小組。研究小組的研究方向主要包括 Ad Hoc 網路的網路調度、定向路由協議和定向 MAC 協議等。

Satish K. Tripathi 教授在馬里蘭大學（University of Maryland）創辦移動計算與多媒體實驗室（The Mobile Computing and Multimedia Laboratory）。該實驗室主要致力於移動計算機互聯、多媒體系統、無線網路由協議和算法以及服務定位協議等方面的研究，實驗室網址是：http：//www.cs.umd.edu/projects/mcml/。

IETF 建立 Multicast Security 工作小組，主要工作是起草並制定無線和有線網路中的規範化通信安全技術。

IRTF 贊助的工作組 Secure Multicast Group 和 Group Security 致力於研究 Ad Hoc 無線自組網中組間安全可靠的廣播通信。

在 Ad Hoc 網路的密鑰管理及安全體系結構研究中，許多學者做出了卓越的貢獻，以下僅列舉有代表性的一部分。

秘密共享的思想最早由 Shamir 提出，其主要內容是對一個秘密進行分割處理。在秘密共享中設置兩個參數，分別用 n 和 t 來表示，其中 n 是分割的份數，而 t 是恢復秘密時要求掌握的秘密份額的最低要求，是一個門限值。秘密共享的突同貢獻在於，將一個秘密分別保存在 n 個人的手中，當要恢復這個秘密時要求至少有 t 個掌握子秘密的人合作才能完成。

1999 年，Shamir 提出的秘密共享管理方案被 Zhou 和 Hass 第一次用於管理 Ad Hoc 無線自組網中用於認證網路中用戶節點身分的網路系統私鑰，創建部分分佈式身分認證模型。網路中的身分認證（Certificate Authority，簡稱為 CA）

是對網路中的用戶節點進行身分合法性的鑑別，若為合法用戶則會獲得經權威機構簽名后頒發的證書。Ad Hoc 無線自組網中用秘密共享方案管理的是用於對用戶身分認證的網路系統私鑰，操作原理是：通過數學公式計算后將系統私鑰分成 n 個子秘密，然后將這些子秘密分別派送給網路中稱之為服務節點的特定節點，這些節點在網路中合作完成網路管理的職責。當網路中某節點的身分需要認證時，單個服務節點無法完成此項工作，而要求門限值 t 個服務節點合作完成。在這種系統私鑰管理機制中，機密級別高的系統私鑰被保護起來，將信任作分散處理，用戶節點若要獲取有效的身分證書，則需得到至少 t 個服務節點的認可。在這種方案中，如果網路的信道連接較弱，則會存在特定時間內，需認證的用戶節點由於獲取不到 t 份部分證書，而遭受認證失敗的風險，從而降低使網路的可用性及擴展性。

2000 年，Zhou 和 Hass 提出的部分分佈式網路用戶身分認證思想被 Luo 等人進行改進，演變為完全分佈式系統私鑰管理方案，為網路節點提供更可靠的身分認證安全體系。Luo 的私鑰管理思想是：將網路中所有的用戶節點賦予同樣重要的角色，在分割系統私鑰時子秘密的份額數和網路中節點的總數目相同，這樣每一個用戶節點都會接收到一個網路系統私鑰的子份額。在這種密鑰管理方案中，由於掌握系統私鑰子份額的節點增多，因此克服了部分分佈式密鑰管理方案的弊端，但同時又會引發高頻網路被攻擊的風險。

Srdjan Capkun 等為適應 Ad Hoc 無線自組網自組織的特點，提出了另一種可行的自發運行的密鑰管理方案。該密鑰管理策略的核心技術在於網路中公開密鑰管理方案的實施及用戶節點證書的生成與發放都由用戶自發完成。在這種管理方案中，主要是由各用戶節點來完成證書的存儲工作，而無需設置集中管理節點身分證書的服務器。網路中每個節點都需要為其它節點頒發證書，而在每一個用戶節點存儲的證書庫中都會包括所有的證書。節點互相頒發身分證書的依據是信任關係，並且對每個證書的有效期做了嚴格的限制。過期的證書不再被認可，需要重新生成證書。在這種管理機制中，也存在合法節點被假冒身分的入侵者俘獲的高風險。

在大型的 Ad Hoc 無線自組網中，對用戶的管理需要採用層次結構，按一定的規則將用戶節點劃分成簇。針對這種拓撲結構，M. Bechler 等制定了相應的密鑰管理策略。該策略中重點體現了信任度的關鍵作用，用戶節點獲得的網路權限跟證人的數量有關。在此密鑰管理策略中，用戶節點的權限和證人數量之間的關係較難對應，致使其使用推廣受限。

Levent Ertaul 等將橢圓曲線算法與秘密共享策略相結合，摒棄了 RSA 算法

與秘密共享策略相結合的不足之處。經過比較及論證，該方案在對 Ad Hoc 無線自組網中的密鑰進行管理時體現出一定的優勢，將網路的加密體系安全級別增高。

層次型網路亦稱為分級結構的網路。在這種網路中各組用於加密的組密鑰管理也是學者研究的一大熱點。Mohamed Salah Bouassida 等提出的組密鑰管理策略就是針對此類網路拓撲結構。該組密鑰管理策略將多點傳遞、節點移動等多個技術要點結合在一起，驗證了網路中分配已生成的密鑰時在傳輸的過程中時間上可以有一定的延遲。

Wang 等提出一種 Ad Hoc 網路安全體系結構，由網路模型、信任模型和安全操作緊密配合構成。此安全結構主要適用於移動戰術應用環境。

Toubiana 等提出安全體系結構 SATHAME（Security Achitecture for Operator's Hybrid WLAN Mesh Network）用於混合型 Mesh 網路中數據安全傳輸。在文中主要提出的信息傳輸關鍵技術是具有魯棒性的動態路由體系結構 MG，通過數據傳輸前的評估，可有效提高網路安全性。

Sun 等於 2011 年提出了另一種安全體系結構 SAT（SECURITY ARCHITECTURE）用於保護 Mesh 網路中用戶的合法行為，同時準確追蹤惡意的非法活動。通過分析證明了提出的體系結構具有高有效性。

Zivkovic 等提出一種安全無線傳感器網路架構，用於解決智能家居中傳感器耗電的問題。方案中利用橢圓曲線加密算法 ECC 構建強健的公鑰加密機制，同時對無線傳感器網路進行了實地分析。

Grochla 等提出一種擴充的傳輸層協議，用於解決異構無線網路中路由安全問題。方案採用的主要技術是 EAP（Extensible Authentication Protocol）協議。

除此之外，還有其它一些活躍的研究機構存在於美國的海軍、陸軍以及商業機構中。

國內重點 Ad Hoc 網路安全體系研究機構有清華大學、解放軍理工大學、電子科技大學、北京航空航天大學以及一些國家重點實驗室和研究所。在國內很多學者對 Ad Hoc 無線自組網的安全性能發生濃厚興趣並積極參與其中，可由於條件所限，大部分的研究成果還局限於理論研究和模擬操作，沒有實際應用。以下是國內關於 Ad Hoc 網路密鑰管理及身分認證的一些主要研究成果。

在 2002 年，董攀提出新的策略對密鑰進行管理。該策略仍以秘密共享思想為核心，輔以多分辨濾波的技術，用於增強無線自組網的認證系統。該方案改善了 Shamir 秘密共享方案中賦予每個成員相同權限的弱點，基於算法對私

鑰份額進行計算。

2004年，在綜合分析前人對 Ad Hoc 無線自組網節點身分認證系統研究成果的基礎上，沈穎提出一種綜合性的密鑰管理方案。前人提出的節點證書鏈策略和網路中設置的虛擬認證機構都有各自的優點，沈穎將兩者綜合，形成了安全性能更好的密鑰管理機制，只是在實際操作環節要付出更大的代價。

針對 Ad Hoc 無線自組網中節點計算能力有限的特點，周慧華提出了計算量小的兩種安全方案。在生成密鑰的過程中，融入無碰撞、非交互等多種方法，有效地降低常規認證體系和加密體系中付出的代價。

在對子密鑰進行分配處理時，王化群提出一種新的方法。他所提出的新方案的技術核心有兩個：一是 RSA 中對大數進行分解的困難程度；二是橢圓曲線的離散對數在環 Zn 上所具有的特性。在這種密鑰管理方案中，入侵者非法獲取子密鑰的困難程度等同於攻破 RSA 算法；網路中認證節點之間不能共享獲取得到的子密鑰；新入網節點擁有的子密鑰也不會被泄漏給其它的成員節點。這種密鑰管理方案的安全性很高，採用的算法也較複雜。

北京航空航天大學提出基於簇的 Ad Hoc 網路密鑰管理方案，實現分級拓撲結構的網路密鑰研究。

教育部在西安電子科技大學建立的計算機網路與信息安全重點實驗室提出了無需安全信道的門限密鑰管理方案，主要解決 Ad Hoc 網路中密鑰管理問題。

中科院信息安全國家重點實驗室提出適應 AdHoc 網路特點的新簽密算法用於網路中信息安全傳輸。

東南大學計算機網路和信息集成教育部重點實驗室研究出一種可抵抗無線自組織網路中內部節點丟棄報文攻擊的安全通信模型。

在以上各種安全方案研究成果的基礎上，又衍生出許多 Ad Hoc 網路安全體系結構。在密鑰管理方面比較有代表性的一種方案是在基於節點 ID 的基礎上運用秘密共享的密鑰管理方案。該方案能有效地減少計算量，適應 Ad Hoc 網路節點計算能力及資源有限的特點。現存的路由協議各有優劣，人們提出了多種改進方案及不同的管理機制，但由於各種方案的研究都是考慮了 Ad Hoc 無線自組網某方面的特性，而無法綜合所有相關因素，因此到現在還無法形成大家都遵循的標準化的安全路由管理協議。Ad Hoc 無線自組網路由策略的研究工作還有很多，尤其是其安全性更需要國內外的學者們投入大量的精力。

Ad Hoc 無線自組網的安全性是無線通信領域研究的一個熱點。到目前為止，國內外的學者提出了多種管理策略，但各方案都有自己的利弊，並由於受限於網路的應用程度，很多理論無法在實踐中檢驗，因此還有許多工作值得大

家去完成。

1.2　Ad Hoc 網路安全威脅與攻擊

　　Ad Hoc 網路所具有的特性使得它的應用領域廣泛，尤其是在一些艱苦的環境中突顯出傳統網路無法比擬的優勢，但同時某些特點也使網路暴露出重大的安全隱患。

　　由於 Ad Hoc 網路設備通過無線信道傳輸消息，因此在此無線信號傳輸的過程中被非法用戶截取的可能性很高，這使得網路的安全面臨著重大威脅。網路中的各種移動設備靠可耗盡能源的電池供電，使得如果長時間不能及時補充能量，設備將不再繼續工作。構成網路節點的設備以中小設備為主，每臺設備的計算能力、存儲能力都受限，這使得在執行一些大型任務時，可能會由於自身原因導致無法提供服務，從而無法完成任務。

　　對 Ad Hoc 無線自組網進行攻擊的行為主要分為以下兩種類型：

　　（1）網路外部的攻擊。在這種攻擊方式中，入侵者會使用多種策略達到破壞網路可用性的目的。常見的攻擊手段有非法破譯密文、篡改路由信息數據、重發無效的路由信息、截獲路由信息並損毀其數據。此類攻擊行為給網路帶來的災難有：機密信息被非法截獲、節點間信息傳遞路徑搭建失敗、無效的路由信息重複傳輸、尋由失敗及網路超負荷運行提前癱瘓等。同時網路運行時信道中流動的路由信息量也是攻擊者捕獲的重點，通過比對分析，可進行目標明確的攻擊行為。

　　（2）網路內部的攻擊。網路內的節點由於自身能量、計算能力、存儲能力受限，對於一些工作無法完成，這給網路的安全帶來威脅，是一種變相的攻擊。另外網路中被俘獲的節點也會向網內其他節點發布錯誤的路由信息或丟棄有用的路由信息，這些行為都會影響網路正常運行。兩種攻擊都能造成網路中合法節點得不到應有的服務，因此也可以看作是一種拒絕服務攻擊。

　　攻擊者針對 Ad Hoc 網路的各個協議層會發動各種不同類型的攻擊：

　　（1）應用層攻擊

　　針對應用層的攻擊種類繁多，對網路的機密性、認證性、完整性及有效性都有所破壞。在攻擊時主要表現為：破壞訪問權限控制、破壞認證體系、緩存溢出漏洞、應用程序漏洞、系統配置漏洞等。

（2）傳輸層攻擊

Ad Hoc 網路的傳輸層介於應用層和網路層之間，主要採用成熟的 TCP、UDP 協議及一些無線網路中採用的特定的傳輸協議實現與外部網路的接入。針對傳輸層的攻擊主要有以下幾種：

對 TCP 協議的攻擊：一種方式是利用 TCP 協議工作原理，惡意節點通過向網路中節點發送多個 SYN 請求以此填滿節點的監聽隊列使其無法再接收新的請求，從而失去功能。另一種方式是攻擊者控製節點間的連接使其無法同步通信，導致正確的數據包無法到達目的節點，再向網路中投放偽造的數據包。此方式中，攻擊者隱蔽於通信鏈路上，成為網路的一部分，從而便於竊取傳送的數據包以發動攻擊。

對 UDP 的攻擊：由於 UDP 協議工作時無需在源節點與目的節點之間提前建立連接，所以是一種不可靠的傳輸。攻擊者向被攻擊的網路節點隨意發送 UDP 數據包，當被攻擊者收到合法數據包時由於端口號無法匹配而導致數據接收失敗，當發送了足夠多的攻擊數據包時，被攻擊的節點將會崩潰。

另外還有一種名為「LAND」的攻擊。攻擊者將發送的 SYN 請求包的源地址和目的地址設置為 Ad Hoc 網路中同一個節點的地址，這樣使得發送與接收請求形成一個死環，使得節點無暇應付其它請求。

（3）網路層攻擊

網路層的主要功能是建立並維護網路中節點間的連接路徑。在 Ad Hoc 網路中每個節點在網路層協議的支持下可扮演主機與路由器兩種角色。基於網路設備自身的局限性，使得網路層會遭受多種攻擊。

黑洞攻擊：攻擊者通過假冒、偽造等多種手段，吸引網路中的其它節點將其作為轉發數據的路由器。攻擊者收到數據后將其丟棄，成為網路中數據傳輸的黑洞。

灰洞攻擊：攻擊模式類似於黑洞攻擊，只是對於接收到的數據包有選擇地部分轉發、部分丟棄或部分修改后轉發。

Rushing 攻擊：攻擊者發動的針對按需路由協議的攻擊。基於按需路由協議工作的網路節點只會處理接收到的第一個路由請求報文，而無視其它路由請求，這使得攻擊者快速向其它節點轉發路由請求報文建立連接，使其成為網路中路徑關鍵節點。

Wormhole 攻擊：攻擊者主要利用延遲小的隧道將數據包進行轉發，而在接收端再發動重放攻擊。攻擊使得路由競爭失去機會，甚者造成路徑混亂。

篡改攻擊：攻擊者通過篡改或刪除經它轉發的路由信息而對網路信息傳輸

路徑組建進行攻擊。

僞造攻擊：攻擊者主要通過僞造並向網路中廣播虛假路由信息，從而使正確的路由信息得不到傳輸，達到對網路攻擊的目的。

(4) 鏈路層攻擊

對於此層的攻擊，主要是通過監聽信道中傳輸的敏感信息，對流經的數據量進行分析從而對通信雙方發起有預謀的攻擊。攻擊者會對傳輸的數據包破壞，使接收方無法對數據進行校驗，從而破壞網路正常運行。攻擊者也可能通過向網路中其它節點發送大量的虛假報文從而占用並消耗信道及設備的資源。如果使用不正常手段獲取到信道的使用權，攻擊者也可以發動 MAC 層協議攻擊。

(5) 物理層攻擊

網路物理設備也是入侵者攻擊的重點目標。網路中發生的此類攻擊就稱為物理層攻擊。

綜合考慮 Ad Hoc 無線自組網的特性，在構建網路時需要針對各層存在的安全漏洞構建全面安全體系，以保證網路中各節點能夠安全通信。

1.3 Ad Hoc 網路安全需求

作為一種無線網路，Ad Hoc 無線自組網對安全體系的要求仍然體現在以下五個方面：

(1) 可用性

網路對可用性的要求是基本安全需求之一，主要體現在：規定時間內網路服務節點對用戶提出的要求的滿足度。在可用性中也要體現對攻擊行為的抗毀能力，即要求網路能夠容忍一定程度的破壞。

無線自組網 Ad Hoc 的網路可用性主要應對兩種情況。一種情況是，網路能夠制止節點懶惰行為。由於受自身能量條件制約，一些節點為了延長自己的生存期，在接收到服務任務時會逃避工作。在這種情況下，Ad Hoc 網路需要制定制止「自私」行為的方案，以滿足網路可用性的最基本要求。另一種情況是，網路對入侵者的攻擊有一定的抗破壞能力。針對 Ad Hoc 網路的攻擊種類很多，如常見的「拒絕服務」攻擊等。當網路遭遇這些攻擊時，要求節點能夠完成基本的通信任務。可用性與網路的物理安全體系關係密切，因此組網的方式及網路生存的環境都是關鍵因素，安全的物理環境是信任關係建立的重

要基礎。

(2) 機密性

Ad Hoc 網路中的機密性主要指網路數據不被非法利用、不被非授權用戶竊取。網路中傳輸的數據主要有兩大類，一類是用戶數據，另一類是路由數據。當一些數據需要保密時，要對其進行加密處理，以防泄漏或被破壞。而路由數據用於搭建節點間傳輸信息的路徑，因此具有最高級別的安全需求。在保證網路的機密性時，要加強用戶身分認證體系嚴密程度，同時提供安全的加密算法對傳輸數據進行加密處理。

(3) 完整性

信息的完整性指經過傳輸后內容沒有被非法改變的性質。非法改變信息內容的方式有多種，如傳輸過程中由於干擾的存在導致內容丟失，或被入侵者植入其它內容而篡改，還可能遇到突發事件導致信息內容被損毀等等。在網路中為保證傳輸數據處於未受損的完整狀態，可從這幾個方面著手：對數據發送方身分的認證，確保數據來源可靠；採取措施檢查數據的完整性等。在保障數據完整性時需要提供數據校驗機制和反饋重發機制，以及時對接收到的數據進行檢測。數據完整性對於信息交流意義重大。

(4) 認證性

網路中各節點進行信息交流時需要彼此確認身分，以證明自己是網路中合法的節點，這種特徵稱為網路的認證性。通過有效的身分認證可以確保信息來源可靠，為網路服務安全提供保障。如果沒有經過認證，惡意節點就可以使用假冒的身分來與其它節點進行通信，獲得所需要的未被授權的敏感信息和資源，或通過發動攻擊，或通過干擾其他節點的正常工作，來影響和威脅整個網路的安全。

(5) 抗抵賴性

網路對節點傳輸信息的行為有一定的誠信要求，每個合法節點都不能對自己在網路中進行的行為進行否認，此性質稱為抗抵賴性。保障抗抵賴性的利器是數字簽名，能夠對非法行為檢測，從而保證網路的安全性。如果惡意節點發送了非法數據，那麼收到該數據的節點就可以通過抗抵賴性功能，來確認該惡意節點的身分，並向網路中其它節點傳達該信息，以便在后繼通信過程中忽略該節點，斷絕通信連接，以此保障網路的安全性。

Ad Hoc 無線自組網是無線網路中的一種，但其又有自身的特性。由於對基礎設施依賴性弱，因此攻擊者實施的破壞行為在此網路中更容易實現。常見的安全威脅有：俘獲節點、監聽信道、篡改信息、偽造身分等。

在 Ad Hoc 無線自組網中存在兩個層次的攻擊問題。一個層次是針對網路基本體制的攻擊，主要表現為對網路中傳輸的路由信息破壞。另一層次是針對安全機制的攻擊，主要表現為對加密系統的破壞。安全問題是 Ad Hoc 無線自組網最突出的問題也是國內外學者最感興趣的研究領域。Ad Hoc 無線自組網的網路協議棧是一個五層結構，包括：物理層、鏈路層、網路層、傳輸層和應用層。為保證網路的安全性，要充分考慮各協議層的安全機制及互相配合。Ad Hoc 無線自組網的五層協議各自承擔的安全性能如表 1-1 所示。

表 1-1　　　　　　　Ad Hoc 無線自組網協議棧

協議層	安全性能需求
應用層	檢測並預防蠕蟲、病毒等惡意代碼和應用程序漏洞的存在
傳輸層	通過認證和加密技術實現安全的節點間通訊
網路層	保護 Ad Hoc 網路路由訊息安全
鏈路層	提供鏈路層安全支持、保護無線 MAC 協議
物理層	保證物理安全，防止訊號干擾造成的拒絕服務（DoS）攻擊

1.4　Ad Hoc 網路安全機制

一個全面的 Ad Hoc 網路安全機制應該綜合以下三方面的內容：安全的路由協議、完善的密鑰管理機制和智能的入侵檢測與響應系統。而完善的密鑰管理機制是安全尋由及機密數據可靠傳輸的基礎，故其成為安全機制中最重要和最複雜的問題。

Ad Hoc 網路的路由協議除滿足穩定、健壯、最優、簡單、低開銷及適應性強等基本要求外，還需要具備與傳統網路路由協議不同的特性。

（1）分佈式算法

在 Ad Hoc 網路中每個節點除作為主機外，都兼有轉發數據的路由器功能，所以設計的路由協議會被每個節點遵循，被網路中所有節點共同分佈式維護。

（2）傳輸開銷小

基於 Ad Hoc 網路有限傳輸帶寬的特徵，在設計雙向路由的路由協議時必須考慮傳輸控製分組時所需的帶寬開銷，要盡可能少的占用。

（3）及時獲取無環路由

Ad Hoc 網路拓撲結構變化迅速，因此要求路由協議在規定的時間內快速計算出有效路由，同時也要避免由於原有路由遭受破壞而導致的路由環路出現，從而使數據及時、正確地傳輸到目的節點。

（4）有限計算

基於 Ad Hoc 網路節點計算能力有限及鏈路經常失效的特徵，要在路由算法中避免無窮計算情況發生，否則會導致網路癱瘓。

（5）安全性

Ad Hoc 網路中訪問控製弱，導致更多的安全隱患，尤其是針對路由協議的攻擊有很多種，因此路由協議的安全性需要高度重視。

傳統網路的路由協議不能直接在 Ad Hoc 網路中使用，需要對其改進或研究新的協議才能為數據通信建立安全的路由。學術界對於 Ad Hoc 網路路由協議的研究起步較早，相關成熟的理論也較多。為滿足網路各種通信需求，形成了不同類型的路由協議，如傳輸時延小的存儲路由信息的表驅動路由協議，在通信時即時建立路由的按需路由協議，只在源節點和目的節點間建立一條路徑的單徑路由協議，可擇優選擇的多徑路由協議，還有適應網路拓撲結構的平面結構路由協議和分簇路由協議等。

通過前面的分析可知，Ad Hoc 網路的路由協議遭受更多攻擊。因此，需要從多方面考慮，對網路結構做充分的分析，提出更安全更合理的路由協議。

Ad Hoc 網路安全機制的核心是密鑰管理，加密涉及網路節點身分認證、保護傳輸數據的完整性及保證傳輸數據的機密性等諸多方面內容。密鑰管理機制管理的對象是網路中的會話密鑰及服務系統的密鑰，主要由以下方面構成。

（1）信任模型

主要解決的問題是確定可信節點的數量以及節點間誠信關係建立的主要依據。

（2）密碼系統

公鑰密碼算法適合 Ad Hoc 網路中私密性保護，但由於計算量大、計算速度慢，所以在網路中運用起來有一定的困難。對稱密碼算法複雜，對於計算及能量有限的 Ad Hoc 網路來說需進行改進。在網路中該選擇什麼樣的密碼算法是需要慎重考慮的一個問題。

（3）密鑰生成

密鑰的安全強度在密鑰管理中占據重要地位。根據選擇的加密算法，決定由誰來承擔密鑰生成的任務。

（4）密鑰保存

Ad Hoc 網路中由於通信的需要生成了多種密鑰，因此對密鑰的安全存儲也是一個重點問題。針對不同的加密算法可考慮的因素也不同，如在分佈式認證管理系統中，系統的認證私鑰會被分割成子密鑰並分別存儲到可信任的服務節點中。

（5）密鑰派發

通過加密算法生成的密鑰會被分發到相應的儲存節點中。在網路的通信鏈路能提供基本通信服務的前提下，密鑰在派發過程中的安全性必須得到保證。避免發生密鑰被破壞、被篡改等嚴重安全現象發生。

針對 Ad Hoc 無線自組網自身的特點，設計的密鑰管理方案要與傳統網路使用的策略不同，以使網路具備服務的基本安全條件。

設計適用 Ad Hoc 網路的密鑰管理方案必須對以下內容進行探討：

（1）探討網路節點的誠信行為，確立網路系統的信任機制；

（2）選擇適合 Ad Hoc 網路的密碼系統，加密算法要充分考慮網路的特性；

（3）確定生成密鑰的算法，是採取有權威機構控製的還是由節點自組生成；

（4）研究網路中為節點頒發身分證書的網路系統私鑰的管理問題；

（5）對生成的密鑰指定安全派發途徑；

（6）匹配大型 Ad Hoc 網路樹型網路結構構建安全的密鑰管理機制；

（7）研究在進行組密鑰的安全管理中進行的前向和後向安全措施；

（8）研究選取合適的門限值來平衡網路安全性和便利性之間的關係。

在分析比較前人對 Ad Hoc 網路的密鑰管理算法研究的基礎上，考慮網路的特殊應用領域，提出的新密鑰管理方案需重點解決以下關鍵問題：

（1）新的系統私鑰管理算法適應的是分層網路結構，割分的組稱之為簇；

（2）產生為節點簽發身分證書的系統私鑰，並將其派發給相應的存儲節點；

（3）安全完善的節點身分認證系統；

（4）解決組密鑰管理中前向和後向安全問題；

（5）在網路拓撲結構不穩定情況下保證系統的抗毀性及魯棒性。

Denning 在 20 世紀 80 年代提出的入侵檢測系統（IDS）概念，主要是指網路為保護自己免受攻擊而主動採取的網路安全保障措施。入侵檢測與響應技術通過搜集應用程序、系統程序及網路數據包等信息，能夠對網路上的可疑行為

作出判斷和策略反應，並及時斷開入侵來源，盡最大可能地保護信息安全。入侵響應系統是入侵檢測系統的重要組成部分。由於節點可以在 Ad Hoc 網路中隨意移動，當節點在敵對的網路環境中被截獲，就可能洩露密鑰，而敵對節點就可以用合法密鑰假冒合法節點進入網路進行攻擊。因為加密技術和認證技術在此無法對擁有合法密鑰的敵對節點發揮作用，因此唯一有效的保護手段即是通過入侵檢測來發現並清除入侵者。

基於 Ad Hoc 網路自組織和無控製中心的特點，集中式的入侵檢測系統無法適用，因此一些學者提出了分佈式合作的入侵檢測方案。目前，對於 Ad Hoc 網路入侵檢測的研究大多集中在入侵檢測整體架構上。當有入侵活動發生時，網路中的每個節點都應參與檢測行動中，監控周邊網路數據傳輸行為，如果已經確定異常情況存在，則需發起本地響應並通過路由在網路中廣播此消息。但若掌握數據不夠充分，導致單獨節點無法完成身分認定的任務，此時需要鄰近節點協同工作構建分佈式的入侵檢測系統聯合工作。

根據入侵響應方式不同現在主要有通知警報響應系統、人工參與響應系統和自動響應系統三種入侵響應系統。認證和加密等網路安全機制是入侵預防機制的首要防線，而入侵檢測和響應機制則在網路被攻陷時發揮重要作用。由於 Ad Hoc 網路本身具有更多安全隱患，網路受到攻擊的情況發生得更為頻繁，所以入侵檢測與響應是網路必不可少的防禦手段。

對網路實施入侵檢測的前提是，對於網路中發生的節點活動是否正常、合法要有明確的區分。檢測時，首先搜集網路中流動的通信數據，然後通過分析查找不正常的活動跡象。如何正確識別入侵活動，根據掌握的技術可採用兩種方式，一是如果搜集到的網路活動的數據和特徵與已建立的正常活動的模型不符，則認為網路出現了異常，可能有入侵活動發生。另一種方式是將採集到的活動數據和特徵與入侵活動的模式相比較，如果相同或相似則認為網路處於不安全的狀態。第一種方式適用以下三種情況：①通過數據統計已建立起成熟的正常活動的模型；②對於網路入侵活動掌握的數據不夠翔實；③無法預測將要出現的入侵方式。第二種方式適用以下情況：①建立了入侵模型數據庫；②收集到豐富的入侵活動數據並能夠對之進行分析。在具體使用過程中，可根據實際情況進行選擇，也可綜合二者優勢混合使用。

網路節點上賦予的入侵檢測系統代理主要包含以下功能：

（1）統計數據

收集統計數據是入侵檢測代理必須具備的基本功能，在工作時需加強節點的硬件配備。主要負責實時收集統計網路節點自身的通信活動、周邊鄰近節點

的通信活動及網路中系統數據流通等數據的任務。

（2）本地檢測

通過數據統計功能收集到數據后，需要先進行本地分析。由於各種條件所限，在檢測時只能採用異常發現這樣的技術，而無法將收集到的數據和特徵與經驗庫中的模型作比較。

（3）聯合認定

如若網路中單個節點無法對某一網路行為給出是否合法的判定，此時則需要與一跳或兩跳鄰節點進行溝通，通過多個節點聯合對收集到的數據進行分析，根據大家的意見對某一行為作出判定，此時經常採取「擇多原則」，但在操作時應根據節點間的「親疏」關係賦予不同的權限，其中節點間的距離是一個重要的參考值。

（4）入侵響應

確定了網路中存在的攻擊行為后，應進入入侵響應階段。入侵響應行為主要有：驅逐網路中惡意節點、廣播入侵行為到網路、重新構建網路結構、重新認證節點身分、更新節點通信路由。在實施時還需根據入侵行為的性質及對網路造成的破壞，以付出的代價最小為出發點來選擇響應措施。

Ad Hoc 網路的獨特性暴露出更多的安全隱患，因此其安全機制的需求也更為迫切，因此在組建或使用網路時要綜合以上三個方面的內容，使之安全使用。

1.5　本章小結

基於自組織、易鋪設、無固定基礎設施要求等優點，Ad Hoc 網路成為國際無線移動通信領域的一大研究熱點。由於組網要求不高並能夠適應各種極端環境，使得 Ad Hoc 網路的應用領域極其廣泛，除了軍事戰場上的典型應用外，在自然灾害發生的地區也是組網首選，另外在醫療、教育及農業等方面也有很多成熟的應用範例。

但另一方面 Ad Hoc 網路的有限帶寬、有限能量、受限的存儲及計算能力、動態網路拓撲結構和無線信道通信等特點又使得網路會遭受比傳統網路更多的安全威脅。Ad Hoc 網路受到的安全威脅來自網路內部和外部兩個方向。網路內部的安全威脅是由於節點自身能力受限引起，主要是為保護自身而進行的拒絕服務行為；來自網路外部的攻擊主要是入侵者的惡意行為，對認證、密鑰管

理、路由協議等多個方面造成影響。對 Ad Hoc 網路的應用層、傳輸層、網路層、鏈路層及物理層等五層網路協議都有針對性的攻擊行為。

Ad Hoc 網路的安全需求與傳統網路相同,也體現在可用性、完整性、認證性及保密性四個方面。為滿足以上需求,Ad Hoc 網路的安全機制應該包含路由協議、密鑰管理及入侵檢測和響應三個方面的內容。

國內外有專門的研究機構和研究人員在關注 Ad Hoc 網路的安全問題並發表了許多研究成果,但大多數研究只針對某一安全隱患。隨著通信技術的不斷發展,Ad Hoc 網路將會面臨更多的問題,因此關於網路的安全體系研究是本書的重點研究內容。

參考文獻

[1] 鄭少仁,王海濤,趙志峰,等. Ad Hoc 網路技術 [M]. 北京:人民郵電出版社,2005:1-10.

[2] 陳林星,曾曦,曹毅. 移動 Ad Hoc 網路——自組織分組無線網路技術 [M]. 北京:電子工業出版社,2006:1-38.

[3] BASAGNIS, CONTIM, GIORGANOS, et al. Mobile Ad Hoc Networks. Wiley. IEEE, 2004:69-289.

[4] 王金龍,等. Ad Hoc 移動無線網路 [M]. 北京:國防工業出版社,2004:1-10.

[5] 韋蓉. Ad Hoc 網路關鍵技術研究 [D]. 2008:1-20.

[6] 方旭明. 移動 Ad Hoc 網路研究與發展現狀 [J]. 數據通信,2003,(4):15-19.

[7] 胡榮嘉,劉建偉,張其善. 基於簇的 adhoc 網路密鑰管理方案 [J]. 通信學報,2008,29(10):223-228.

[8] 適合 ad hoc 網路無需安全信道的密鑰管理方案 [J]. 通信學報,2010,31(1):112-117.

[9] 張串線,張玉清,李發根,肖鴻於. ad hoc 網路安全通信的新簽密算法 [J]. 通信學報,2010,31(3):19-24.

[10] 張中科,汪蕓. 無線自組織網路下抵抗內部節點丟棄報文攻擊的安全通信模型 [J]. 計算機學報,2010,33(10):2003-2007.

[11] 劉志遠,楊植超. Ad hoc 網路及其安全性分析 [J]. 計算機技術與發

展，2006，16（1）：231-233.

［12］張群良，雒明世. 移動 Ad Hoc 網路安全策略［J］. 電信交換，2006，1：29-33.

［13］王申濤，楊浩等. 移動 Ad hoc 網路路由協議研究分析［J］. 計算機時代，2006，3：14-16.

［14］付芳，楊維等. 移動 Ad hoc 網路路由協議的安全性分析與對策［N］. 中國安全科學學報，2005，15（12）：74-78.

［15］朱道飛，汪東豔等. 移動 Ad hoc 網路路由協議綜述［J］. 計算機工程與應用，2005，27：116-120.

［16］朱曉妍. 移動 ad hoc 網路的安全需求［D］. 西安：西安電子科技大學，2004（1）：22-25.

［17］Shamir A. How to Share a Secret［J］. Communication of the ACM. 1979, 22（11）：612-613.

［18］Zhou Lidong, Zygmunt J Hass. Securing Ad Hoc Networks［J］. IEEE Nerworks Special Issue on Network Security, 1999, 13（6）：24-30.

［19］LUO H, LU S. Ubiquitous and Robust Authentication Service for Ad Hoc Wireless Network［R］. Technical Report 200030, UCLA Computer Science Department, 2000：1-40.

［20］Srdjan Capkun, Levente Buttyan, Jean-Pierre Hubaux. Self-Organized Public-Key Management for Mobile Ad Hoc Networks［J］. IEEE Transaction on Mobile Computer, 2003, 2（1）：54-56.

［21］M. Bechler, H. -J. Hof, D. Kraft et al, A Cluster-Based Security Architecture for Ad Hoc Networks［C］. IEEE INFOCOM 2004：1-11.

［22］Levent Ertaul, Nitu Chavan. Security of Ad Hoc Networks and Threshold Cryptography［C］. International Conference on Wireless Networks, 2005, 1：69-74.

［23］Mohamed Salah Bouassida, Isabelle Chrisment, Olivier Festor. Efficient Group Key Management Protocol in MANETs Using the Multipoint Relaying Technique［C］. Proceedings of the International Conference on Networking, International Conference on Systems and International Conference on Mobile Communications and Learning Technologies 2006：1-10.

［24］Wang H, Wang Y, Han J. A Security Architecture for Tactical Mobile Ad Hoc Networks［C］. Knowledge Discovery and Data Mining, 2009. Second International Workshop on. IEEE, 2009: 312-315.

[25] Wang N, Wang H. A security architecture for wireless mesh network [C]. Challenges in Environmental Science and Computer Engineering (CESCE), 2010 International Conference on. IEEE, 2010: 263-266.

[26] Toubiana V, Labiod H, Reynaud L, et al. A global security architecture for operated hybrid WLAN mesh networks [J]. Computer Networks, 2010, 54 (2): 218-230.

[27] Sun J, Zhang C, Zhang Y, et al. SAT: A security architecture achieving anonymity and traceability in wireless mesh networks [J]. Dependable and Secure Computing, IEEE Transactions on, 2011, 8 (2): 295-307.

[28] Zivkovic M, Markovic D, Popovic R. Energy efficient security architecture for wireless sensor networks [C]. Telecommunications Forum (TELFOR), 2012 20th. IEEE, 2012: 1524-1527.

[29] Grochla K, Stolarz P. Extending the TLS Protocol by EAP Handshake to Build a Security Architecture for Heterogenous Wireless Network [M] //Computer Networks. Springer Berlin Heidelberg, 2013: 258-267.

[30] 董攀. 移動Ad-Hoc網路的分佈式安全算法研究 [D]. 國防科學技術大學研究生院, 2002, 11: 25-31.

[31] 沈穎. 基於WMANET安全機制分析 [J]. 網路信息安全, 2004, 5 (1): 51-59.

[32] 周慧華. 基於身分加密的Ad hoc網路安全模式 [J]. 湖北民族學院學報, 2005, 23 (2): 262-265.

[33] 王化群等. Ad hoc網路中基於環Zn上橢圓曲線和RSA的密鑰管理 [J]. 通信學報, 2006, 27 (3): 1-6.

[34] 李光松, 移動Ad Hoc網路安全性研究 [D], 解放軍信息工程大學, 2005, 12: 35-38.

第 2 章　Ad Hoc 網路拓撲結構

Ad Hoc 網路是由多個帶有無線收發裝置的移動設備組成，設備間通過無線信道通信，網路數據通過一跳或多跳轉發從源節點傳送到目的節點。設置各個移動終端設備在網路中的位置關係即構建網路的拓撲結構對數據傳輸有重要影響，是評價網路性能的一個重要指標。

本章介紹 Ad Hoc 網路採用的幾種主要拓撲結構，並利用數據結構中的 B-樹設計一種分層的網路結構。

2.1　Ad Hoc 網路結構

在 Ad Hoc 網路中，移動設備在網路中的位置發生變化直接影響著網路節點間的關係，設備間的鏈路由於這種移動將會消失或新增。移動設備在 Ad Hoc 網路中，扮演主機和路由器雙重角色，因此，網路拓撲結構會由於節點的移動不斷發生變化，且變化的各項參數無法預測。

Ad Hoc 網路由於其獨特優勢，被廣泛地應用在軍事戰場、緊急救援等極端環境中而受到廣泛的關注。在組建網路時，由於沒有固定基礎設施和蜂窩網路的支持，所以網路中的各移動終端都必須要使用全向天線，且節點發射的信號能夠被其它節點接收到並能接收範圍內的其它節點發來的信號。每個移動節點發射的信號都會形成一個以自己為中心的覆蓋範圍，在此範圍內的其它節點可以接收到此信號完成數據的傳輸，但若數據傳輸的目的節點不在此範圍內，則需要經過中間節點的一跳或多跳轉發來實現。由於 Ad Hoc 網路中每個終端都兼具主機和路由器的功能，所以不用擔心節點無法勝任數據轉發任務。

Ad Hoc 網路中每個移動終端都備有低功率的 GPS 接收機，主要用於定位服務。若節點的 GPS 不能正常工作，則可以借助與其它節點的距離關係、接收信號的強弱及信號到達的方向等信息實現對節點位置管理。Ad Hoc 網路中

組織移動終端設備的關係主要有平面結構和分級結構兩種類型。

2.1.1 平面結構

各個節點在網路中地位平等，均衡承擔路由轉發、網路管理及負載管理等任務，按此策略布置移動終端採用的拓撲結構即為平面結構，如圖 2-1 所示。平面結構中節點間存在多條數據轉發路徑，進行信息交流時可綜合考慮通信代價擇優選擇，減少網路中數據擁塞現象發生，很好的增強網路的魯棒性。但在擁有以上優勢的同時，網路運行過程中也表現出很多負面特徵，如管理開銷大、路由可靠性不強、網路擴充困難等。這些缺陷使網路規模受限於中小型，對於移動設備數據量多的大型網路無法適用。

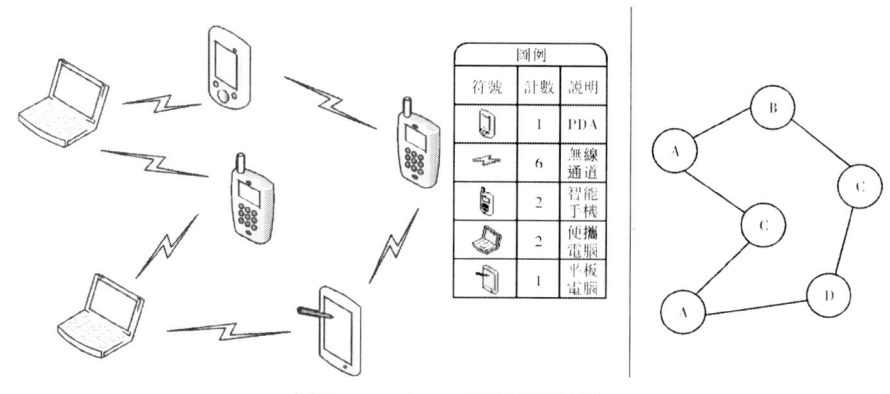

圖 2-1 Ad Hoc 網路平面結構

2.1.2 分級結構

當 Ad Hoc 網路中的移動終端達到一定數量時，需將其進行分組管理。每個組稱為一個簇（Cluster），由一個簇首節點（Cluster Head，CH）和多個簇成員節點（Cluster Member，CM）組成，簇首擔任管理及數據轉發工作。由簇首構成更高一級的網路還可以再進行分組劃分，形成新的簇首節點，以此類推。根據網路的規模，形成分級的網路拓撲結構。如果網路中所有節點都通過同一通信頻率工作，則此類結構稱為單頻分級結構，各簇間的簇首通信時需要借助於共同的網關（Gate Way，GW）節點作為橋樑，網關與簇首組建成更高一級的網路，如圖 2-2（a）所示。而如果在不同層次的網路中通信時採用了不同的通信頻率，在網路中節點所處的層次越高，其通信覆蓋範圍越大，則此類結構稱為多頻分級結構，如圖 2-2（b）所示。在多頻分級結構中處於高層次的

節點可同時工作在多個通訊頻率，適用於多級通訊。

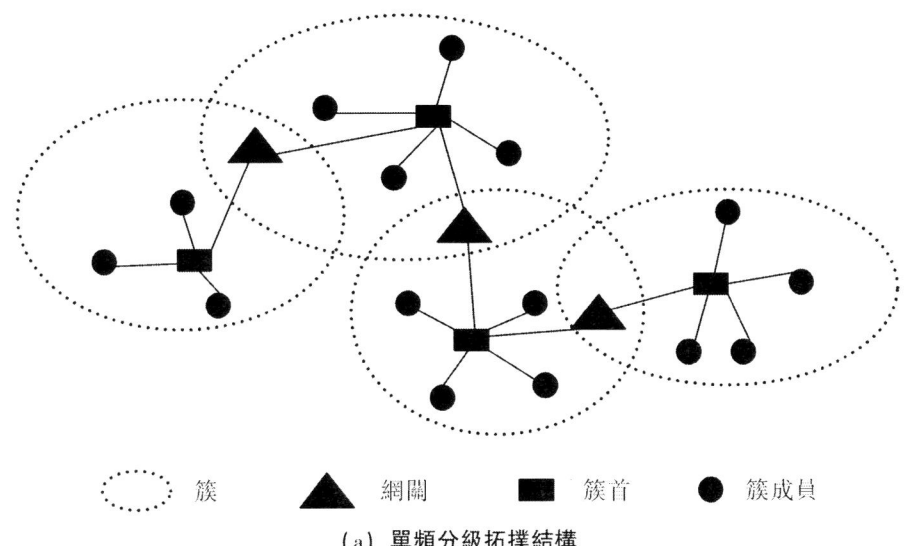

(a) 單頻分級拓撲結構

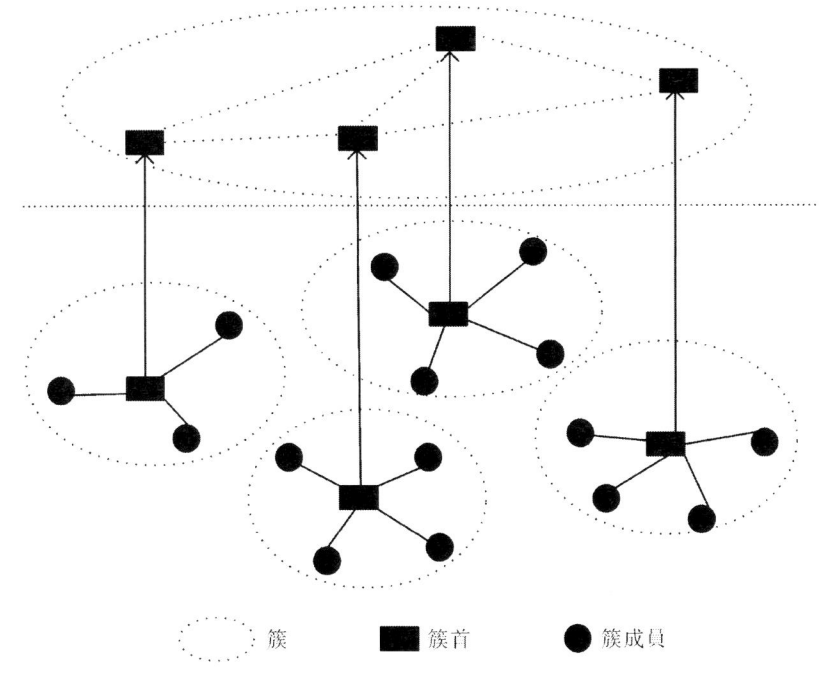

(b) 多頻分級拓撲結構

圖 2-2　Ad Hoc 網路分級結構

在這種拓撲結構中,共存在三類節點:簇成員節點、簇首節點和網關節點。簇成員節點的功能相對較弱,直接與簇首相連,一般用於完成數據採集、存儲及轉發等功能。當簇內節點間交換數據時,需要在簇首節點的協助下完成轉發操作。而如果網路中有在簇間交換數據的請求時,則要通過網關節點來完成協調及轉發任務。按分級結構組建 Ad Hoc 網路時,簇首和網關節點可以直接指定,也可以根據節點自身表現選舉產生。由於網路數據傳輸時受簇首或網關節點的控制,因此選擇的路徑可能不是最優。

在分級拓撲結構中,信息傳輸範圍縮小,因此無需花費太大代價去維護路由信息,這樣大大增強了網路的魯棒性,使網路的擴展性提高。

2.2 構建基於 B-樹網路拓撲結構

綜合考慮 Ad Hoc 網路特點,提出基於 B-樹的模型來組建合理的 Ad Hoc 網路拓撲結構。方案中主要採用 B-樹結構對網路用戶進行成組的劃分從而形成層次結構。此方案依據用戶身分,合理設置各種用戶在網路中的位置,解決了組網的關鍵問題,具有較高的安全性。

2.2.1 B-樹的特徵

1972 年,E. mccreight 和 R. Bayer 提出了一種平衡的多叉樹,適用於外查找的樹,被稱為 B 樹(或 B-樹、B_ 樹)。

B-樹即為 B(Balanced)樹,是一種平衡的多路查找樹,在這種數據結構中各結點按關鍵字大小有序排列。一棵 m 階的 B-樹或者為空,或者具備以下特徵:

(1) 樹的根結點至少有擁有 2 個分支,最多有 m 個分支;

(2) 樹的中間結點包含的分支個數 i 要滿足條件:$m \geqslant i \geqslant \lceil \frac{m}{2} \rceil$;

(3) 樹中所有的葉子結點都排在同一層。

創建樹時,除葉子結點外每個節點中的關鍵字都按由小到大的順序排列。當中間節點擁有非葉子節點的孩子節點時,該節點的關鍵字成為下一層孩子節點中包含的關鍵字分組的標準。在一棵 B-樹中葉子結點中不包含任何的關鍵字,指向它們的指針為空,樹中包含的關鍵字總數再加 1 即為葉子結點的數目。一棵包含 10 個關鍵字(6,8,66,88,68,86,12,16,36,48)的 3 階 B-樹如圖 2-3 所示。

圖 2-3 一棵 3 階 B-樹

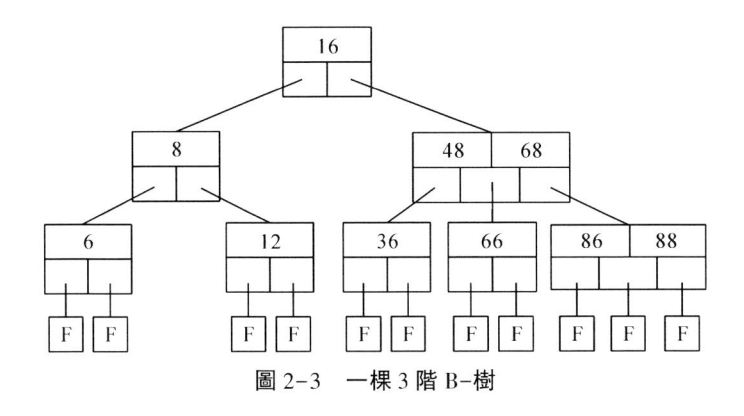

說明：B-樹中包含 n 個關鍵字的結點，每個結點都表示為：$(n, P_0, K_1, P_1, K_2, P_2, \cdots, K_n, P_n)$。其中，$n$ 為關鍵字的個數，K_i 為關鍵字，P_j 為指向子樹的指針。各關鍵字按從小到大的順序排列 $K_1 \leq K_2 \leq \cdots \leq K_n$，而 P_j 指向包含大於 K_j 且小於 K_{j+1} 的關鍵字的子樹。樹中所有葉子結點都不存儲任何關鍵字信息，指向這些結點的指針為空。

在 B-樹中查找關鍵字時需分兩步進行，首先從根結點出發查找到關鍵字所對應的結點，然後在結點內再找到關鍵字，如沒有相同的關鍵字，則查找失敗。若一棵 m 階 B-樹中有 n 個關鍵字，查找結點時，從根結點到關鍵字所在結點的路徑上涉及的結點數不超過 $\log_{\lceil m/2 \rceil}(\frac{N+1}{2})+1$，找到關鍵字所在結點後，利用折半查找法，在查找成功的情況下和給定值進行比較的關鍵字的個數至多為 $\lfloor \log_2 n \rfloor +1$，查找效率非常高。

當發生插入或刪除關鍵字的情況時，在 B-樹中作相應的操作也非常方便，重構後的樹仍保持平衡性。

2.2.2 構建基於 B-樹的網路拓撲結構

Ad Hoc 網路是一種動態網路，成員的加入與退出活動十分頻繁，因而合適的網路拓撲結構對信息有效可靠地傳輸起著決定性作用。由於在 B-樹中進行查找、插入和刪除關鍵字的操作都非常方便，所以可採用此樹結構來組織 Ad Hoc 網路中的移動設備。

在構建網路的拓撲結構時，需根據網路適用地理範圍的規模，選取合適的 m 值，以此構造 m 階 B-樹的分層結構來組織網路中的移動設備。

依據用戶 $User_i$ 在網路中所處地理位置賦予能表徵其身分的用戶 ID_i，每個

用戶的 ID 號為數值型數據，然后對用戶的 ID 使用單向函數進行處理生成了數值$Key_{i,j}$，將此作為用戶加入網路的關鍵字。

2.2.3 添加網路節點的操作

B-樹的構造從空樹做起，按照規則逐個插入各個關鍵字。構造一棵 m 階的 B-樹結構時，按如下規則完成操作。

（1）選取 $m-1$ 個已通過身分認證的用戶的 Key_j 值組成一組作為根結點。

（2）新用戶申請加入網路時，需認證該用戶的身分，如為合法用戶，則將用戶加入到網路的某一組中。

操作時按照 B-樹構造規則，以用戶的 $Key_{i,j}$ 值作為關鍵字，將用戶關鍵字加入到 B-樹的某個結點的相應位置上。

（3）若插入的結點中關鍵字個數不足 $m-1$ 個，則直接將用戶關鍵字插入該結點即可。

（4）若插入的結點中關鍵字個數已達 $m-1$ 個，此時會產生結點的「分裂」操作，使得本來屬於結點 A 的用戶插入到結點 B 中，即用戶所屬小組發生變化。

（5）若結點發生「分裂」操作，相關小組中的組密鑰需全部更新，以保障網路的正常運行。

假設 Ad Hoc 網路中現有 10 個移動終端設備，經對各個移動終端的身分標示 ID 運用單向函數處理后，其關鍵字依次為：（6，8，66，88，68，86，12，16，36，48）。由於網路中節點通信的需要，將其劃分成包含的設備成員數不多於 4 個的通信小組，則此時組織節點成員需要構建一棵 5 階的 B-樹，對各終端的分組操作過程如圖 2-4 中各步驟所示。生成 B-樹后，10 個網路成員形成了分級的樹型結構，樹中每個結點的成員組成一個簇，可實現簇內廣播通信以及簇間的按需通信。

6	8	66	88

（a）關鍵字為 6，8，66 和 88 的四個用戶加入網路。此時從空樹開始構建，要求每個非根結點中包含的關鍵字個數小於或等於 4，所以初始根結點中可存放 4 個關鍵字。

```
        ┌──┬──┐
        │66│  │
        └──┴──┘
        ╱      ╲
┌──┬──┬──┐   ┌──┬──┬──┐
│ 6│ 8│  │   │68│88│  │
└──┴──┴──┘   └──┴──┴──┘
```

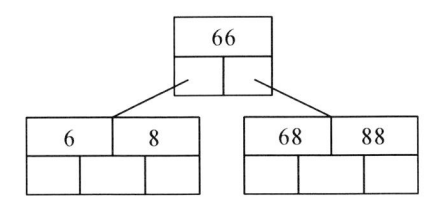

（b）將關鍵字為 68 的用戶加入網路。由於 B-樹中原來的根結點已有 4 個關鍵字，所以此時只能分裂結點，將中間關鍵字 66 上升為根結點，樹中共形成 3 個結點。

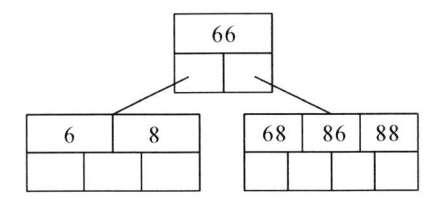

```
        ┌──┬──┐
        │66│  │
        └──┴──┘
        ╱      ╲
┌──┬──┬──┐   ┌──┬──┬──┐
│ 6│ 8│  │   │68│86│88│
└──┴──┴──┘   └──┴──┴──┘
```

（c）將關鍵字為 86 的用戶加入網路中，由於 B-樹相應插入結點中關鍵字個數為 2，小於上限 4 個，則直接插入即可，無需分裂結點。

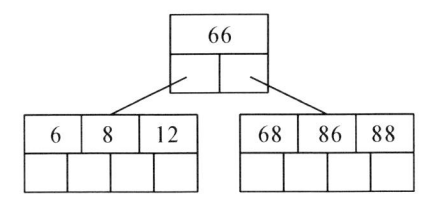

```
        ┌──┬──┐
        │66│  │
        └──┴──┘
        ╱      ╲
┌──┬──┬──┐   ┌──┬──┬──┐
│ 6│ 8│12│   │68│86│88│
└──┴──┴──┘   └──┴──┴──┘
```

（d）將關鍵字為 12 的用戶加入網路中，由於 B-樹相應插入結點中關鍵字個數為 2，小於 4 個，則直接插入即可，無需分裂結點。

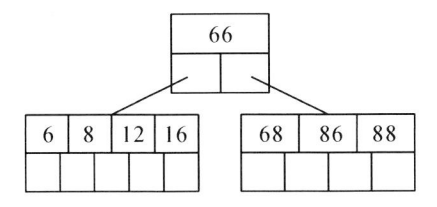

```
        ┌──┬──┐
        │66│  │
        └──┴──┘
        ╱      ╲
┌──┬──┬──┬──┐   ┌──┬──┬──┐
│ 6│ 8│12│16│   │68│86│88│
└──┴──┴──┴──┘   └──┴──┴──┘
```

（e）將關鍵字為 16 的用戶加入網路中，由於 B-樹相應插入結點中關鍵字個數為 3，小於 4 個，則直接插入即可，無需分裂結點。

```
        ┌────┬────┐
        │ 12 │ 66 │
        └────┴────┘
       /     │     \
┌───┬───┐ ┌────┬────┐ ┌────┬────┬────┐
│ 6 │ 8 │ │ 16 │ 36 │ │ 68 │ 86 │ 88 │
└───┴───┘ └────┴────┘ └────┴────┴────┘
```

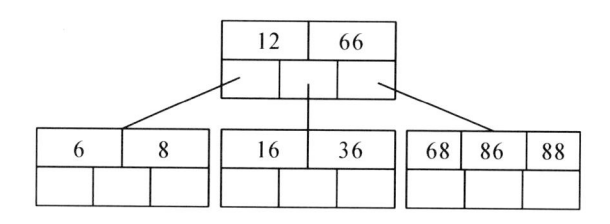

(f) 將關鍵字為 36 的用戶加入網路中,由於 B-樹相應插入結點中關鍵字個數為 4,已經達到上限,所以不能再插入關鍵字。此時將關鍵字 12 上升到根結點,原來的結點進行分裂。

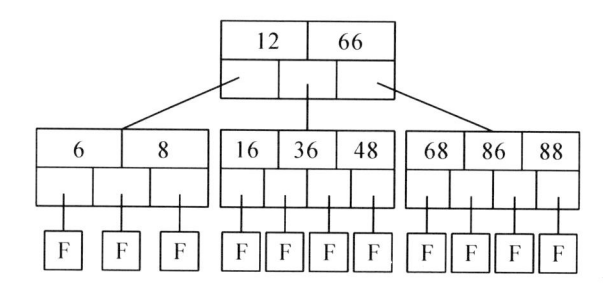

```
             ┌────┬────┐
             │ 12 │ 66 │
             └────┴────┘
          /       │        \
┌───┬───┐ ┌────┬────┬────┐ ┌────┬────┬────┐
│ 6 │ 8 │ │ 16 │ 36 │ 48 │ │ 68 │ 86 │ 88 │
└─┬─┴─┬─┘ └─┬──┴─┬──┴─┬──┘ └─┬──┴─┬──┴─┬──┘
  F   F     F    F    F      F    F    F
```

(g) 將關鍵字為 48 的用戶加入網路中,由於 B-樹相應插入結點中關鍵字個數為 2,小於上限 4,所以直接將關鍵字 48 插入到相應結點。

圖 2-4　將 10 個網路用戶關鍵字用 5 階 B-樹組織

說明:其中 m、n($n \leqslant m$)為本結點中包含關鍵字的個數。$Key_{i,j}$($i=1, 2, \cdots$;$j=1, 2, 3 \cdots m-1$)為結點中包含的關鍵字,其中 i 表示父結點中指向本結點的指針的下標,根結點中關鍵字無此下標值,關鍵字按從小到大順序排列。$P_{i,j}$($i=1, 2, \cdots$;$j=1, 2, 3 \cdots m-1$)為指向子樹根結點的指針,其中 i 表示父結點中指向本結點的指針的下標,根結點中指針無此下標值,要求 $P_{i,j-1}$ 所指子樹中所有結點的關鍵字均小於 $Key_{i,j}$,$P_{i,j}$ 所指子樹中所有結點的關鍵字均大於 $Key_{i,j}$。

2.2.4　刪除網路節點的操作

若某用戶由於任務已完成或行為不當需要退出網路,此時要將其從所屬小組即簇中刪除。刪除操作按如下規則進行:

(1) 查找到用戶關鍵字在 B-樹中所屬結點位置。

(2) 若結點中關鍵字數目不少於 $\lceil \frac{m}{2} \rceil$ 個,且用戶所在結點為最下層結點,則可直接刪除。

（3）若不符合步驟（2）的條件，則進行結點合併的操作。

（4）被合併相關組中相關密鑰需及時更新並安全發送給組內成員。

經過前面的操作，已構建一棵5階的B-樹，樹中共有10個關鍵字：（6，8，66，88，68，86，12，16，36，48），按規則被劃分到四個小組（簇）中。若此時關鍵字分別為68，12，6的用戶節點依次要求退出網路，則此時B-樹中刪除關鍵字的操作過程如圖2-5所示。

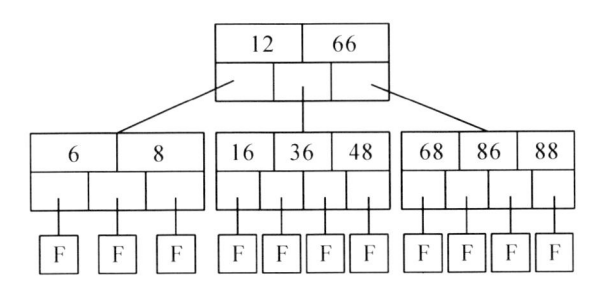

(a) 由10個網路節構成的5階B-樹

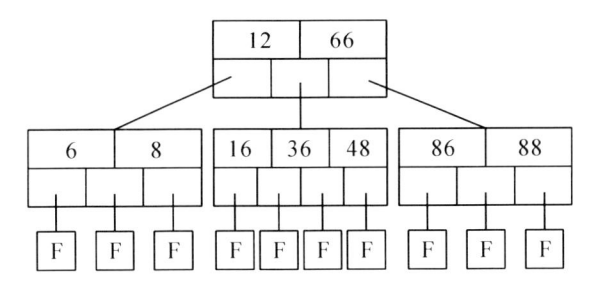

(b) 刪除關鍵字為68的網路用戶。由於B-樹中68所在結點的關鍵字個數為3，大於下限值2，所以當關鍵字為68的節點要離開網路時，只需直接從結點中將其刪除即可。

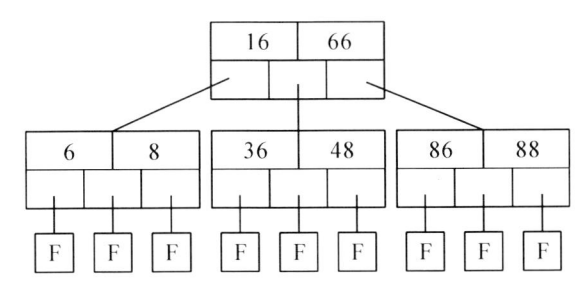

(c) 刪除關鍵字為12的網路用戶。由於B-樹中12所在結點的關鍵字個數為2，等於下限值2，所以當關鍵字為12的節點要離開網路時，由於其右孩子分支中關鍵字個數大於2，所以需將其右孩子分支中的關鍵字16上升到根結點替換其位置。

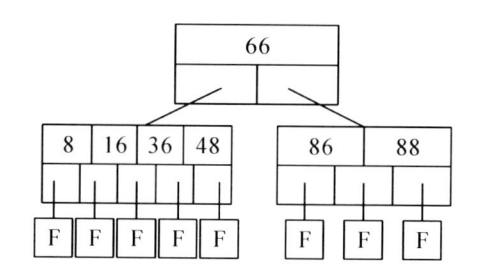

```
        ┌────┬────┐
        │ 66 │    │
        └────┴────┘
         ╱        ╲
┌──┬──┬──┬──┐    ┌──┬──┐
│8 │16│36│48│    │86│88│
└──┴──┴──┴──┘    └──┴──┘
 │ │ │ │ │       │ │ │
 F F F F F       F F F
```

(d) 刪除關鍵字為 6 的網路用戶。由於 B-樹中 6 所在結點的關鍵字個數為 2，等於下限值 2，而其兄弟結點有 2 個關鍵字，無法提到上一層，所以當關鍵字為 6 的節點要離開網路時，發生結點合併現象，此時 B-樹中結點減少到 3 組，對應網路中 3 個分組。

圖 2-5　刪除網路用戶的操作

2.2.5　B-樹網路拓撲結構分析

本方案中主要利用 B-樹對 Ad Hoc 網路的用戶進行分組劃分，從而生成樹型的網路拓撲結構。

利用 B-樹結構組織網路用戶具有以下優點：①由於 B-樹的結構規則，具有平衡性，結點生成及維護操作簡單，所以用結點作為網路中的組方便對用戶進行管理；②用戶加入、退出網路時，B-樹結構能夠迅速調整，從而節約網路重構時間，符合 Ad Hoc 網路快速組網的特點；③B-樹是有序樹，查找關鍵字效率高，因此能快速在網路中定位網路用戶，使得通信活動有針對性地進行。

2.3　本章小結

Ad Hoc 網路是一種特殊的無線網路，移動設備在網路中運動頻繁而又無向。對於網路設備的組織一般有平面結構和分級結構兩種，為免除操作的複雜性，很少有網格結構出現。

適應 Ad Hoc 網路的特性，提出一種基於 B-樹的分級網路拓撲結構。充分利用多分支平衡樹的優勢，合理組織網路中的移動設備，大大提高網路的可用性、有效性、擴展性和安全性，所以方案更具實用性。

由於時間關係，在操作的過程中也存在一些未解決的問題。如何利用實驗

進一步按照網路規模調整各項參數將是下一步工作的重點。

參考文獻

[1] 朱曉研. 移動 ad hoc 網路的安全研究［D］. 西安電子科技大學，2004：22-25.

[2] 王申濤，楊浩. 移動 Ad hoc 網路路由協議研究分析［J］. 計算機時代，2006（3）：14-16.

[3] 張群良，雒明世. 移動 Ad Hoc 網路安全策略［J］. 電信交換，2006（1）：29-33.

[4] M. Moharrum and R. Mukkamala, M. Eltoweissy, Efficient secure multicast with well-populated multicast key trees［C］. Proceedings of the Tenth International Conference on Parallel and Distributed Systems (ICPADS』04), IEEE 2004：1-8.

[5] Biswajit Panja, Sanjay Madria, Bharat Bhargava. Energy-Efficient Group Key Management Protocols for Hierarchical Sensor Networks［J］. International Journal of Distributed Sensor Networks, 3, 2 (2007-03-01), 2007, 3 (2)：201-223.

[6] Liao Lijun, Mark M. Tree-based Group Key Agreement Framework for Mobile Ad-hoc Network［J］. Future Generation Computer Systems, 2007, 23 (6)：787-803.

[7] 嚴蔚敏.《數據結構》（第二版）. 北京：清華大學出版社，1997.

[8] Ye Yongfei, Liu Minghe, Sun Xinghua, et al. Group key management scheme based on B-tree topology in ad hoc networks［C］. International Conference on Computer Science and Network Technology. IEEE, 2012：1676-1680.

[9] Zhang Y, Liu W, Lou W, Zhang Y. K-anonymous communication in mobile ad hoc networks［C］. Proceedings of the 24th International Conference of the IEEE Communications Society (INFORCOM2005). 2005：70-75.

第 3 章 Ad Hoc 網路安全路由策略

移動 Ad Hoc 網路中節點運動方向自由，網路拓撲結構變化頻繁。如何將數據通過安全可靠的路徑從源傳送到目的節點是路由協議需要考慮的首要問題。由於 Ad Hoc 網路具備自組織、無線信道傳輸、多跳轉發及無基礎設施要求等特徵，所以在傳輸過程中網路會遭受更多的攻擊，存在更大的安全隱患，因此節點間的信任關係建立成為網路安全的基本保障。

本章首先介紹幾種經典的 Ad Hoc 網路路由協議，然后列舉出常見的針對路由協議的攻擊，最后構建一種安全的路由協議。

3.1 網路節點安全路由機制

Ad Hoc 網路的路由協議首先應滿足與傳統網路路由協議相同的一些基本要求，如穩定、健壯、最優、簡單、低開銷及適應性強等。通過第 1 章的分析可知，Ad Hoc 網路的路由協議會遭受更多攻擊。因此，需要對網路結構做全面的分析，綜合多種要素，提出更安全更合理的路由協議。

Ad Hoc 網路中每個節點都兼具數據轉發功能，因此路由算法需由網路中所有節點共同維護，融入分佈式算法。Ad Hoc 網路的傳輸帶寬受限，所以設計的路由協議占用帶寬要在可控範圍之內。Ad Hoc 網路易變拓撲結構的特點也對路由協議的計算速度提出了更高要求。為避免節點資源耗盡，也要限制路由算法的計算量。另外在路由協議設計中要採取必要的安全措施，以防禦針對算法中存在漏洞的各種攻擊。

3.2 Ad Hoc 網路典型路由協議

學術界對 Ad Hoc 網路中路由協議算法的研究較早，始於 20 世紀 80 年代初，通過不懈努力已設計出多種典型的路由算法，如可降低數據傳輸時延的表驅動路由協議，只在通信需要時即時建立的按需路由協議，只在源節點和目的節點間建立一條路徑的單徑路由協議及可擇優選擇路徑的多徑路由協議等。

3.2.1 主動路由協議 DSDV

DSDV（Destination-Sequenced Distance Vector，目標序列距離矢量路由協議）屬於表驅動路由協議，也稱為先驗式（Proactive）路由協議，通信時優先選取最短路徑。

表驅動路由協議具有延時小，但通信開銷代價大的特點，能夠根據網路的拓撲結構變化發生適應性動態更新。在這類路由協議中，網路中每個節點都需要獨自維護一張路由協議表，在表中存儲到達其它節點的各個路由信息。當網路出現新的變化，如新節點加入網路、舊節點退出網路或節點的位置發生變化等，都會導致網路的拓撲結構改變，這時受影響的網路節點需要及時更新自己的路由協議表，並將相關數據發送至相關節點，以保證路由信息的正確性、實時性、一致性及安全性。

DSDV 路由協議針對 Ad Hoc 網路的節點距離矢量專門定制，改進了傳統分佈式 Bellman-Ford（貝爾曼德）路由算法，主要表現在路徑自由度的選擇。DSDV 路由協議適用雙向鏈路通信，即時維護本地路由數據表，解決了傳統距離矢量路由協議中高頻率出現的無窮計算問題，避免網路中數據傳輸時環路的產生。

路由表中詳細記錄與路由相關的重要內容，每個記錄表示的是該節點到達網路中其它可達節點的路由，主要包括以下信息：目標節點的 IP 地址、目標節點的序列號、下一跳節點的 IP 地址、到達目標節點的跳數、路由記錄等。序列號由目標節點自動生成，主要用於識別路由信息的有效性，當網路成員節點發生變化時，與其相鄰節點的序列號都需要即時增加自己的序列號進行更新操作。

網路中所有節點都會與鄰節點週期性的交換路由信息，對更新后的路由分組進行廣播。各節點通過比較路由信息表中目標節點的序列號是否增加，即可

判斷路由是否發生變化，如發生變化則需要同步更新自己的路由信息表。如果目標節點的序列號沒有發生變化，節點亦可重新選擇與其距離最近的數據通路作為新的路由，以此對路由表進行更新操作。為防止節點維護的路由表信息波動太大，更新路由分組的消息需要間斷性的發送。如果網路中成員節點變化速度較快，則需要對路由表進行全部更新；如果網路拓撲結構變化速度較慢則可部分更新，減少通信的代價。DSDV 路由協議的操作機制保證了路由表信息的即時性，從而也避免了環路的產生。

圖 3-1 是節點的路由鏈路示意圖，連接線上的數字表示通訊代價。

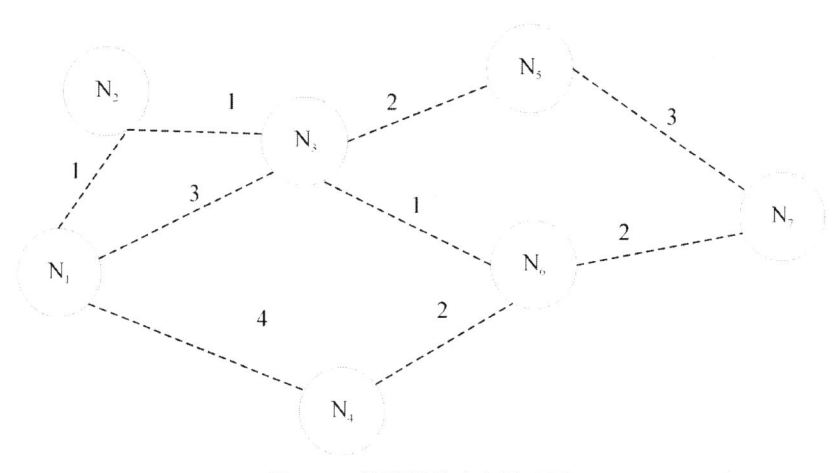

圖 3-1　節點間的路由鏈路圖

根據 DSDV 路由協議規則，網路中的每個節點都保存一張本地路由數據表，表 3-1 是 DSDV 路由算法中節點 N_1 和節點 N_2 保存的本地路由表的部分信息。節點 N_1 的本地路由表用表 3-1（a）表示；節點 N_2 的本地路由表用表 3-1（b）表示；當節點 N_1 收到節點 N_2 的路由表后，更新自己本地路由表的結果用表 3-1（c）表示。

表 3-1（a）　　　　　　　　節點 N_1 的本地路由表

目的節點	下一跳節點	通訊代價
N_2	N_2	1
N_3	N_3	3
N_4	N_4	4
N_5	N_3	5

表3-1(a)(續)

目的節點	下一跳節點	通訊代價
N_6	N_3	4
N_7	N_3	6

表 3-1（b） 節點 N_2 的本地路由表

目的節點	下一跳節點	通訊代價
N_1	N_1	1
N_3	N_3	1
N_4	N_1	4
N_5	N_3	3
N_6	N_3	2
N_7	N_3	4

表 3-1（c） 節點 N_2 的本地路由表

目的節點	下一跳節點	通訊代價
N_2	N_2	1
N_3	N_2	2
N_4	N_4	4
N_5	N_2	4
N_6	N_2	3
N_7	N_3	5

說明：當節點 N_1 收到節點 N_2 的路由表后，由於節點 N_2 與節點 N_1 之間的傳輸代價是 1，因此多條路由記錄按照通信代價最小化的原則都要被更新，如節點 N_1 到達節點 N_3 的路由更改為經節點 N_2 轉發，通信代價降低為 2；節點 N_1 到達節點 N_5 的路由更改為下一步跳節點為 N_2，通信代價降低為 4；點 N_1 到達節點 N_6 的路由更改為下一步跳節點為 N_2，通信代價降低為 3。

DSDV 路由協議採取以下兩種策略保證網路的可用性：

（1）以降低路由波動為目標。在這種機制中，節點在向網路中廣播路由分組更新之前，要保證完成了所有與可達目標節點之間的路由已成功建立，這樣減少了鄰居節點重複性更新和計算，大大降低其能量消耗和帶寬占用。

（2）針對路由信息實施更新。DSDV 路由協議根據網路中發生的變化動態選擇兩種路由表更新方法：增加更新和全部更新。增加更新主要是對路由信息表大小發生變化的記錄條目進行更新，操作間隔時間較短。全部更新需要對網路節點路由表的所有條目都進行更新，操作間隔時間較長，週期性的進行。兩種路由表更新結合使用，互相補充，有效的節省計算代價及帶寬使用，從而保證了網路的可用性及數據傳輸的可靠性。

DSDV 路由協議適用於中小規模的 Ad Hoc 網路，在網路的拓撲結構較穩定，節點加入或離開網路的操作不是頻繁發生的情況下，可以表現出它的優勢。DSDV 路由協議可為節點快速生成路由，保證實時傳送網路中的數據報文，適應網路高實時性傳輸數據業務的需求。基於 DSDV 路由協議本身的特徵，對於拓撲結構變化頻繁的網路不宜採用此路由算法，否則會造成網路計算成本高、處理更新開銷大、占用帶寬多等問題，對於網路的正常運行產生嚴重影響，從而降低網路的可用性。

3.2.2 按需路由協議 AODV

AODV（Ad Hoc On-demand Distance Vector routing，Ad Hoc 按需距離矢量路由協議）由 Perkins C. 等提出，通過對目的節點排序的距離矢量路由協議改進形成，是一種反應式路由協議。AODV 路由協議工作原理是，當網路中需要傳輸數據分組時按需建立節點間的路由，通信完畢時不再維護已建立的路由，減少控製信息的條目，從而提高了運行的效率。這種協議有效的利用網路資源，按需建立路由，適應 Ad Hoc 網路動態拓撲的特點。

AODV 路由協議由路由發現（Route Discovery）和路由維護（Route Maintenance）兩部分構成。

（1）路由發現部分完成數據分組轉發前源節點與目的節點間的路由建立工作，由以下幾個子部分構成：路由請求發送（Route Request，RREQ）、路由請求轉發、路由應答發送（Route Reply，RREP）、路由應答轉發。

當網路節點需要發送數據報文但沒有建立與目的節點的路由時，則必須按需建立。

首先源節點在網路中廣播路由請求（RREQ）報文。報文包含發送請求的源節點的網路地址和欲建立路由的目的節點網路地址等相關信息，如圖 3-2 所示。

0	1	2	3	4	5	6	7	0	1	2	3	4	5	6	7	0	1	2	3	4	5	6	7	0	1	2	3	4	5	6	7
\multicolumn{8}{c|}{Type}	J	R	E	D	U	\multicolumn{11}{c|}{Reserved}	\multicolumn{8}{c}{Hop Count}
\multicolumn{32}{c}{RREQ ID}
\multicolumn{32}{c}{Destination IP Address}
\multicolumn{32}{c}{Destination Sequence Number}
\multicolumn{32}{c}{Originator IP Address}
\multicolumn{32}{c}{Originator Sequence Number}

圖 3-2　RREQ 路由請求報文格式

當鄰節點接收到請求報文后，參照目的節點的網路地址判斷自己是否為目的節點，如果兩個網路地址相同，則向源節點發送路由應答（RREP）報文，格式如圖 3-3 所示。

0	1	2	3	4	5	6	7	0	1	2	3	4	5	6	7	0	1	2	3	4	5	6	7	0	1	2	3	4	5	6	7
\multicolumn{8}{c|}{Type}	R	A	\multicolumn{9}{c|}{Reserved}	\multicolumn{5}{c|}{Prefix Sz}	\multicolumn{8}{c}{Hop Count}
\multicolumn{32}{c}{Destination IP address}
\multicolumn{32}{c}{Destination Sequence Number}
\multicolumn{32}{c}{Originator IP address}
\multicolumn{32}{c}{Lifetime}

圖 3-3　RREP 路由應答報文格式

如果鄰節點接收到請求報文后兩個網路地址不同，則需要在自己存儲的路由表中查找是否有到達目的節點的路由，查找成功則需向源節點發送路由應答（RREP）報文，否則需要繼續轉發接收到的路由請求（RREQ）報文，中間節點需要維護並存儲指向源節點的反向路由。

依次執行下去直至目的節點接收到路由請求（RREQ）報文。目的節點需按照剛建立起來的路由將路由應答（RREP）報文反向傳輸。

轉發此報文的節點都需要在自己的路由表中增加一個新的條目用於記錄自身到目的節點的前向路由，然后繼續向鄰節點轉發此路由應答（RREP）報文直至源節點。

這樣就建立了源節點和目的節點之間的路由。

若節點收到多個路由請求（RREQ）報文，則只會對首先到達的請求進行應答而發送路由應答（RREP）報文，其它的則被略掉。

在源節點與目的節點間建立數據報文轉發路由的路由發現過程如圖 3-4 所示。

圖 3-4　AODV 路由發現示意圖

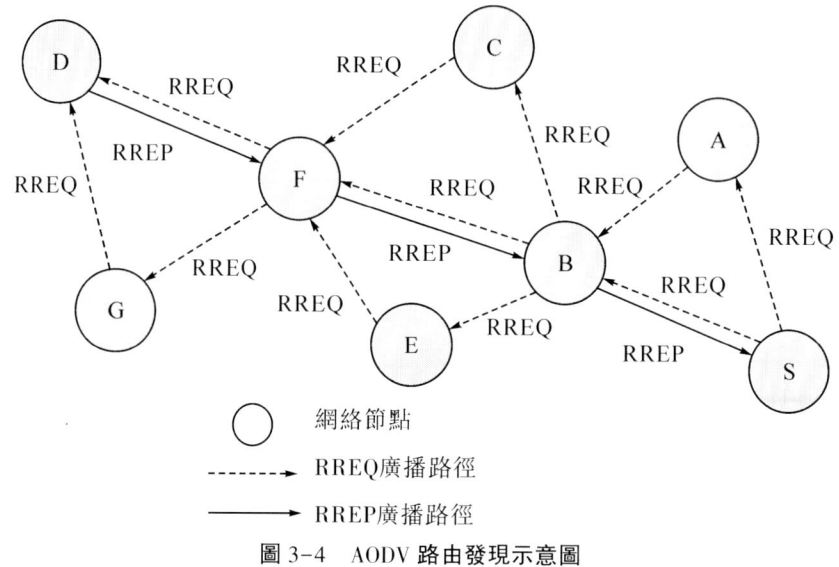

　　網路節點存儲的路由表主要包含的字段有：目的節點的 IP 地址、目的節點的序列號（Sequence Number）、目的節點序列號的有效標誌位、下一跳節點的 IP 地址、本節點到達目的節點的跳數、前驅節點列表（precursor list）、生存時間（路由失效或刪除時間）、網路層接口、其它的狀態和路由標誌位。

　　在節點存儲的路由表中由多條路由條目構成，每個條目上不必記錄此路由的全部節點信息，而只需標記下一跳節點的信息即可，這樣可減輕生成路由表的負擔並降低維護成本。對於一個已建立的路由，需要為之分配一個序列號作為標示並存儲在源節點和目的節點中。在后期為數據分組選擇路由時，也可依序列號的大小來判斷是否為最新的路由。

　　為避免通信鏈路發生數據擁塞，源節點向其鄰節點發送了路由請求（RREQ）報文后，若等待反饋時間超過預設時間，則選擇重發此路由請求報文。為避免擁塞發生，節點等待路由應答（RREP）報文的時間應是原預設時間的兩倍。當嘗試次數超過上限值 RREQ_ RETRIES 次之后，源節點需將此目的節點標記為無通路可達，並將消息通知至上一層——應用層。

　　（2）路由維護部分主要用於維護網路中已建立好的路由。AODV 路由協議主要採取週期性的向網路中節點發送 Hello 消息幀的方式對活躍路由進行監控。當節點發現原已建立的某條鏈路不通時，需要向受影響的本鏈路上的相關節點發送 RERR 報文以告知其對此路由信息進行更新或刪除。

　　Hello 消息幀需要由處於活躍路由上的節點廣播發送，目標節點是其一跳

範圍內的鄰節點，主要用於監測鏈路的連接狀態。Hello 消息幀本質上是 TTL（Time-To-Live，表示幀被轉發的跳數）為 1 的路由應答報文 RREP。如果節點在指定的 ALLOWED_ HELLO_ LOSS * HELLO_ INTERVAL 毫秒時間內未獲得鄰節點的應答消息幀，則認為其與鄰節點間已無通業。此時節點需要發送一次修復與鄰節點間鏈路的請求，如果修復未在規定時間內完成，節點將向此路由上的源節點和目的節點發送路由錯誤幀 RERR，格式如圖 3-5 所示。

0	1	2	3	4	5	6	7	0	1	2	3	4	5	6	7	0	1	2	3	4	5	6	7	0	1	2	3	4	5	6	7
Type								N			Reserved													DestCount							
Unreachable Destination IP Address（1）																																
Unreachable Destination Sequence Number（1）																																
Additional Unreachable Destination IP Addresses（if needed）																																
Additional Unreachable Destination Sequence Numbers（if needed）																																

圖 3-5　RERR 路由錯誤幀格式

路由錯誤幀 RERR 會以三種方式發送：

（1）針對某個接收者單播發送；

（2）面向多個接收者以單播的形式分別發送；

（3）向多個接收者以廣播的方式發送，使用 IP 為 255.255.255.255 的地址進行廣播。

RERR 被轉發時所有與此失效路由相關的網路節點都需要在自己的本地路由信息表中將相應的路由條目刪除掉。

重建路由的操作在以下兩種情況出現時發生：

（1）當源節點收到關於某條路由的錯誤幀 RERR 后，如果還有與目的節點通信的需求，則可以重新發起建立路由的請求。由於某些節點的不可達，根據新的請求建立的路由可能與原來的路由存在很大的差異。

（2）處於某路由上的中間節點在轉發送往目的節點的數據包時，由於計算路由超過預設時間等問題而導致的目的節點不可達，需要先暫時存儲收到的數據包，然後通過發送路由請求（RREQ）報文重新建立與目的節點的路由。只有等新的路由建立好之後，才能再次將存儲的數據包轉發到相應的目的節點。

AODV 路由協議要求網路中每個節點都維護一個自身序列號，用於依此序列號來判斷路由信息是否過期。當節點有建立新路由的需求時，在發送路由請求（RREQ）報文前要將自身的序列號作增 1 的更新操作；當目的節點收到路

由請求（RREQ）報文后，在向源節點發送路由應答（RREP）報文前也需要將自身的序列號作增1的更新操作；當源節點接收到來自目的節點的路由應答報文後，要比較報文中目的節點的序列號和自己存儲的路由表中的目的節點的序列號是否一致，如不一致，則選取序列號大者為最新路由信息，應以此作變更新路由表信息的標準。

AODV 路由協議具有以下特點：

・及時適應網路拓撲結構的動態變化；
・採用為節點定義序列號的方法避免環路產生；
・是一種逐跳路由，路由表動態生成；
・網路中的節點使用 IP 地址作為統一格式的地址標示；
・路由信息在數據報文頭部占用量少，信道利用率提高；
・適用於雙向信道網路傳輸環境；
・節點間建立路由延時較大；
・每個節點都存儲一張路由表用於記錄到達其它節點的路由信息；
・路由具有一定的生存期，超時后將被廢棄。

3.2.3 泛洪路由協議 Flooding 和 Gossiping

泛洪路由協議 Flooding 是傳統網路中經常使用的協議，算法簡單。當無線傳感器網路中某節點想向目的節點發送數據報時，節點會將數據報的副本發送給它所有的鄰居節點，而每個鄰節點又將數據報副本發送給除數據報來源的節點外的所有一跳鄰節點。按此方式依次轉發下去，數據報發送工作在遇到以下三種情況下將會結束：①數據報到達目的節點；②數據報轉發的跳數超過預設；③網路中所有節點都收到了數據報的副本，工作示意圖如 3-6 所示。

泛洪路由 Flooding 具有以下優點：

（1）路由算法簡單，無需複雜計算；
（2）節省帶寬等資源，網路中各節點無需存儲網路信息和路由表；
（3）適應 Ad Hoc 網路動態拓撲的特點，適時建立路由；
（4）對於網路健壯性有著較高要求的環境有很強的適應性。

但泛洪路由 Flooding 也存在以下問題：

（1）網路節點可能存儲同一數據報的多個副本，造成信息內爆的問題；
（2）同網路區域中兩個節點對同一事件作出反應時，對共同的鄰節點可能會造成數據重疊存儲的壓力；
（3）資源使用不合理，造成自適應的路由無法合理建立。

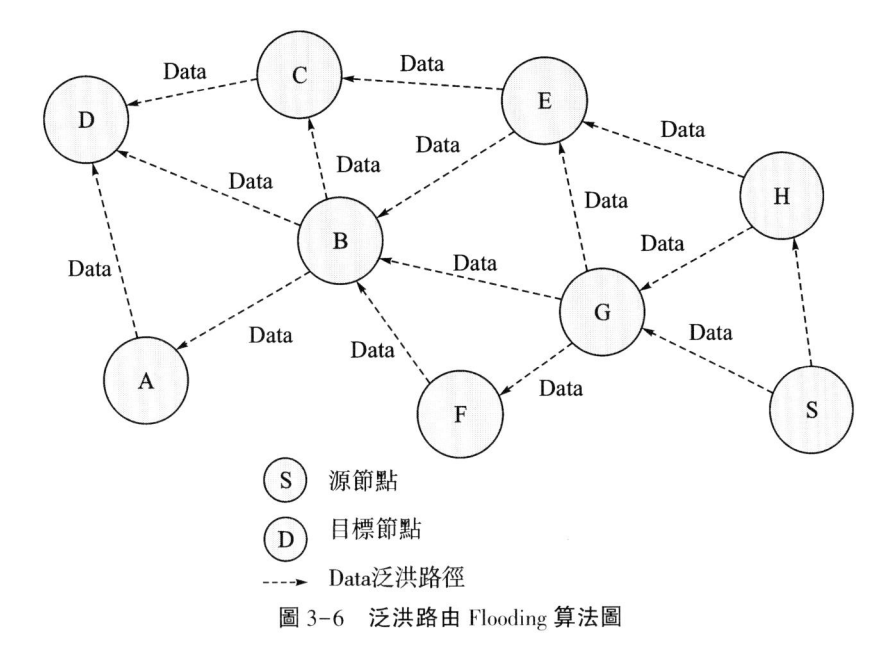

图 3-6 泛洪路由 Flooding 算法图

　　泛洪路由 Flooding 由於具備較強的健壯性，所以多在軍事領域應用。考慮 Ad Hoc 網路中的移動設備計算能力及資源有限的情況，因此實際很少直接使用，但是可作一種評價路由算法的標準。

　　為避免網路內部出現數據內爆的現象，對泛洪路由 Flooding 進行改進，生成了 Gossiping 路由協議。Gossiping 路由協議要求對數據報進行發送時，每個節點只隨機向其一個或若干個鄰節點發送，而非向全部節點發送。伴隨網路中出現數據爆炸問題解決的同時，又出現了數據傳輸增加時延的現象，Gossiping 路由協議也同樣無法解決數據重疊存儲的難題。

3.2.4 動態源路由協議 DSR

　　DSR（Dynamic Source Routing，動態源路由協議）是一種按需路由協議，基於源路由，是由數據報文發送需求引發的源節點和目的節點間的通信鏈路的建立，主要由路由發現和路由維護兩個部分構成。

　　動態源路由協議 DSR 中，每個節點都要維護一個本地的路由信息表，表中的每一個條目記錄的是到網路中可達目的節點的路由信息，包括源節點的 IP 網路地址、中轉節點的 IP 地址及目的節點的 IP 地址等字段，明確標示出從源節點到目的節點途經的所有節點。

　　當網路中有發送數據報文的需求時，源節點首先檢查自己本地的路由表中

第 3 章　Ad Hoc 網路安全路由策略 | 41

是否有到達目的節點的路由。如果有，則將其附加在數據報文的頭部。數據報文按照已建立好的路由，通過中間各節點的轉發最終到達目的節點。在轉發數據報文的過程中，中間節點可將路由信息緩存建立與目的節點的路由，以備將來與目的節點通信時使用。

動態源路由協議 DSR 的工作機制可避免網路中產生通信環路。由於路由信息中已包含了到達目的節點的全路徑，所以對於網路拓撲結構的實時變化，中轉節點也不必費時去維護。將數據報文準確及時地發送到目的節點的前提是可靠路由的建立，因此路由發現在動態源路由協議 DSR 中占據重要地位。

若網路中某節點 S 有向節點 D 發送數據報文的需求，但兩節點間不存在建立好的路由，此時需要利用以下的路由發現機制來建立路由。

（1）源節點 S 先生成一個路由請求報文（RREQ），主要包括源節點的網路地址、目的節點的網路地址、中間轉發節點的列表以及路由的唯一標示號等內容，然後將此報文以泛洪機制向網路中發送。

（2）中間轉發節點接收到 RREQ 報文后，在報文中將自己的節點信息附加其中。如果此節點存儲有到達目的節點的路由，則向源節點 S 發送路由應答報文（RREP），並在應答報文中加入源節點到目的節點的雙向路徑信息。

（3）若中間節點沒有到達目的節點的路徑，則需要將路由請求報文（RREQ）再次以泛洪的形式傳播，直至目的節點或存儲有到目的節點路徑的中間節點。

（4）當源節點接收到路由應答報文（RREP）后，源節點 S 與目的節點 D 之間的路由成功建立，此時可以用於完成發送數據報文的任務。

圖 3-7（a）是 DSR 路由協議建立源節點 S 與目的節點 D 之間路由時路由發現過程的示意圖，圖 3-7（b）是路由應答消息 RREP 從目的節點 D 向源節點 S 的傳播過程。

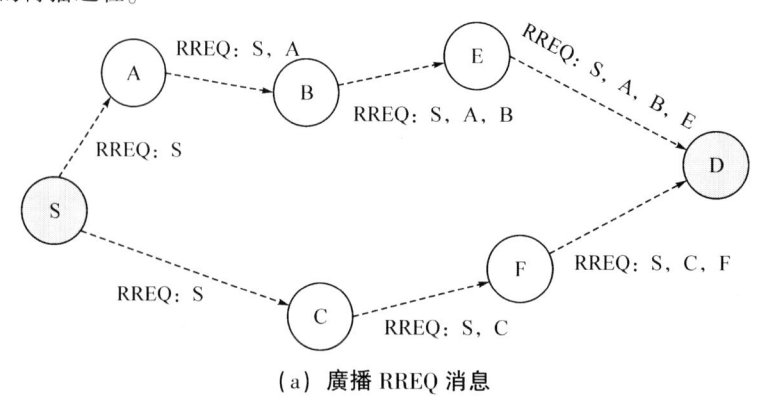

(a) 廣播 RREQ 消息

(b) 傳送 RREP 消息

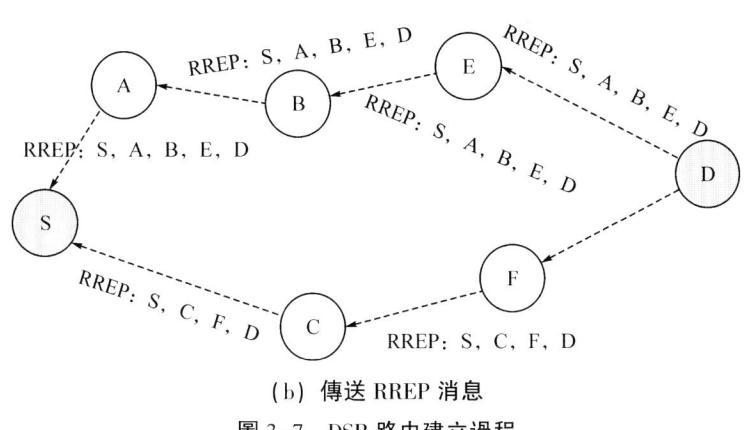

圖 3-7　DSR 路由建立過程

在網路中源節點和目的節點的通信過程中，若中間節點在轉發數據報文時發現路由上的下一跳節點已不可達，通信鏈路中斷，則需要按照數據報發來時的反向路徑向源節點發送一個路由錯誤幀 RERR 告知，隨后源節點將發起一個新建路由請求。

DSR 路由協議沒有獨立的路由維護環節，只在需要發送數據報文時才進行必要的維護工作，有效減少通信代價。DSR 協議允許在源節點和目的節點間建立多條數據傳輸路徑，每個節點都使用緩存技術處理路由信息，減少路由重複建立的開銷，適用於非對稱信道的網路環境。由於 DSR 路由協議在路由建立時以泛洪機制廣播消息，會造成數據傳播過程中發生衝突，且每個節點緩存的路由信息由於沒有主動維護的過程，所以可能會發生過期的現象。在數據報文發送的過程中，報文的頭部存儲相應的路由信息，這樣會占用更多的信道。基於以上特點，動態源路由協議 DSR 較適用於中小規模的網路，以快速適應網路的需求。

動態源路由協議 DSR 和按需距離矢量路由協議 AOD 都屬於反應式路由協議，它們之間的比較如表 3-2 所示。

表 3-2　　DSR 路由協議與 AODV 路由協議的比較

參數	DSR 路由協議	AODV 路由協議
協議名稱	動態源路由協議	按需距離矢量路由協議
傳輸層協議	TCP 協議，統一使用 IP 地址作為節點網路地址	UDP 協議，統一使用 IP 地址作為節點網路地址

表3-2(續)

參數	DSR 路由協議	AODV 路由協議
算法類型	源路由算法，節點需存儲路由的全部訊息，包括中轉節點	單跳路由，每個節點只需存儲路由上的下一跳節點訊息即可
工作機制	由路由發現和路由維護兩部分構成	網路中存在路由請求（RREQ）、路由應答（RREP）和路由錯誤（RERR）三種報文
鏈路支持	可適用於非對稱鏈路網路	只適用於對稱鏈路的網路
路由數目	目的節點對所有路由請求作出應答，可建立與源節點多條通訊路徑	目的節點只對到達的第一個路由請求作出應答，只與源節點建立一條路徑
節點地位	網路中所有節點地位平等	網路中所有節點地位平等
路由維護	不需要維護，只在有數據報文發送需求時才確定網路鏈路的可用性	週期性的廣播 Hello 消息幀，定期維護路由訊息
網路負載	主要由路由應答報文（RREP）決定	主要由路由請求報文（RREQ）決定

AODV 路由協議將目標序列距離矢量路由協議 DSDV 和動態源路由協議 DSR 相結合，採用前者用序列號標記路由的方法以防止路由過期或產生環路，而對後者的路由發現機制進行改進。

3.3 路由協議的安全威脅與攻擊

根據路由算法建立的源節點與目的節點間的路由依賴於網路中節點間的信任，基於可信度互相合作，才能將通信鏈路建立起來。如果此時某節點為了降低自身能量消耗而不配合路由消息轉發，或由於無線信道的弱安全性導致網路節點被俘，這些情況都會導致網路中出現對路由協議的攻擊行為，使網路面臨安全威脅，嚴重時將導致網路通信系統癱瘓。

Ad Hoc 網路中每個節點兼備主機和路由器的功能，負責建立路由和傳送數據雙重工作。當網路遭受入侵時，惡意節點會發動對路由算法的攻擊，破壞路由的建立。常見的路由攻擊方式有以下幾種：

（1）偽造：惡意節點盜用網路中合法節點身分接收信息或發送偽造信息，

向網路中投放虛假消息，導致網路中某些節點失去作用，無法完成相應的任務，引起針對特定節點的拒絕服務攻擊。

（2）篡改：惡意節點發動的針對路由表信息的攻擊。在某些路由協議維護的路由表中有記錄本條路由的總跳數或途經節點等關鍵字段，惡意節點可通過將跳數修改為很小的值的手段，誘導節點將必經惡意節點的路徑認為是最短路徑，從而引起路由重定性或環路等問題。另一種攻擊的手段是，惡意節點將自身置於某一通信路徑上，然後將路由信息表中某個節點的信息刪除，從而使數據傳輸出現永遠不可達的現象，降低網路的可用性。

（3）自私行為：網路中某些節點為了節能而拒絕完成網路賦予的轉發路由信息或數據報的任務，將負荷加載到其它節點上，導致丟包率上升，嚴重影響網路的正常工作。

（4）路由表溢出：惡意節點向網路中發送大量的路由請求消息或路由更新消息，以此來侵占節點路由表的存儲空間，最終使得路由表發生溢出。當網路通信信道被大量的路由消息占用時，網路將不堪重負，正常的數據報轉發工作難以完成。

（5）黑洞攻擊：攻擊者發送 fresh enough 的路由消息，標示自己是通往目的節點最佳路徑的必經節點。攻擊者通過這種手段吸引源節點將數據全部發送過來，然後將之重定向到偽造的目的節點或丟棄，形成了報文轉發的黑洞，造成數據大量丟失。

下面介紹幾種有針對性的攻擊行為。

3.3.1 蟲洞攻擊（Wormhole Attack）

蟲洞攻擊又稱為隧道攻擊，通過在正常通信信道之外建立一條非法通道，從而實施對路由的攻擊。在網路中的兩個攻擊者間建立高質量的通信隧道，當隧道一端的攻擊者從鄰節點竊聽或接收到要發送的數據報后，通過私有隧道直接發送給另一端的攻擊者，由其將數據報轉發給目的節點，這樣使得目的節點誤認為此通路上只需經中間一跳即可將數據報轉發過來，從而摒棄正確的通信路徑。由於通信時節點優先選取短路徑，因此攻擊行為利用此弱點發動蟲洞攻擊。

如圖 3-8 所示，網路中的攻擊者 W_1 和 W_2 之間建立一條帶外信道。當網路中源節點 S 要將一個數據報 Data 發送到目的節點 D 時，攻擊者 W_1 接收到了數據報，然后通過私有隧道將數據報直接發送給了攻擊者 W_2，W_2 將數據報直接發送給了目的節點 D。假設源節點 S 和目的節點 D 之間正確的路由應該是 S

-->A-->B-->C-->E-->F-->D，由於通路 S-->W_1-->W_2-->D 比正確的通路距離近，所以通過此私有隧道傳輸的數據報先行到達。目的節點 D 認為其為最優路徑，若有返回的數據時也會選擇此路徑，這樣在網路中就形成了一個蟲洞，使數據報文經過非法通道傳輸。攻擊者獲取到數據報后，會採取多種危害手段，如將數據報丟棄，使之永遠不可能到達目的節點；或篡改報文的內容，使信息失真；或者只是竊聽數據報的內容，對其加以利用。蟲洞攻擊會造成攻擊者的合法鄰節點路由表信息出現混亂，使路由發現機制失效，對數據的完整性和機密性造成破壞。如果不加以監測和控製會造成嚴重的后果。

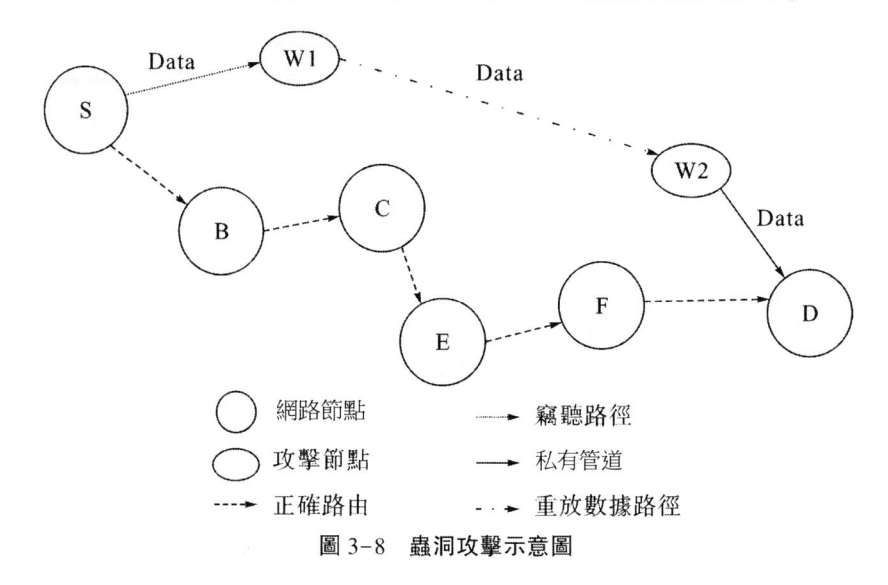

圖 3-8　蟲洞攻擊示意圖

3.3.2　急流攻擊（Rushing Attack）

攻擊者通過向網路中發送路由請求消息，然后又快速回覆消息的手段阻止其它正常的路由請求發送，以達到抑制正常路由請求接收的目的。

3.3.3　女巫攻擊（Sybil Attack）

女巫攻擊（Sybil Attack）最初由 Douceur 在點對點網路環境中提出，是指網路中的某一節點偽造多個身分對外通信，以此實現對網路中大部分節點的控製，達到破壞網路中冗餘機制的目的。

女巫攻擊主要有以下幾種類型：

（1）偽造身分

惡意節點在某些環境下，可以根據網路的要求隨意偽造合法的身分標示。

在通信時與網路中合法節點用多個偽造的身分進行。

（2）盜用身分

如果設置了安全的網路認證機制，使得惡意節點無法偽造身分，此時攻擊者會採用將合法節點俘獲或銷毀的方式來獲取一個合法的身分，然後再發動攻擊。

（3）直接通信

直接通信是女巫攻擊（Sybil Attack）採取的主要攻擊方式之一。Sybil 節點以多重身分，直接向網路中節點發送數據並接收來自合法節點的數據。通過這種多重身分偽造，惡意節點可獲取網路中大量傳輸的信息，從而達到控製網路的目的。

（4）間接通信

在這種攻擊方式中，由於網路中沒有明確標示出從合法節點到達 Sybil 節點的通路，合法節點與 Sybil 節點的通信是通過中間的惡意節點轉發完成。在通信過程中，惡意節點只是謊稱已將數據報發送給 Sybil 節點，而實際情況是它自身已將此數據報截獲。

除上述介紹的幾種攻擊行為外，針對 Ad Hoc 網路路由協議的攻擊形式還有很多，因此路由安全也是構建和維護網路時要重點考慮的問題。

3.4　Ad Hoc 網路安全先驗式路由策略

在 Ad Hoc 網路中，每個網路節點兼有主機和路由器兩種角色。當有路由消息和數據報文傳輸時需要網路中的節點互相合作，協力完成。頻繁移動的終端設備形成動態變化的網路拓撲結構，又由於網路基於可靠性差的無線信道通信，所以網路中節點易被俘獲，網路安全受到嚴重威脅。節點間的路由建立是數據安全可靠傳輸的基礎，路由協議的安全性對網路的可用性至關重要。因此，在對請求加入網路的節點進行身分認證後，建立節點間的有效的路由是網路中數據報文等消息安全傳輸的根本保障。

在國內外針對 Ad Hoc 網路特點設計的路由協議標準有十多個，典型的路由協議有 AODV，DSDV 及 DSR 等。這些路由協議的共性是：提高路由信息轉發的速度，快速建立起節點間的通信鏈路，以適應 Ad Hoc 網路動態快速的拓撲結構變化。建立路由時默認節點間的信任關係足夠牢固，且節點始終能夠協作完成數據轉發工作。在這些路由協議中極少考慮安全問題，為入侵者提供了

機會，出現了很多有針對性的攻擊，如泛洪攻擊、女巫攻擊、蟲洞攻擊等。到目前為止，國內外對 Ad Hoc 網路路由協議的改進研究工作已取得了很大進展，同時也有一些關於安全路由的研究成果出現，如肖永康等分析總結了 Ad Hoc 網路中存在的路由安全問題，對服務質量（QoS）和媒體接入控製協議（MAC）也進行了分析。還有一些學者提出了安全路由協議 SRP，SAODV 等。K snazgiri 等曾經提出利用 IPSec（IP Security）解決 Ad Hoc 網路中的路由安全問題，但由於在這種機制中需要維護多個數據庫並進行大量的計算，因此對於能量及存儲都受限的 Ad Hoc 網路來說可行性很差。

Ad Hoc 網路是一種高度自治的無線移動網路，傳統網路的安全技術無法不加修改的直接使用。以前的研究成果中都存在某方面的安全隱患，不能提供節點間建立路由的安全算法。因此需要設計有針對性的安全機制以保障網路正常運行。

適應 Ad Hoc 無線自組網的特性，本章對先驗式路由算法 DSDV 進行改進設計出一種更安全的路由算法。安全性在本路由算法中主要由幾個技術要點來保證：在路由請求和路由響應階段所發送的報文中分別對源節點和目的節點的身分進行保護處理；單向散列函數被運用於路由報文的認證；網路中與選擇路徑上相關的節點能最終得到路由內容，而無關節點由於信息缺失無法再現完整的路徑，從而提高了網路的安全性。

本安全先驗式路由算法中運用秘密共享的思想對網路節點進行分佈式身分認證，對節點的合法性給予更高安全級的肯定。節點間建立傳輸路徑時，採用非對稱加密算法來保證路由數據的安全傳輸，以避免路由數據被非法截獲造成信息泄漏。當節點間的通信鏈路搭建完成後，傳輸數據時要做加密處理，採用的是對稱加密算法。以上幾種算法的綜合運用，使得節點間的路徑是在機密的情況下完成，並且驗證了各相關節點的身分，構成安全的路由算法。

本章提出一種安全先驗式路由協議 SDSDV 用於建立網路節點間的安全路由，以抵抗針對此類路由協議的各種典型攻擊。

3.4.1 相關算法

在本安全路由協議算法中要求先借鑑 Shamir 門限方案的思想實現對身分認證機構 CA（Certificate Authority）進行分佈式管理，以實現對加入網路的節點分佈式身分認證並頒發證書。運用非對稱加密算法對路由信息進行加密從而建立起節點間的安全路由，而節點間數據傳輸時則採用對稱加密算法。

3.4.1.1 分佈式認證 CA（Certification Authoring）

在傳統網路中，當節點加入網路時身分合法性的認證由特定的認證中心完

成，管理權限集中。由於 Ad Hoc 網路具有安全性差的特徵，如若採用集中式的 CA 對節點身分認證，一旦 CA 被俘獲，整個系統陷入混亂，網路可能會瀕臨崩潰的邊緣。本方案採用分佈式 CA 的機制實現對節點身分的有效認證。

1979 年由 Shamir 首先提出了秘密共享（Threshold Secret Sharing Scheme）的概念，主要思想是：將一個秘密 S 分割成 n 個稱之為秘密份額的子秘密，將秘密份額分配給 n 個參與者。當要恢復出秘密 S 時，需要至少任意 t 個秘密份額組合才可協作完成，而任何少於 t 個秘密份額的組合不能得到 S 的任何信息。Shamir (t, n) 門限方案中的數值 t 是恢復秘密 S 的關鍵，對於其取值有一定的要求，將之稱為門限值（threshold）。

1999 年 Hass 和 Zhou 首次將 Shamir 秘密共享的思想應用到認證管理中心 CA(Certification Authoring) 的認證私鑰管理中。對認證私鑰運用 (t, n) 門限機制進行管理的算法是：假設網路中對節點進行身分認證的系統私鑰為 SK（$SK \geq 0$），網路中共有節點 n 個，設置門限值為 t，將私鑰 SK 秘密分割成 n 個秘密份額后分配給網路中的每個節點，當網路中任意等於或大於 t 個秘密份額結合后能恢復出系統私鑰 SK，而少於 t 個秘密份額的合作不能重構出 SK。算法實現主要通過以下兩個過程來完成：

（1）秘密分割系統私鑰 SK

$$y_i \equiv g(x_i) \bmod p', \quad i = 1, 2, \cdots, n \tag{3-1}$$

選取素數 $p' > \max(SK, n)$，然后隨機秘密選取素數 a_j，要求 $0 \leq a_j \leq p' - 1$，$0 \leq j \leq t-1$ 以此生成一個 $t-1$ 次多項式 $g(x)$。通過公式（3-1）計算出將要發送給網路每個節點的私鑰份額 y_i，然后將 (x_i, y_i) 秘密發送給節點 N_i，同時公布素數 p'，並銷毀系數 a_j。

（2）恢復系統私鑰 SK

根據拉格朗日插值定理，選取任意 t 個不同的點值 (x_i, y_i) 代入公式（3-2）重構出多項式 $g(x)$，然后利用公式（3-3）計算出系統私鑰 SK：

$$g(x) = \sum_{i=1}^{t} \left(y_i \prod_{\substack{j=1 \\ j \neq i}}^{t} \frac{x - x_i}{x_i - x_j} \right) (\bmod p') \tag{3-2}$$

$$SK = g(0) = \sum_{i=1}^{t} \left(y_i \prod_{\substack{j=1 \\ j \neq i}}^{t} \frac{x - x_i}{x_i - x_j} \frac{-x_i}{x_i - x_j} \right) (\bmod p') \tag{3-3}$$

上面的計算表明只有至少 t 個秘密份額持有者協作，才能將系統私鑰 SK 恢復出來。當用系統私鑰 SK 對節點的身分認證簽名后，利用系統公鑰 PK 對其解密可驗證秘密分割是否正確。

(t, n) 門限秘密共享方案可將一個認證節點身分的權限分散給 n 個參與

者，而其中任意 t 個參與者協作都可將這個權限恢復出來用於完成對節點的認證簽名。

在網路中系統 CA 和每個節點都擁有各自的一個公/私密鑰對，用於保證數據信息安全交換。每個節點都擁有自己的證書，主要由節點身分標誌 ID_i、節點公鑰 PK_i、請求認證的時間戳 T_i 等信息組成，如節點 N_i 的證書表示為：$[ID_i \mid PK_i \mid T_i]$。生成了證書後，節點需向網路中系統 CA 請求頒發身分認證證書。

本方案中將網路中所有節點都作為系統私鑰秘密份額的持有者以分散認證權限，實現對網路節點身分合法性的分佈式 CA 認證。當節點 N_i 向網路申請認證服務時，只要有門限值 t 個節點分別利用自己擁有的秘密份額對申請節點的證書進行有效簽名，然後再通過算法將證書合成，這樣就實現了對節點 N_i 證書的分佈式 CA 簽名認證，對其身分進行了認證。

3.4.1.2 單向 Hash 函數

單向 Hash 函數又稱單向散列函數、雜湊函數，可將輸入的任意長度的消息串 M 轉換成固定長度的輸出串 h：$h = H(M)$，且函數的計算不可逆，即無法從輸出串 h 得到輸入消息串 M。常用的 Hash 函數有 MD5（Message Digest Algorithm 5）、SHA（Secure Hash Algorithm）和 MAC（Message Authentication Code）等。

初始值 x 由網路中欲建立路由的源節點產生，對其運用單向 Hash 函數 MD5 生成哈希值 H_1：$H_1 = H(x)$，然後其路徑上的下一跳鄰節點對 H_1 再運用單向 Hash 函數生成哈希值 H_2：$h(H_1)$，依次執行下去直至到達目的節點。由此構成一個單向哈希鏈：$H_1, H_2, H_3, \cdots, H_n$，對 H_1 執行 Hash 函數的次數即為從網路中的源節點到達目的節點要經歷的跳數 hop。

3.4.1.3 Diffie-Hellman 密鑰交換算法

此密鑰交換算法主要用於在兩節點間安全地交換對稱密鑰，保障後期節點間數據安全傳輸。假定要在節點 S 與 D 之間交換對稱密鑰，過程如下：

（1）選取全局公開的素數 q 及其 q 的一個整數原根 a；

（2）節點 S 選擇一個隨機數 SK_S（$SK_S < q$）作為私有密鑰，計算與之對應的公鑰：$PK_S = r^{SK_s} \bmod q$，節點 S 將私鑰 SK_S 保密存儲，將公鑰 PK_S 公開；

（3）節點 D 選擇一個隨機數 SK_D（$SK_D < q$）作為私有密鑰，計算與之對應的公鑰：$PK_D = r^{SK_D} \bmod q$，節點 D 將私鑰 SK_D 保密存儲，將公鑰 PK_D 向網路內公開；

（4）節點 S 通過公式計算：$Key_{SD} = PK_D^{SK_s} \bmod q$。節點 D 通過下式計算：

$Key_{SD} = PK_S^{SK_S} \bmod q$。可以證明這兩個值相同,即為保障節點 S 和 D 進行數據安全傳輸的對稱密鑰 Key_{SD}。

基於 SK_S 和 SK_D 的機密存儲以及離散對數的難解性,攻擊者難以從公開密鑰 PK_S 和 PK_D 中求解出對稱密鑰。因為對稱密鑰 Key_{SD} 只有節點 S 和節點 D 擁有,所以接收到加密的數據報文後,也可以確定消息的來源,從而實現了對消息的認證。表 3-3 是本算法中用到的符號說明。

表 3-3　　　　　　　　　　符號及其說明

符號	說明
S	源節點
D	目的節點
PK_S/SK_S	源節點 S 的公/私密鑰對
PK_D/SK_D	目的節點 D 的公/私密鑰對
ID_i	節點 i 的身分標誌
IP_S	節點 S 的 IP 地址
t_s	時間戳標記
H( )	Hash 函數
$Key_{A,B}$	節點 A 和 B 之間共享的對稱密鑰
bc_id	廣播的 IP 地址
de_add	目的節點的 IP 地址
tp_id	發送 RREQ 報文節點的臨時身分
hop_cnt	跳數
cip_text	使用目的節點加密的消息
R	隨機數
hash_chain	生成的單向哈希鏈:H1,H2,H3,…,Hn

當節點的身分經過分佈式 CA 認證后,為了進行安全可靠的通信需要建立節點間的通信鏈路。安全按需路由算法中路由建立由路由請求和路由發現兩個過程完成,下面將通過在源節點 S 與目的節點 D 之間建立路由為例展示本算法的工作流程。

3.4.2 路由請求機制

網路中源節點 S 在與目的節點 D 通信前，根據按需路由協議算法先在自己的本地路由表中搜索是否有到達節點 D 的路徑。如果沒有此路由信息條目，則通過廣播路由請求報文 ERREQ（End Route Requests）的方式逐跳建立到達目的節點的路由。SDSDV 路由算法要求網路中每個節點存儲兩個路由表，一個為正式路由表，用於存儲正式的路由信息；另一個是預處理的路由表，主要用於存儲源節點到目的節點之間路徑上中間節點產生的片段路由信息，同時需要生成一個臨時身分 id_i 用於索引獲取到的路由信息。

假設源節點 S 與目的節點 D 之間的路徑為（S，A，B，D），如圖 3-9 所示。

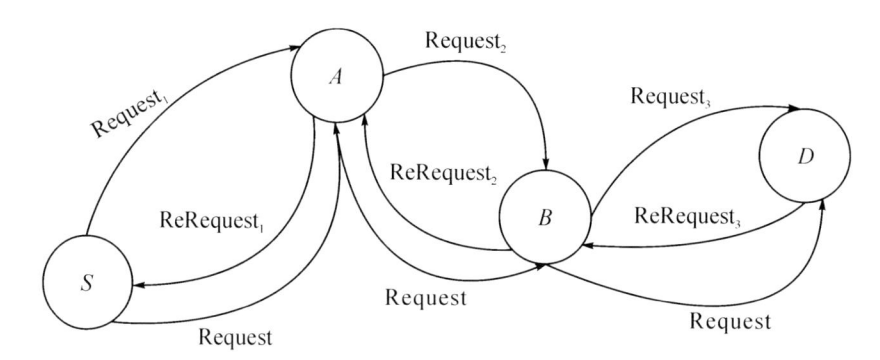

圖 3-9　路由請求機制示意圖

路由請由算法執行過程如下：

（1）源節點 S 產生一個隨機數 R，然后將其與自身的身分標示 ID_S 和目的節點的身分標示 ID_D 與 R 連接起來，根據式（3-4）計算出單向哈希鏈的初始值 H_1：

$$H_1 = H（ID_S | ID_D | R） \tag{3-4}$$

隨機數 R 作為跳數的初始值，可隱藏路由請求報文中真實跳數的信息，對於根據跳數發動針對源節點的攻擊可有效抵禦。

（2）源節點 S 按照式（3-5）的結構生成發送給目的節點 D 的路由請求報文 RREQ（3-6），RREQ 路由請求報文的格式如圖 3-10 所示。

$$\{bc\_id, de\_add, tp\_id, hop\_cnt, hash\_chain, cip\_text\} \tag{3-5}$$

其中 $\{bc\_id, de\_add\}$ 可唯一標示一個路由請求報文 RREQ。

$$RREQ = \{H(ID_S | ID_D | R | t_s), IP_D, id_s, R, H_1, PK_D(ID_S | ID_D | R | t_s))\}$$

(3-6)

0	1	2	3	4	5	6	7	0	1	2	3	4	5	6	7	0	1	2	3	4	5	6	7	0	1	2	3	4	5	6	7
Type								J	R	E	D	U	Reserved												Hop Count							
RREQ ID																															
Destination IP Address																															
Destination Sequence Number																															
Originator IP Address																															
Originator Sequence Number																															

圖 3-10 *RREQ* 路由請求報文格式

（3）源節點 S 將路由請求報文 RREQ 附加上用自己的私鑰 SK_S 加密的網路分佈式 CA 頒發給的證書生成一個請求消息 $SRREQ_1$ 如（3-7）所示，然后將其廣播給一跳鄰節點。

$$SRREQ_1 = RREQ \mid SK_S(ID_S \mid PK_S \mid T_S) \qquad (3-7)$$

（4）當源節點 S 的鄰節點 A 收到路由請求報文 $SRREQ_1$ 后，用節點 S 的公鑰對加密的認證證書進行驗證，從而判斷節點 S 的合法性。若節點 S 的身分沒有通過認證，則路由請求報文 SRREQ 會被丟棄；若節點 S 是網路中合法節點，則執行下一步。

（5）節點 A 首先產生一個隨機的 id_a 用於索引存儲在本地預處理路由表中的部分路由信息，然后根據式（3-8）生成一個路由應答消息 $RSRREQ_1$ 並發送給源節點 S。

$$RSRREQ_1 = SK_A[T_s] \qquad (3-8)$$

$RSRREQ_1$ 是節點 A 用自己的私鑰 SK_A 加密接收到的路由請求報文 $SRREQ_1$ 中包含的時間戳 T_s 生成。

（6）源節點 S 收到來自節點 A 的應答消息 $RSRREQ_1$ 后，用節點 A 的公鑰 PK_A 對其解密，通過比對時間 T_s 來確定節點 A 的身分的真實性。驗證成功后，源節點 S 向節點 A 點發送一個完整的路由請求報文 ERREQ，如式（3-9）所示。

$$ERREQ = RREQ \mid PK_{CA}[ID_S \mid K_{CS} \mid T_S] \mid PK_S[ID_S \mid ID_D \mid Y_S] \qquad (3-9)$$

（7）節點 A 接收到路由請求報文 ERREQ 后，對 RREQ 的內容進行更新，將跳數 hop_cnt 的值 R 作增 1 的操作，然后計算 H_2：$H_2 = H(H_1)$，並將 H_1 替換為 H_2，將臨時身分 id_s 更新為 id_a。更新后的路由請求報文 RREQ 如式（3-10）所示。

$$RREQ = \{H(ID_S \mid ID_D \mid R \mid t_s), IP_D, ids, R+1, H_2, PK_D(ID_S \mid ID_D \mid R \mid t_s)\} \qquad (3-10)$$

（8）假定節點 A 的一下跳鄰節點是 B，則通過式（3-11）生成 $SRREQ_2$ 並將其發送給節點 B。

$$SRREQ_2 = RREQ \mid SK_A (Id_A \mid PK_A \mid T_a) \qquad (3-11)$$

（9）當節點 B 收到來自節點 A 的路由請求報文 $SRREQ_2$ 後，用節點 A 的公鑰 PK_A 對消息解密以驗證節點 A 身分的合法性。如節點 A 的身分通過認證，節點 B 首先產生一個隨機的 id_b 用於索引存儲在本地預處理路由表中的部分路由信息，然後發送一個加密後的路由請求應答消息 $RSRREQ_2$ 給節點 A，生成公式如（3-12）所示。

$$RSRREQ_2 = SK_B [t_a] \qquad (3-12)$$

其中 t_a 是節點 B 接收到路由請求報文 $SRREQ_2$ 的時間戳，SK_B 是節點 B 的私鑰。

（10）節點 A 收到來自節點 B 的應答消息 $RSRREQ_2$ 後，用節點 B 的公鑰 PK_B 對其解密，通過比對時間戳 t_a 來確定節點 B 的身分的真實性。身分驗證成功後，節點 A 向節點 B 發送一個完整的路由請求報文 ERREQ，如式（3-13）所示。

$$ERREQ = RREQ \mid PK_{CA} [ID_S \mid K_{CS} \mid T_S] \mid PK_S [ID_S \mid ID_D \mid Y_S] \qquad (3-13)$$

（11）節點 B 接收到路由請求報文 ERREQ 後，計算 H_3：$H_3 = H(H_2)$，並更新 RREQ，如式（3-14）所示。

$$RREQ = \{H(ID_S \mid ID_D \mid R \mid t_s), IP_D, id_s, R+2, H_3, PK_D(ID_S \mid ID_D \mid R \mid t_s))\} \qquad (3-14)$$

（12）節點 B 與下一跳目的節點 D 之間身分認證及轉發路由請求消息的過程與前面相同。經過身分認證後，目的節點 D 成功接收到由源節點 A 發來的路由請求報文 ERREQ。

因為在從源節點 S 到目的節點 D 路徑上的所有中間節點只存儲部分路由信息，所以無法產生路由響應報文 RREP（Route Reply）。

3.4.3 路由響應機制

當目的節點 D 收到路由請求報文 ERREQ 後，只會對收到的第一個請求報文節點做出響應。路由響應算法如下：

（1）節點 D 用自己的私鑰 SK_D 對第一個到達的報文 ERREQ 進行解密，以獲取到發起路由請求的源節點信息，源節點產生的隨機數 R 以及記錄的時間戳標記 t_s。根據隨機數 R 的值及接收到的 hop_cnt，目的節點 D 可計算出源節點到達自身的跳數 hop_cnt-R。目的節點 D 通過式（3-15）計算哈希鏈：H_1、

H_2、H_3、……、H_{hop_cnt-R}，然後將值與接收到的報文中的 *hash_ chain* 相比，如果兩者不相同，則認為報文在傳輸的過程中遭受過攻擊，拒絕做出響應；如果兩個 *hash_ chain* 的值相同，則目的節點 D 執行步驟（2）的操作。

$$H_N = H(H_{N-1}) \tag{3-15}$$

其中 $N=2$，3，…hop_cnt-R，$H_1 = H(ID_S | ID_D | R)$

（2）假設目的節點 D 接收到的第一個報文來自節點 B，則節點 D 根據式（3-16）生成報文 RREP，然後根據式（3-17）將 RREP 附加上用自己的私鑰 SK_D 加密的身分證書 $(Id_D | PK_D | T_D)$ 生成一個應答消息 $SRREP_1$，然後將其發送給鄰節點 B。

$$RREP = \{idb, IP_S, R, hop\_cnt\} \tag{3-16}$$

$$SRREP_1 = RREP | SK_D (id_D | PK_D | t_d) \tag{3-17}$$

id_b 是節點 B 的臨時身分標示，IP_S 是源節點 S 的 IP 地址。R 是由源節點發送過來的用於隱藏路由請求報文中真實跳數信息的隨機數。hop_cnt 用於記錄從目的節點到達源節點的跳數，初始值為 0，每向下一跳節點發送一次應答報文該值就增 1。

（3）當目的節點 D 的鄰節點 B 收到目的節點 D 發來的路由應答報文 $SRREP_1$ 後，首先用節點 D 的公鑰對加密的認證證書進行驗證，驗證節點 D 的合法性。如果節點 D 的身分沒有通過認證，則路由應答報文 $SRREP_1$ 會被丟棄。如節點 D 的身分通過認證，節點 B 將會發送一個應答消息 $RSRREP_1$ 給節點 D。應答消息 $RSRREP_1$ 是由節點 B 用其自身的私鑰對接收的路由請求報文 $SRREP_1$ 中獲得的時間戳 t_d 加密，並附加節點 B 的身分認證證書聯合生成，如式（3-18）所示。

$$RSRREP1 = SK_B[t_d] | SK_{CA}[ID_C | PK_C | T_B] \tag{3-18}$$

（4）目的節點 D 收到來自節點 B 的應答消息 $RSRREP_1$ 後，用節點 B 的公鑰 PK_B 對其解密，通過比對時間戳 t_d 來確定節點 B 的身分的真實性。驗證成功後，目的節點 D 向節點 B 發送一個完整的路由響應報文 ERREP，如式（3-19）所示。如驗證身分失敗，節點 D 需要重新接受其它鄰節點發送來的路由請求報文 ERREQ。

$$ERREP = RREP | SK_{CA}[ID_D | PK_D | T_D] | PK_S[ID_S | ID_D | Y_D] \tag{3-19}$$

（5）節點 B 接收到路由應答報文 ERREP 後，對 RREP 的內容進行更新，將跳數 hop_cnt 的值作增 1 的操作，將臨時身分標示 id_b 替換為真正的標示 ID_B。更新後的路由請求報文 RREP 如式（3-20）所示。

$$RREP = \{H(ID_S | ID_D | R | t_s), IP_D, ID_C, 1, PK_S(ID_D | R | t_s)\} \tag{3-20}$$

（6）節點 B 收到路由響應報文 ERREP 后，也需要做類似於目的節點 D 對 RREP 的更新操作。通過與下一跳節點 A 互相身分認證成功后，再將路由請求報文 ERREP 發送給節點 A，直至源節點 S。

從目的節點 D 到源節點 S 路徑上的中間節點收到路由應答報文 ERREP 后，將信息整合成完整的路由信息，並在路由表中記錄下完整的一跳路徑。中間節點還會根據接收到的信息計算出哈希值，與自己原來存儲的值進行比較，根據結果判斷路由信息是否遭遇了篡改攻擊。源節點 S 也需要對接收到的路由應答報文進行驗證，驗證成功后，建立起與目的節點 D 的通信路徑。

3.4.4 數據報文安全傳輸

源節點 S 和目的節點 D 間通過路由請求和路由響應兩個階段完成通信鏈路的建立。當有傳輸數據報文 data 的需求時，通過以下步驟完成操作：

（1）源節點 S 用節點 D 的公鑰 PK_D 對數據進行加密，然後採用 Diffie-Hellman 密鑰交換算法與其鄰節點 A 之間的對稱密鑰 Key_{SA} 對數據報進行二次加密處理。如式（3-21）所示。

$$DATA_1 = Key_{SA}(PK_D(data)) \qquad (3-21)$$

（2）節點 A 接收到加密后的數據報文用 Key_{SA} 對數據報進行解密處理，然後再用與節點 B 共享的對稱密鑰 Key_{AB} 對數據報進行加密處理並將其發送給節點 B，如式（3-22）所示。

$$DATA_2 = Key_{AB}(Key_{SA}(Key_{SA}(PK_D(data)))) \qquad (3-22)$$

（3）依次執行下去，直至密文到達目的節點 D。節點 D 接收到加密后的數據報文用 Key_{BD} 對數據報進行解密處理，再用自己的私鑰 SK_D 進行二次解密處理，得到數據報文，如式（3-23）所示。

$$data = SK_D(Key_{BD}(Key_{BD}((PK_D(data))))) \qquad (3-23)$$

採用這種雙重加密方式將數據報文 data 從源節點 A 安全可靠的傳輸到目的節點 D 中。

3.5 本章小結

本章主要對 Ad Hoc 網路中存在的幾種路由協議作了詳細介紹，典型的有先驗式路由協議、反應式路由協議及混合式路由協議。每種路由協議都有特定的適用環境，有自己的優勢也有自己的劣勢。現存的研究成果中對於路由協議

的研究很多，但基本上都是基於一種假設：網路中節點間有非常友好的信任關係，每個節點都會負責地進行消息轉發。面對現在複雜的網路環境，這種假設條件是不存在的，因此出現了各種有針對性的路由攻擊，如泛洪攻擊、女巫攻擊等，對路由協議的安全造成極大威脅。

基於先驗路由協議的算法，提出了一種安全先驗式路由策略。在路由發現過程和路由響應過程中都融入了安全因素，在額外付出一些存儲空間和計算時間的代價後，路由安全得到了保障。建立了可靠的路徑後，節點間就可以安全傳輸數據消息了。安全路由協議也是 Ad Hoc 網路的一個研究熱點，受到許多學者的關注。

參考文獻

［1］姜海，葉猛等. 一種節省能量的移動 Ad Hoc 網路組播選路協議［J］. 電路與系統學報，2002，7（2），115-118.

［2］英春，史美林. 自組網環境下基於 QoS 的路由協議［J］. 計算機學報，2001，24（10），1026-1033.

［3］減婉瑜，於動，謝立. 單向 ad-hoc 移動網路優化路由協議 OUAOR［J］. 計算機學報，2002，25（10），1009-1017.

［4］Jason N. Turner and Clive S. Boyer. Ad hoc networks: new reseach［M］. New York: Nova Science Publishers, 2009.

［5］肖永康，山秀明等. 無線 Ad Hoc 網路及其研究難點［J］. 電信科學，2002，6，12-14.

［6］Sanzgiri K, Dahill B, Levine B N, et al. A Secure Routing Protocol for Ad Hoc Networks［C］. IEEE International Conference on Network Protocols, 2002. Proceedings. IEEE, 2002: 78-87.

［7］王金龍. Ad Hoc 移動無線網路［M］. 北京：國防工業出版社. 2004.5: 1-10.

［8］Y. Hu, A. Perrig, and D. Johnson. Ariadne. A Secure On-demand Routing Protocol for Ad Hoc Networks［J］. ACM MOBICOM, 2005, (1): 21-38.

［9］Venkatramaman Lakshmi, Arrival Dharma P. Strategies for enhancing routing security in protocols for mobile ad hoc networks［J］. Journal of Parallel and Distributed Computing, 2003, 63（2）: 214-227.

［10］Zapata M Z, Asokan N. Securing Ad-Hoc Routing Protocols ［A］. In：Proc. of the 2002 ACM Workshop on Wireless Security（WiSe2002）［C］. Singapore：IEEE Computer Society Press, 2002. 1-10.

［11］王申濤,楊浩,周熙.移動 Ad hoc 網路路由協議研究分析［J］.計算機時代, 2006,（3）：14-16.

［12］付芳,楊維,張思東.移動 Ad hoc 網路路由協議的安全性分析與對策［J］.中國安全科學學報, 2005, 15（12）：74-78.

［13］朱道飛,汪東豔,劉欣然.移動 Ad hoc 網路路由協議綜述［J］.計算機工程與應用, 2005,（27）：116-120.

［14］周慧華.基於身分加密的 Ad hoc 網路安全模式［J］.湖北民族學院學報, 2005, 23（2）：262-265.

［15］Bangnan Xu, Hischke S, Walke B. The role of ad hoc networking in future wireless communications ［A］. Communication Technology Proceedings, 2003. ICCT 2003 ［C］. International Conference, April 2003, 2（9）：1353-1358.

［16］劉志遠,張曼曼. Ad Hoc 網路安全［J］.通信安全 2008,（7）：93-95.

［17］周晶,蔣澤軍,徐邦海. Ad Hoc 網路安全［J］.微計算機應用, 2005, 26（1）：11-13

［18］Perkins C E, Riyer E M. Ad Hoc on-demand distance vector（AODV）routing ［C］. Proceedings of the 2nd IEEE Workshop on Mobile Computing Systems and Applications（WMCSA）, New Orleans, LA , 1999. 90-100.

［19］Monis Akhlaq M, Noman Jafri, Muzammil A. Integrated Mechanism of Routing and Key Exchange in AODV ［C］. WSEAS Transactions on Communications. 2007, 6（4）. 565-572.

［20］Khalili A, Katz J, Arbaugh W A. Toward secure key dismbution in truly ad hoc networks ［A］. Proceedings ofIEEE Workshop on Security and Assurance in Ad hoc Networks, in conjunction with the 2003 International Symposium on Applications and the Interact ［C］. Orlando, FL, January, 28, 2003.

［21］Dahill B, Levine B, RoyerE, eta1. A secure routing protocol for ad hoc networks ［R］. Technical report UM-CS-2001-037, University of Massachuscttts, August, 2001：13-15.

［22］W Diffie, M Hellman. New directions in cryptography ［J］. IEEE Transaction on Information Theory, 1976, 22（6）：644-654.

[23] Shamir A. How to Share a Secret [J]. Communications of the ACM, 1979, 24 (11): 612-613.

[24] Zhou L, Haas Z J. Securing Ad Hoc Networks [J]. IEEE Nework, 1999, (13): 24-30.

[25] Johnson DB, Maltz D A, Hu YC. The Dynamic Source Routing Protocol for Mobile Ad Hoc Networks (DSR) EB/OL. http://www.ietf.org/internet-drafts/draft-ietf-manet-dsr10.txt, 2004.

[26] Perkins C, Bhagwat P. Highly dynamic Destination-Sequenced Distance-Vector routing DSDV for mobile computers [C]. Proceedings of the conference on Communications architectures, protocols and applications table of contents C. New York: ACM Press, 1994. 234-244.

[27] 洪帆, 高見遠. Ad Hoc 網路中的安全問題 [J]. 網路安全技術與應用, 2005 (2): 54-56.

[28] Jarecki, Stanisław (Stanisław Michal). Proactive secret sharing and public key cryptosystems [J]. Massachusetts Institute of Technology, 1995: 79-90.

[29] B. R. Smith, S. Murphy, and J. J. Garcia-Luna-Aceves. Securing Distance-Vector Routing Protocols [A]. In Proc. of 1997 Internet Society Symposium on Network and Distributed System Security (NDSS'97) [C]. San Diego, California, USA. February 1997. 85-92.

[30] Tardo J J, Alagappan K. SPX: Global Authentication Using Public Key Certificates [M]. SPX: Global authentication using public key certificates. 1991: 232-244.

[31] Hwang R J, Chang R C. Key agreement in ad hoc networks [J]. Computer Communications, 2000, 23 (17): 1627-1637.

[32] Shamir A. Identity-Based Cryptosystems and Signature Schemes [M] // Advances in Cryptology. Springer Berlin Heidelberg, 1984: 47-53.

[33] Z. J. Haas, M. Pearlman. The Performance of Query Control Schemes for Zone Routing Protocol [J]. IEEE/ACM Transactions on Networking, 2001, 9 (4): 427-439.

[34] Johnson D B, Maltz D A. Dynamic Source Routing in Ad Hoc Wireless Networks [M]. Mobile Computing. 1996: 153-181.

[35] V. D. Park, M. S. Corson. A Highly Adaptable Distributed Routing Algorithm for Mobile Wireless Networks. Wireless Networks, 1995, 1 (1): 61-74.

[36] C. E. Perkins and E. M. Royer. Ad Hoc On-demand Distance Vector Routing [M]. In IEEE WMCSA』99, New Orleans, LA, February 1999: 126-135.

第4章　集中式密鑰管理和身分認證方案

　　Ad Hoc 網路中的節點利用具有開放性的無線信道通信，致使網路容易遭受信息洩密的威脅。路由信息和用戶數據是網路中傳輸的兩類重要信息，為保證其機密性和完整性，需要進行加密處理。如何選取適用於 Ad Hoc 網路的加密算法需要綜合考慮多個方面，其中管理密鑰也是一大難點。安全的密鑰管理是安全正確尋由和保密數據秘密準確傳輸的基礎，因此擁有一個安全的密鑰管理系統對於 Ad Hoc 網路的安全性是至關重要的。生成密鑰和維護密鑰是密鑰管理中兩項重要的操作。當網路中有成員退出、新的成員加入或密鑰服務超過時限等情況發生時，必須對密鑰進行更新維護，以保證其安全可靠。一個好的密鑰管理方案對於網路的安全起著重要的保護作用。

　　對密鑰進行管理的方法有多種，常用的算法包括：Diffie-Hellman 算法、非對稱加密算法及基於分發中心的算法。在各種管理方法中對會話密鑰的私密性要求都很高。在 Ad Hoc 無線自組網中可以採用對稱加密算法和非對稱加密算法對密鑰進行管理。若單純採用對稱加密算法，可能會為網路帶來中間人攻擊的隱患，同時也會存在內部節點為保護自身發生的惡意行為。若使用的加密算法是非對稱類型，則需要考慮節點私鑰的安全性、公鑰的可靠性和身分認證性。

　　現在主要採用四種方案對 Ad Hoc 無線自組網中的密鑰管理，分別是：基於第三方認證服務器的集中式方案、無第三方參與依賴節點自發頒發證書的證書鏈方案、將信任分散處理的分佈式管理方案和融入多種方案的混合管理模式。后兩種管理方案由於具有較高的安全性，因此應用頻率較高。

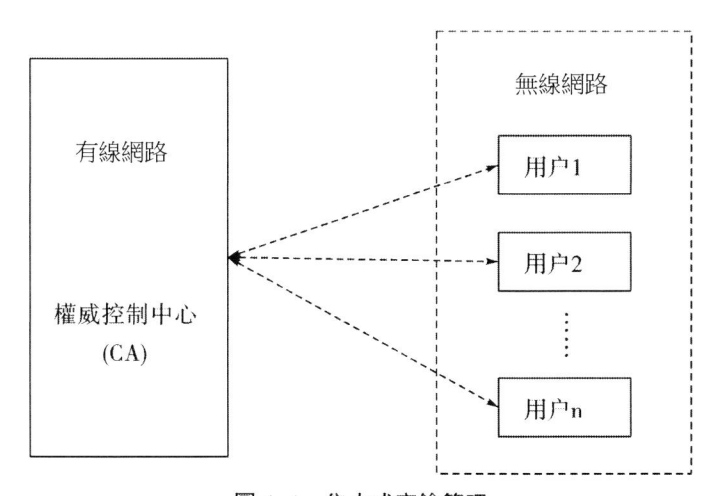

4.1 集中式密鑰管理方案

集中式密鑰管理方案中節點如果需要相互認證身分時，需要得到權威機構的幫助。在這種方案中設置一個專用的認證服務器用於處理節點的認證請求，管理權限集中。

4.1.1 方案實現原理

在集中式密鑰管理方案中，權威的第三方認證機構一般由魯棒性較好的有線網路來承擔，主要使用橢圓曲線加密算法和 RSA 加密算法。當節點加入網路或在其它情況下需要認證身分時，身分證書的簽發工作主要是由認證機構來完成，體現了集中管理。當身分得到確認後，需要通信的兩個節點共同完成對話密鑰的生成，然後用此密鑰加密通信數據進行正常的通信操作。在這種管理方案中，每個節點都會擁有一個公/私密鑰對，而公鑰都交由認證服務器保管，節點的認證證書就是由自己的公鑰和身分合併生成的結果。集中式密鑰管理方案管理關係如圖 4-1 所示。

圖 4-1　集中式密鑰管理

應用集中式密鑰管理方案時，要求必須有有線網路的支持。當有線網路的基礎設施具備之後，可以將組建好的 Ad Hoc 無線自組網作為子部分與現在的網路對接，依賴現有網路生存。網路對接成功後，節點的身分認證、公鑰的存

儲都交給第三方權威認證機構實施，延長了無線自組網的生存期並且其安全性也得到了保障。

4.1.2 集中式密鑰管理方案的分析

這種集中式密鑰管理方案，主要具有的優勢是：Ad Hoc 無線自組網為提高網路的可用性和安全性所付出的代價少。由於有線網路在基礎設施的支持下魯棒性好並且擁有成熟的通信協議，因此當無線自組網與其對接時，大大減少了安全方面的工作量。兩種網路中的節點在這種良好的通信環境中也能夠自由、實時的進行對話。

Ad Hoc 無線自組網採用集中方式管理密鑰也會有一定的局限性，如網路組建的成本高、網路生成的速度慢、網路使用範圍受限以及存在單點失效的風險。在這種管理方式中，很多的安全工作都要依賴於有線網路去完成，因此有線網路的健壯性強弱直接影響到整個網路的生存狀況。組建一個安全的有線網路體系需要付出很大的代價，這就提升了網路整體的成本。由於此管理模式中要求有第三方的參與，無線自組網的自組性無法很好體現，由此也影響了網路生成的速度。在實際應用時，不是所有的環境都適合建設有線網路，因此缺失了有線網路支持的集中式密鑰管理方案無法實施。當認證機構被指定後，入侵者的攻擊目標也會更明確。在這種管理方案中，認證服務器是特定的，若受到攻擊，則會引發單點失效，導致網路認證系統的淪陷。

從以上分析可以看出制約集中式密鑰管理方案投入使用的因素很多，因此這種管理方案並沒有引起大家過多的關注。

4.2 證書鏈公鑰管理方案

Ad Hoc 網路是一種缺乏基礎設施的網路，因此網路的安全性面臨著更多的威脅。移動 Ad Hoc 網路與傳統網路的最大區別在於此網路一般不提供在線訪問信任機構或集中服務器的功能，而且由於弱連接性、節點自身能量不足或頻繁移動都會導致網路的分裂。由於網路具有的這些獨特性，傳統的安全解決方案不再適用於 Ad Hoc 網路。

4.2.1 方案的理論基礎

Srdjan Capkun 等提出了一種應用於 Ad Hoc 網路環境中完全自組織的公鑰

管理體制，證書鏈公鑰管理方案，方案中允許用戶節點自己產生公/私密鑰對，通過用戶為用戶頒發證書來完成相互間的身分認證。這些操作都是在無第三方參與下自主完成的，而且方案在網路初始化時也無需權威機構的參與。

證書鏈公鑰管理的理論基礎是 PGP（Pretty Good Privacy）技術（PGP 是一個郵件加密應用程序）。證書鏈公鑰管理方案是考慮 Ad Hoc 網路自組織性、節點的計算能力和處理能力都十分有限等特點提出的一種密鑰管理方案，方案中由某些節點為其它節點頒發證書並管理，由於方案考慮到了網路的組網特點，因此具有一定的應用環境。

4.2.2　方案的實現過程

本方案採取完全自組織式的密鑰管理方案，且假設網路中所有節點的角色相同。本方案設計時主要考慮 Ad Hoc 網路的自組織性及允許用戶完全控製系統的安全配置，方案仍然依賴於傳統的加密方法，適用於一個用戶的加入與離開不受信任機構控製的「開放」型網路。

安全機制中公鑰加密的主要問題是，通過驗證證書使每個用戶的公鑰對於其他用戶來說都是可得的。在移動 Ad Hoc 網路中，由於缺乏基礎設施的支持或隨時可能發生的網路分裂，這個問題變得更加難以解決。公鑰管理問題中最重要的解決辦法是發放公鑰證書，一個公鑰證書是將用戶身分（或其它屬性）和用戶的公鑰綁定在一起並用發布證書的私鑰進行數字簽名的一個數據結構。

本方案與 PGP 技術相同之處在於由節點自己完成公/私密鑰對的產生、證書的簽發等服務。為簡單化，假設每個誠實用戶和一個移動節點唯一對應，此時只需用一個標示來代表一個用戶和他的節點（如被標示為 u）。

本方案與 PGP 不同之處在於，在 Ad Hoc 網路中沒有集中式的證書目錄服務器，由每個節點自己維護一個本地證書庫，其中包含該節點頒發給其它節點的證書、其它節點頒發給該節點的證書、其它節點頒發的不是給該節點的證書。證書的頒發是基於節點之間的信任的，證書具有一定的有效期，有效期中包含了節點證書發布及終止時間，超過有效期節點會更新證書。在證書過期前，證書的發布者會發布一個同一證書的更新版本，證書中包含了延長後的證書終止時間。通常稱具有更新版本的證書為更新證書。即使證書發布者認為證書中用戶和密鑰的綁定是正確的，仍需要定期的發布證書更新。

本系統中，身分認證是通過一個公鑰認證鏈完成，當用戶 u 想要獲得用戶 v 的公鑰時，他通過以下操作獲得一個有效證書鏈。

（1）證書鏈中的第一個證書能夠被 u 用他所擁有並信任的一個公鑰直接

進行驗證（如他自己的公鑰）；

（2）其餘的每個證書的驗證都可以用證書鏈中前一個證書中所包含的公鑰來驗證；

（3）最後一個證書中包含了目標用戶 v 的公鑰。

為了通過證書鏈完成正確認證，每個節點都需要檢查：證書鏈上的所有證書都是有效的（如沒有被撤銷）；證書鏈上的所有證書都是正確的（如果沒有錯誤，證書包含了正確的用戶與密鑰綁定）。

為了便於找到其他用戶的合適的證書鏈，每個節點包含了兩類當地證書庫：非更新證書庫和更新證書庫。一個節點的非更新證書庫包含了用戶沒有繼續更新而終止了的證書。保留這些非更新證書的原因是：有一部分證書是要徹底更換的，其中只有一小部分是要廢棄的。更新證書庫中包含了一部分節點想要更新的證書，節點會要求更新證書庫中證書的發布者在證書過期之前更新這些證書。哪些證書被放入更新證書庫中是根據一定的算法進行的。

當用戶 u 想要獲得用戶 v 的證書 K_v 時，兩個用戶合併他們的更新證書庫，u 在合併了的證書庫中尋找一條到達 v 的證書鏈。如果找到了，這條證書鏈中僅僅包含更新證書。為了認證 K_v，u 進一步檢查證書鏈上是否有被撤銷的證書或是否存在用戶和密鑰綁定不正確的證書。方案中採用一種稱為最大度算法來合併證書庫，這樣即使在用戶的更新證書庫很小時也能有較大發現證書鏈的可能性。

如果合併更新證書庫時沒有找到證書鏈，則節點 u 需要通過合併他和 v 的所有更新證書庫和非更新證書庫來尋找證書鏈，如果找到了，這條證書鏈上可能會包含一些過期證書。為了完成認證，u 會要求這些過期證書的發布者檢查證書的正確性並更新證書。如果證書正確並有效，則用戶 u 就認證了證書 K_v，同樣，用戶 u 也需要完成證書 K_v 的正確性與有效性的檢查。如果 u 不能發現任何到達 v 的證書鏈，則 u 放棄認證。在文獻［19］中，給出了多種計算認證中某密鑰的機密性值的方法。這些值是可以被計算的且設備能自動地比較而無需其他用戶的參與。

在本密鑰管理體系中，證書撤銷是個重要的機制。方案中採用兩種證書撤銷機制：明確撤銷與隱含撤銷。明確的撤銷機制指證書發布者向所有儲存了這個證書的用戶發布一個撤銷聲明。隱含撤銷機制信賴於證書中包含的證書過期時間，每個超過過期時間的證書都是隱含撤銷的證書。

圖4-2是用戶 K_u 認證用戶 K_v 的一個證書鏈示意圖。如圖所示，如果從 K_u 到 K_v 沒有路徑，u 就會尋找一條能連通兩者的路徑。如果找到了這樣的路徑，

u 會更新過期了的證書，並檢查他們的正確性，從而完成認證。如果沒有找到這樣的路徑，則認證失敗。

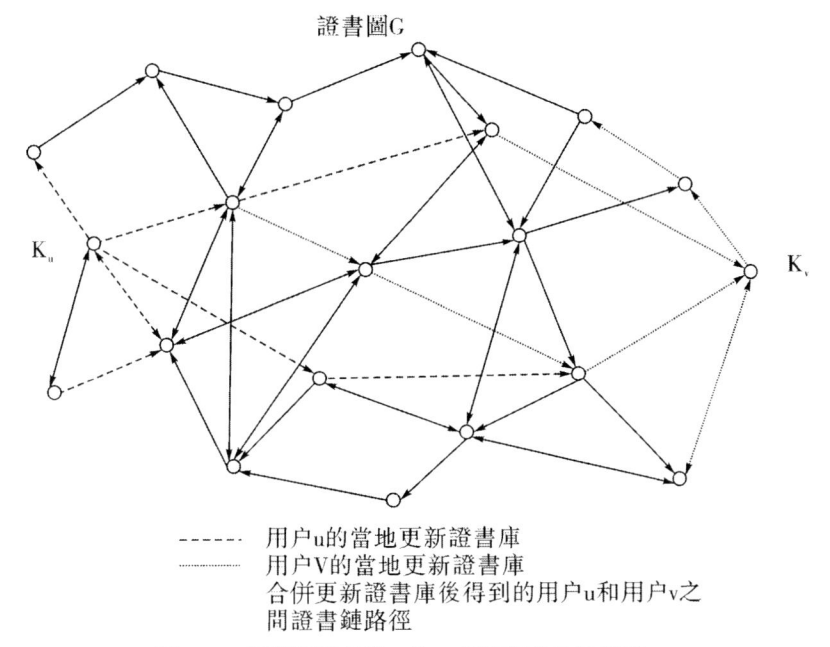

證書圖G

------ 用戶u的當地更新證書庫
.... 用戶V的當地更新證書庫
合併更新證書庫後得到的用戶u和用戶v之間證書鏈路徑

圖 4-2　證書圖及用戶 u 和 v 相互認證的證書鏈

為減輕證書發布者在更新證書時的沉重負擔，本證書鏈公鑰管理方案給出一個簡單的平衡負擔機制。

4.2.3　方案的實驗結果

本密鑰管理方案實驗結果分析出證書庫構造算法的性能和實現時通信代價。證書圖中的頂點和邊的數量分別用 $n=|V|$，$m=|E|$ 來表示，其中頂點表示用戶節點所擁有的公鑰，邊表示用戶間頒發的證書。

Srdjan Capkun 方案的主要性能通過以下幾個實驗結果說明：圖 4-3 是最大度數算法在隨機的 PGP 證書圖和各種規模證書圖中的性能表現。通過觀察可知，在各種類型圖中，即使當地更新庫中證書數目圖少於用戶和證書圖中所有證書數時，最大度算法也表現出高的性能。

實驗結果圖 4-4 說明了如果借助協助節點的更新證書庫，算法的基本性能會得到進一步的提高。

第 4 章　集中式密鑰管理和身分認證方案 ｜ 67

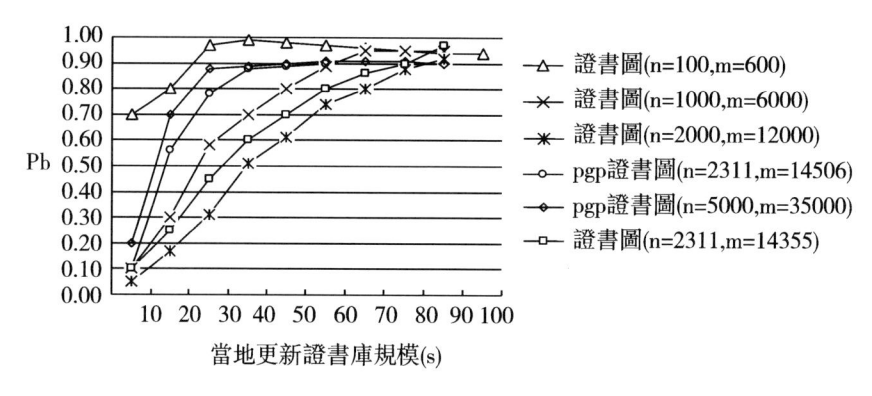

圖 4-3　最大度算法在各證書圖上的實現性能

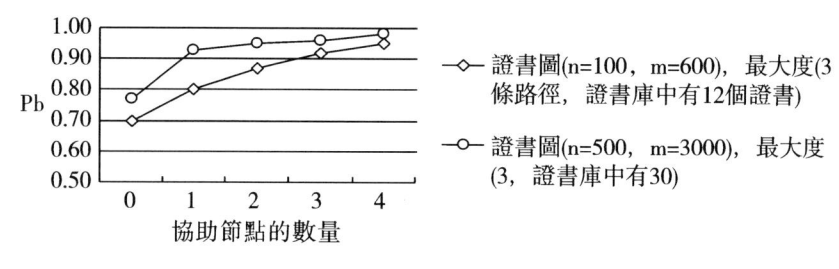

圖 4-4　最大度算法在協助節點的幫助下的性能

　　圖 4-5 是在實驗中引入移動性後觀察用戶交換證書與用戶的可達性的實驗結果。通過觀察可見用戶一般在很短時間即可獲得證書圖中大部分證書，這使得用戶能很快地發現衝突證書的存在。這個試驗結果也為估計值 T_p 和 T_{CE} 提供了根據。而且用戶的可達性表明經過短時間，節點通過他們的非更新證書庫收集了足夠多的證書以發現到達網路中大部分節點的路徑。這表明如果節點間的認證通過合併更新證書庫失敗了，他們仍然有較大的可能性通過非更新證書庫找到相通的路徑，從而完成認證。

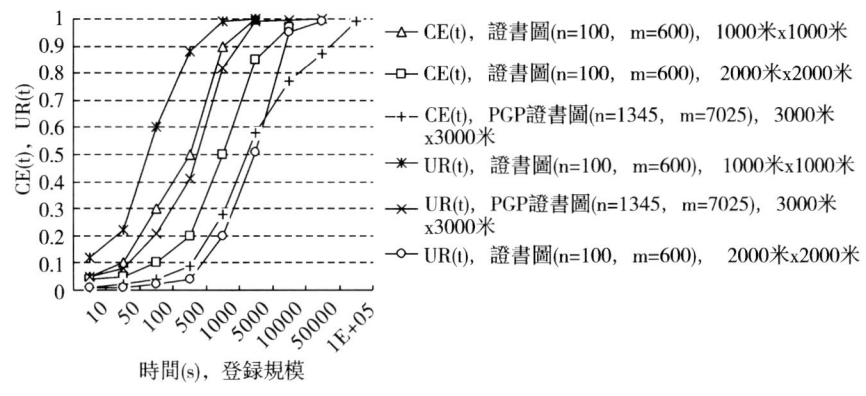

圖 4-5　移動場景中證書交換時間和用戶可達的時間

4.2.4　證書鏈公鑰管理方案分析

4.2.4.1　方案對 Ad Hoc 網路密鑰管理的貢獻

其內容有以下幾點：

（1）是一個完全自組織的公鑰管理體制；

（2）網路中的兩個節點基於他們的本地信息就可以完成密鑰的認證，甚至能體現一種自組織方式的安全性；

（3）利用一個簡單的當地證書庫構建算法降低通信代價，本系統能在一個大範圍的證書圖中達到高的性能；

（4）節點可以利用移動性加速彼此的認證，同時也可以發現不一致或錯誤證書的存在。

本方案只有在產生用戶的公/私密鑰對和發布或撤銷證書的情況下，才要求所有節點都參與，其它操作均不需要節點的全部參與。

4.2.4.2　證書鏈公鑰管理方案中存在的安全威脅

由於證書的簽發完全依賴於用戶之間的信任，甚至是在網路初始化階段都沒有權威機構來驗證節點的身分，這使得任何具有無線收發裝置的設備都能加入網路。惡意節點通過假冒或編造節點標示發布證書，使更多惡意節點加入網路，繼而俘獲合法節點，通過「聯合攻擊」給網路造成不可預料的后果。

網路中被俘節點私鑰泄漏，這為攻擊者提供了更多的攻擊機會，但被俘節點一般情況下無法發布自身已被俘獲的聲明。這些錯誤的證書造成系統中信任關係的破壞，最終導致通信失敗。

證書鏈公鑰管理方案雖然充分考慮了 Ad Hoc 網路組網的自組織性，但沒

有考慮到網路系統生存的高危環境，它的應用範圍有一定的局限性，因此還不是一個非常成熟的密鑰管理方案。

4.3 本章小結

本章詳細論述了 Ad Hoc 網路中集中式密鑰管理和第一個完全自組織證書鏈公鑰管理兩種密鑰管理方案的工作原理。證書鏈公鑰管理方案的運行不信賴於任何可信機構或混合服務器，甚至是在網路初始化階段。每個用戶節點是他自己的權威並為其它節點發布證書。證書由節點儲存及發放，每個節點都維護一個當地證書庫，這個證書庫中包含了經節點運用一定的算法挑選出的一定數量的證書。密鑰的認證是通過證書鏈完成的，用戶通過合併他們的當地證書庫來尋找能達到認證目的的路徑。錯誤證書可以通過交換證書發現。

在分析兩種密鑰管理方案工作原理的基礎上，本章重點指出集中式和證書鏈公鑰管理方案對 Ad Hoc 網路中安全密鑰管理的貢獻及各方案本身所存在的缺陷，通過分析發現兩種密鑰管理方案都會給網路造成安全威脅。

參考文獻

［1］ Ertaul L, Chavan N. Security of ad hoc networks and threshold cryptography［M］. 2005：146-155..

［2］ 沈穎. 基於 WMANET 安全機制分析［J］. 網路信息安全，2004，5（1）：51-59.

［3］ 周慧華. 基於身分加密的 Ad hoc 網路安全模式［J］. 湖北民族學院學報，2005，23（2）：262-265.

［4］ Wang H, Wang Y, Han J. A Security Architecture for Tactical Mobile Ad Hoc Networks［C］. Knowledge Discovery and Data Mining, 2009. WKDD 2009. Second International Workshop on. IEEE, 2009：312-315.

［5］ Srdjan Capkun, Levente Buttyan, Jean-Pierre Hubaux. Self-Organized Public-Key Management for Mobile Ad Hoc Networks［J］. IEEE Transaction on Mobile Computer, 2003, 2（1）：54-56.

［6］ Toubiana V, Labiod H, Reynaud L, et al. A global security architecture for operated hybrid WLAN mesh networks [J]. Computer Networks, 2010, 54 (2): 218-230.

[7] Gennaro R, Jarecki S, Krawczyk H, et al. Robust and Efficient Sharing of RSA Functions [C]. International Cryptology Conference. Springer Berlin Heidelberg, 1996: 157-172.

[8] Gennaro R, Jarecki S, Krawczyk H, et al. Robust Threshold DSS Signatures [C]. International Conference on the Theory and Applications of Cryptographic Techniques. Springer, Berlin, Heidelberg, 1996: 354-371.

[9] Baron J, Defrawy K E, Lampkins J, et al. How to withstand mobile virus attacks, revisited [C]. ACM Symposium on Principles of Distributed Computing. ACM, 2014: 293-302.

[10] T. Pedersen. Non-interactive and Information-theoretic Secure Verifiable Secret Sharing [C]. the 11th Annual International Cryptology Conference, Santa Barbara, CA USA, 1997, 8: 129-140.

[11] D. B. Johnson and D. A. Maltz. Dynamic Source Routing in Ad-Hoc Wireless Networks [J]. Mobile Computing, 1996: 113-117.

[12] Z. J. Haas, M. Pearlman. The Performance of Query Control Schemes for Zone Routing Protocol [J]. IEEE/ACM Transactions on Networking, 2001, 9 (4): 427-439.

[13] D. B. Johnson and D. A. Maltz. Dynamic Source Routing in Ad-hoc Wireless Net- works [J]. Mobile Computing, 1996: 153-181.

第 5 章 分佈式密鑰管理方案研究與設計

Ad Hoc 網路使用無線信道進行通信的特點，為入侵者通過接入網路進行各種方式的主動或被動攻擊提供便利。網路中的節點還經常處於漫遊狀態，且節點的供電和計算能力有限，這都容易導致節點與證書頒發中心 CA 失去聯繫。如果 CA 提供的服務不可用，節點將不能獲得其它節點的公開密鑰，不能與其它節點建立安全連接，也就不能進行安全的通信。如果 CA 被俘獲，將導致管理系統私鑰的泄漏，敵對方就能夠使用該系統私鑰簽發錯誤的證書，並廢除所有合法的證書，控製整個網路的運行，這將給網路帶來致命的威脅。Ad Hoc 網路對密鑰進行分佈式管理是解決問題的主要手段。Ad Hoc 網路的分佈式密鑰管理通常採用部分分佈式密鑰管理和完全分佈式密鑰管理兩種方式。

5.1 部分分佈式密鑰管理方案的分析

基於秘密共享加密機制的密鑰管理服務是實現部分分佈式密鑰管理的有效方法。部分分佈式密鑰管理方案是在管理節點的參與控製下進行密鑰管理的。

5.1.1 方案概述

1979 年 Shamir 提出了秘密共享的概念，主要思想是：將一個秘密分割成 n 個子秘密，其中任意等於或大於 t（$t<n$）個子秘密組合后能恢復出原來的秘密，而小於 t 個子秘密則不能恢復秘密。

部分分佈式密鑰管理方案最早由 Zhou 和 Hass 在文獻中提出，運用 Shamir 提出的門限共享加密技術將簽發證書的私鑰分發到 n 個服務節點中，只有組合任意至少 t 個用擁有的私鑰份額簽發的部分證書才能獲得有效證書，這樣就可

以避免由單個節點充當認證中心帶來的隱患，從而提供了一個安全的密鑰管理服務體系。網路由服務節點和普通節點組成，每一個節點都有自己的公鑰和私鑰，實現本密鑰管理方案時要求管理機構的存在，以創建網路並給待加入節點發放有效證書。網路建設初始，由管理機構選擇最初的 n 個服務節點，並利用門限共享加密技術將簽名私鑰分發到 n 個服務節點手中。

本密鑰管理服務機制適用於一個非同步的網路（Ad Hoc 網路），此種網路是一個傳遞消息階段和處理消息階段沒有明確界線的無線網路。方案假設系統的網路層能夠提供可靠的連接，整個服務系統有一個公/私密鑰對，網路中所有節點都知道服務體系的公鑰並且也信任任何用所對應體系私鑰簽名后生成的證書。

方案採用公鑰密碼體制分發密鑰，因為公鑰密碼學在網路安全機制的完整性和不可否認性兩方面具有極大的優勢。同時方案也採用對稱密碼學提供認證后節點間用於安全傳輸信息的對稱加密密鑰。

圖 5-1 是本密鑰管理服務體系結構圖。服務體系作為一個整體有一個公私密鑰對 K/k，其中 K 為公鑰，網路中所有節點都知道 K，而私鑰 k 被分割成 n 個份額 s_1，s_2，…，s_n，每個份額 s_i 被分配給網路中的一個服務器節點（server i　$i=1$，2，…，n）。網路中的每個服務器節點（server i）都擁有自己的公私密鑰對 K_i/k_i，且知道網路中每個節點的公鑰。

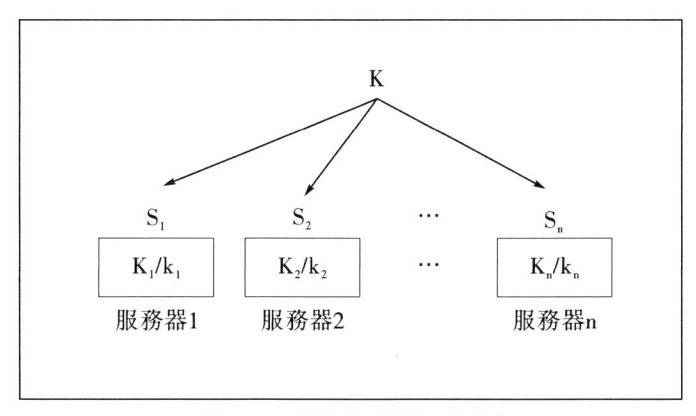

圖 5-1　密鑰管理服務配置圖

網路中每個節點既可以發送獲取其它節點公鑰的請求，也可以發送更新自己公鑰的請求。本密鑰方案採取 (t, n) 配置，網路中有 n 個特別的節點，稱之為 Ad Hoc 網路中的服務節點。每個服務節點擁有自己的公/私密鑰對，並且也保存網路中所有節點的公鑰。重要的是，每個服務節點都知道其他服務節點

的公鑰，這樣服務節點間就能建立安全的聯接。如果一個服務節點被俘獲，那麼入侵者可以獲得服務節點所存儲的所有秘密，被俘獲的服務節點也不再正常工作。如果假設入侵者在一段時間 i 內只能捕獲 $t-1$ 個服務節點，同時也假設入侵者不具備破譯方案中所使用的加密算法的能力，這時服務系統如能滿足以下兩個條件，則認為此服務系統是正確的。

（1）健壯性。服務系統總能處理公鑰請求與密鑰更新請求，每個公鑰請求總能返回被請求者最近更新過的公鑰，並且假設此時沒有同時的密鑰更新操作發生。

（2）保密性。入侵者永遠無法俘獲服務系統的私鑰，因此他也永遠不可能發布一個用服務系統的私鑰簽發的將一個假冒的公鑰與一個用戶綁定的證書。

5.1.2 部分分佈式密鑰管理方案的優點與不足

部分分佈式密鑰管理方案具有的優點：節省時間，網路節點欲通信時，只需向 n 個服務節點中的一個發出請求，就能獲得其他節點的公鑰，因為每個服務節點都保存了網路中所有節點的公鑰；有效防止 CA 的單點失效問題發生，網路系統的私鑰是以秘密共享的方式存在於網路中的，攻擊者在俘獲少於 t 個服務器的情況下無法獲取系統的私鑰，也就是沒有攻破 CA，從而增強了網路的抗毀性；減輕 CA 提供節點身分認證的負擔；提出份額刷新與配置適應性兩種方法用於保證服務節點擁有的私鑰份額及時被刷新，且根據網路拓撲變化密鑰管理的配置適應性都用於保證私鑰的安全性，從而延長網路的存在時間。

部分分佈式密鑰管理方案具有的缺點：網路的服務可用性受到限制，網路中的服務器由特選的 n 個節點來擔當，這些服務節點分散於網路中各個位置，這就難以保證在任意時刻每個節點都能取得與 t 個服務節點的通信。而且網路的可擴展性不好，當一個網路的規模很大時，特選服務節點將成為一個瓶頸。

部分分佈式密鑰管理方案比集中式密鑰管理方案和證書鏈公鑰管理方案具有更強的網路適應性，此方案聚焦於 Ad Hoc 網路環境中安全密鑰管理服務系統的建立，同時也尋求一種安全路由算法作為支撐。方案中多種措施的採取增強了服務系統的健壯性。很多文獻提出密鑰管理方案都是基於部分分佈式密鑰管理方案這一思想提出的。

5.2 完全分佈式密鑰管理方案的分析

Luo 等於 2000 年首次提出在 Ad Hoc 網路中運用完全分佈式的思想來進行密鑰管理。完全分佈式密鑰管理與部分分佈式密鑰管理的不同之處在於，網路中的所有節點都是服務節點，CA 認證簽名私鑰的分割份額被分發給網路中所有節點。在完全分佈式策略中，節點獨立維護自己的密鑰，會話密鑰由參與會話的所有節點按某種協議分佈協作生成，為了擁有前向安全和后向安全，會話密鑰需要隨著節點的動態加入和離開（或者撤銷）而經常改變，並且利用主動秘密共享機制來防止拒絕服務攻擊和認證簽名私鑰洩密的發生。

5.2.1 方案概述

完全分佈式密鑰管理方案在網路初始化時和部分分佈式密鑰管理方案相似，也需要在管理機構的參與下完成，選擇 t 個節點共享認證私鑰，每個節點在加入到網路之前必須從管理機構處獲得最初的有效證書。網路形成以後由網路中的所有節點來共同承擔 CA 的職能，每個節點擁有一個 CA 的私鑰份額。

網路初始化完成後，管理機構隨之消失，不再參與網路中的其它操作，從而保證了 Ad Hoc 網路的無權威中心的特性，有效地維護了 CA 私鑰的私密性。

一個 (t, n) 配置的完全分佈式密鑰管理中，假設網路中有 n 個節點，且所有的節點都是服務節點，系統私鑰被分割成 n 個份額，只有網路中至少 t 個節點聯合簽名后，新加入節點才能得到有效證書。假設欲加入網路的節點 v_i 至少有 t 個一跳鄰居節點，當節點想加入網路時必須得通過網路認證中心的身分認證。新節點 v_i 加入網路時身分認證需經以下幾個步驟：

（1）節點 v_i 向 t 個一跳鄰居節點發送認證請求。

（2）節點 v_j（$j=1, 2, \cdots, t$）檢查節點 v_i 的身分是否合法，如合法，就用自己擁有的系統私鑰份額通過公式（5-1）產生一個部分簽名：

$$P_j = p_{v_j} l_{v_j}(v_i) \bmod p \tag{5-1}$$

P_{v_j} 是 v_j 產生的部分證書，且其中參數是通過公式（5-2）計算：

$$l_{v_j}(v_i) = \prod_{r=1, r \neq j}^{t+1} \left[(v_i - v_r) / (v_j - v_r) \right] \tag{5-2}$$

（3）經過一段時間節點 v_i 收到 t 個部分證書，通過公式（5-3）構造能夠得到一個用 CA 私鑰簽過名的證書：

$$P_{v_i} = f(v_i) = \sum_{j=1}^{t+1} P_{v_j} I_{v_j}(v_i) \pmod{p} = \sum_{j=1}^{t+1} P_j \pmod{p} \tag{5-3}$$

這個簽名證書是根據 Lagrange 插值多項式得到的。

5.2.2 證書的更新與取消

完全分佈式認證方式能夠同時提供證書的更新和取消兩個服務機制，這是此認證方式具有的一大優點，下面對這兩個服務進行簡單說明。

（1）證書更新。節點 v_i 需要更新它的證書時，要向其一跳節點發送證書更新請求；收到請求后節點 v_j 驗證 v_i 證書的有效性，如果有效，則生成關於節點 v_i 的部分證書，並產生一個證人，將部分證書連同證人一起發送給節點 v_i；節點 v_i 驗證收到的信息是否來自有效的節點，如果驗證失敗，則發送無效證書的節點的可信度會被降低；v_i 從所有收到的證書中選擇 t 個有效部分證書，並組合這些部分證書，則獲得新的證書。

（2）認證取消機制。在假設每個節點都具有監測自己一跳鄰居行為的能力，並維護一張證書取消表 CRL（Certificate Revocation List）的條件下，認證取消機制才能實現。如果一個節點發現它的鄰居節點有敵對行為，則將其證書加入到 CRL 中並且在網路中發布對該節點的指控包，任何一個收到指控信息的節點首先從自身的 CRL 中查看指控發起者是否是已被取消節點，如果是，那麼就忽略這個指控；如果不是，則被指控節點就升級為懷疑節點。當對一個節點的指控節點數達到 t 個時，這個節點的證書將被取消，他也會被逐出網路。

5.2.3 完全分佈式密鑰管理方案的優點與不足

方案具有的優點：增強了系統認證的可用性，有效地防止單點失效，實現信任和負擔的分散化，延長了網路存在的時間。完全分佈式密鑰管理方案適用於有計劃的、長期的 Ad Hoc 網路。

方案的不足之處：由於網路中所有節點都擁有 CA 證書簽名私鑰的份額，更多的共享份額暴露到敵方入侵範圍裡，所以 CA 私鑰被攻破的風險性增高，且這種秘密共享方案對節點的能量和計算能力要求都較高。

有文獻指出完全分佈式認證方式中存在著安全隱患：后一個認證服務節點容易計算出前一個服務節點擁有的系統私鑰的份額；新成員獲得的關於系統私鑰的份額會暴露給最后一個認證服務節點，且如果被攻擊者截獲，則新加入節點擁有的私鑰份額洩密。針對這些不足之處，利用環 Zn 上橢圓曲線的陷門離散對數性質以及 RSA 大數分解的困難性，提出了一個新的份額分發方案。

提出的方案具有一定的安全性。攻擊者從截獲的信息中獲得私鑰份額的難

度不低於破解 RSA；認證成員也不能從收到的數據包中分解出前一個認證成員的私鑰份額；最后一個認證成員不能得到新成員的子密鑰。

在分佈式的密鑰管理中，將認證中心 CA 的功能分散到 n 個節點中去，由 n 個節點中的 t 個節點合作簽發證書。每個節點都必須與 t 個節點建立通信並成功申請到 t 份部分證書才能合成一份有效的證書。這 t 個節點可能分佈在網路各處，需要多跳通信才能取得聯繫。如果與 t 個節點中任意一個節點通信失敗或返回證書有誤，則無法合成證書，導致整個申請失敗，必須再找 t 個節點重新開始申請。從上述過程可以看出，分佈式的 CA 雖然防止了單點失敗，但也增加了網路負載，延長了服務時間，降低了申請證書的成功率。針對這點不足，有學者提出一種檢測非法密鑰證書的方案，這樣在每次收到部分證書時通過驗證可以知曉是哪個服務節點發布了錯誤的證書，那麼請求認證節點就可以再向其他的服務節點發送一個認證請求，這樣會減少計算開銷，而且也節省了認證時間。

完全分佈式密鑰管理方案是現在無線自組網中應用最多的一種較安全的密鑰管理方案，許多文獻中的密鑰管理方案都是基於這一思想。

5.3　基於簇結構的安全密鑰管理方案的理論基礎

集中式的密鑰管理在依靠無線信道進行信息傳輸的 Ad Hoc 網路中易引發單點失敗。而分佈式密鑰管理是由多個節點管理系統私鑰，共同承擔 CA（Certificate Authority）的認證功能，能減小私鑰洩露的風險和實現信任分散，很適合 Ad Hoc 網路。

5.3.1　方案的應用環境

Ad Hoc 網路有平面和分級兩種結構。平面結構又稱為對等結構，假設網路中的各個節點能力、地位都平等，只適用於小規模的網路，應用範圍狹窄。分級結構中，網路被劃分為簇（Cluster），每個簇由一個簇頭和多個簇成員及多個網關節點組成。簇頭和網關節點所負責任大些。分級結構體現了一種層次，真實地反映現實中的情況。簇結構的使用使節點的初步認證限定在本地範圍內，所以有較高的可行性。

在 Ad Hoc 網路中進行分佈式密鑰管理，前人已經做了很多研究工作，但這些研究都是基於平面結構提出的密鑰管理方案，不適於在分級結構網路中擴

展。Bechler 等人於 2004 年首次提出基於簇結構的分佈式密鑰管理模型，解決了認證和訪問控製問題，但對一個新節點賦予的權限以新節點得到證人數量的多少為依據，沒有體現公平機制。在此對其改進，提出一種基於簇結構的完全分佈式安全密鑰管理方案。

5.3.2 Shamir 的 (t, n) 門限機制

Shamir1979 年提出了秘密共享（threshold secret sharing scheme）的概念，1999 年 Hass 和 Zhou 首次將秘密共享的思想應用到分佈式 CA 中。Shamir 提出秘密共享的概念，主要思想是：將一個秘密 s 分割成 n 個所謂部分秘密。這些部分秘密稱為秘密份額，分別由 n 個參與者掌握，其中任何 t 個參與者可以通過出示其掌握的秘密份額恢復 s 而任何小於 t 個秘密份額的組合不能得到 s 的任何信息。思想中對重構秘密的份額值 t 有規定，而且這也是重構秘密的關鍵所在，所以這個特定數值 t 稱為重構秘密的門限值（threshold），通常也稱秘密共享為 (t, n) 門限機制。

運用 (t, n) 門限機制進行密鑰管理的分割思想是這樣的：設組中有 n 個節點，t 為門限，SK（$SK \geq 0$）為私鑰，把 SK 秘密分割成 n 份，任意等於或大於 t 個密鑰份額能恢復出私鑰 SK，而小於 t 個密鑰份額則不能重構出 SK。整個思想的實現具體可分為如下兩個過程：

（1）SK 的秘密分割過程。選擇一個素數 $p' > \max(SK, n)$，隨機選取秘密素數 a_j，且 $0 \leq a_j \leq p'-1$，$0 \leq j \leq t-1$，令 $a_0 = SK$。構造一個以 a_j 為系數的 $t-1$ 次多項式 $g(x)$。通過公式（5-4）計算多項式：

$$y_i \equiv g(x_i) \bmod p', \quad i=1, 2, \cdots, n \tag{5-4}$$

可得組中每個節點的私鑰子份額 y_j，然后將 a_j 銷毀，將 p' 公布，將 (x_i, y_i) 秘密發送給節點 P_i。

（2）私鑰 SK 恢復過程。根據拉格朗日插值定理，任 t 個不同的點 (x_i, y_i) 通過公式（5-5）可以重構多項式 $g(x)$ 及通過公式（5-6）可計算出秘密 SK：

$$g(x) = \sum_{i=1}^{t} \left(y_i \prod_{\substack{j=1 \\ j \neq i}}^{t} \frac{x - x_i}{x_i - x_j} \right) \pmod{p'} \tag{5-5}$$

$$SK = g(0) = \sum_{i=1}^{t} \left(y_i \prod_{\substack{j=1 \\ j \neq i}}^{t} \frac{-x_i}{x_i - x_j} \right) \pmod{p'} \tag{5-6}$$

這樣只有至少 t 個份額持有者共同合作，才能恢復私鑰 SK。經私鑰 SK 簽名后，用與之對應的公鑰 PK 可驗證秘密分割的正確性。門限機制體現了一種

將秘密分散，將權限分散的思想。

一個(t, n)門限加密機制允許將具有完成一個加密操作（如建立一個數字簽名）的能力分散到n個參與者中，而其中任何t個參與者都能合作完成這個加密操作，但少於t個參與者無法完成這個操作。

在本方案中，密鑰管理服務系統中的n個服務節點共同承擔簽發證書的職能，為了讓服務系統能容忍最多$t-1$個服務節點被俘獲，運用(t, n)門限加密機制，將系統私鑰k分割成n個份額$(s_1, s_2, \cdots, s_n)$，將一個份額分配給某一個服務節點。當系統要簽發一個證書時，每個服務節點用他所擁有的系統私鑰份額產生一個部分簽名並將簽名發送給一個合併者。當收到t個正確的簽名份額后，合併者可以計算出對節點證書的簽名。然而被俘獲的服務節點（假設他們最多可達$t-1$個）他們自己無法產生正確的簽名證書，因為他們能產生最多$t-1$個部分簽名。圖5-2示例性說明了一個$(2, 3)$門限機制服務節點是如何產生簽名的。

圖中假定此服務系統包含3個服務節點，K/k為服務系統的公私密鑰對，使用$(2, 3)$門限加密機制，每個服務節點i得到系統私鑰k的一個份額s_i。對於一個消息m，服務節點i用他所擁有的私鑰份額s_i產生一個部分簽名$PS(m, s_i)$，服務節點1和3都能產生正確的部分簽名並把簽名轉發給合併者combiner，即使服務節點2沒有產生部分簽名，combiner也能計算出用服務系統私鑰k產生的關於消息m的簽名$\langle m \rangle_k$。

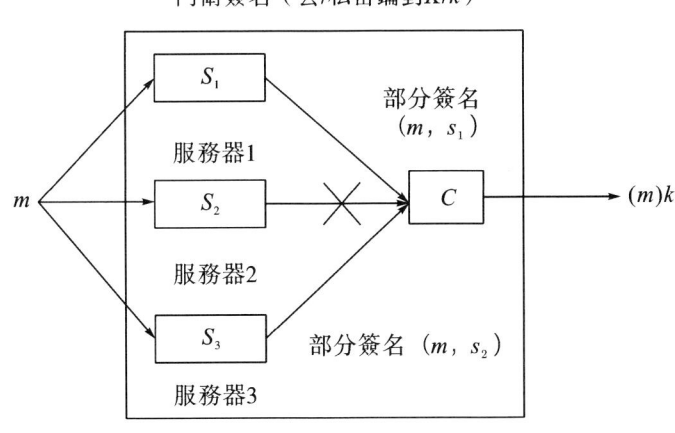

門衛簽名（公/私密鑰對K/k）

圖5-2　$(2, 3)$門限簽名

運用門限加密機制時，必須能抵抗被俘獲的服務節點出具的虛假簽名。例如，一個被俘服務節點能產生一個不正確的部分簽名，使用這個部分簽名將會

產生一個無效的簽名。解決的辦法是合併者 C 能用服務系統的公鑰驗證所收到的計算出來的部分簽名的正確性。如果驗證失敗，合併者 combiner 會爭取另外的 t 個部分簽名，這個過程直到 combiner 用收到的 t 個部分有效簽名構造出正確的簽名為止。有的研究人員提出了更有效的構建機制，這些機制利用了部分簽名中的內在冗餘性（即任何 t 個正確部分簽名中都包含了最終簽名的所有信息）進行工作。

5.4 基於簇結構的安全密鑰管理方案的實現

本章提出的方案的主要思想就是將系統的私鑰以秘密共享的方式分發到網路中的每個節點上，將系統私鑰與簇私鑰結合，並設置一個安全閾值 β 用於控制新用戶需要通過身分認證的級別。

假設每個節點在網路內有唯一的非零身分標示 ID_i，並擁有一對公/私密鑰對（Npk_i/Nsk_i），$Npk_i = H（ID_i || T_i）$，$H（）$ 是一個單向哈希函數，T_i 是節點 $Node_i$ 入網的時間。節點的公鑰 Npk_i 向網內公開，私鑰 Nsk_i 用於簽名。

網路拓撲結構形成後先由各簇頭以一種完全自組織的形式合作形成系統的公私密鑰對 PK/SK 及網路私鑰 SK 的分割子份額 S_i（$i=1, 2, \cdots, n$，n 為網路中簇的數目），由網路中至少 k 個不同的簇可以重構網路的私鑰，而少於 k 個簇則不能重構私鑰。

由一可信任者 Dealer 將網路的私鑰份額 S_i 作為簇 CLS_i 的簇私鑰，並形成與簇私鑰 S_i 相對應的簇公鑰 P_i，同時將 S_i 再以一種秘密共享的方式分發到簇內不同的 t 個小集合中。每個簇中的門限值 t 是根據自己簇內所擁有的節點數自行決定的。請求加入簇的新節點的身分認證只需要欲加入簇中 t 個不同的簇私鑰份額聯合簽名即可。

方案中使用閾值 β 來限制漫遊節點身分認證的次數。經過身分認證後的節點獲得與它的身分相符的訪問權限。圖 5-3（a）（b）是本密鑰管理方案實現流程。

方案的具體實現要求先形成系統公私密鑰對，然后產生簇的公私密鑰對。私鑰份額產生以後，新加入節點的身分才能得到認證。對付「移動攻擊」採用簇私鑰份額的配置適應性的方法。

5.4.1 方案適用的網路環境

由於分層結構是現實無線自組網中常用拓撲結構，本章所提方案考慮分層

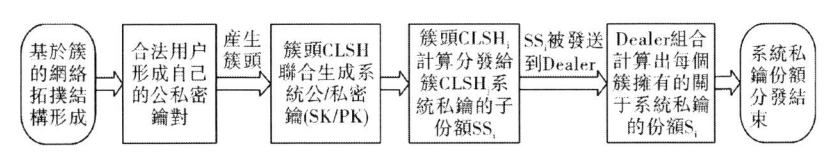

(a) 產生系統私鑰並將其密鑰份額分發到各簇中

(b) 系統私鑰份額作為簇私鑰以秘密共享方式存在於簇中

圖 5-3 密鑰管理方案實現流程

拓撲結構中系統密鑰的安全管理，分層結構亦即基於簇結構。圖 5-4 所示的拓撲結構是本章密鑰管理方案適用網路環境的示例。

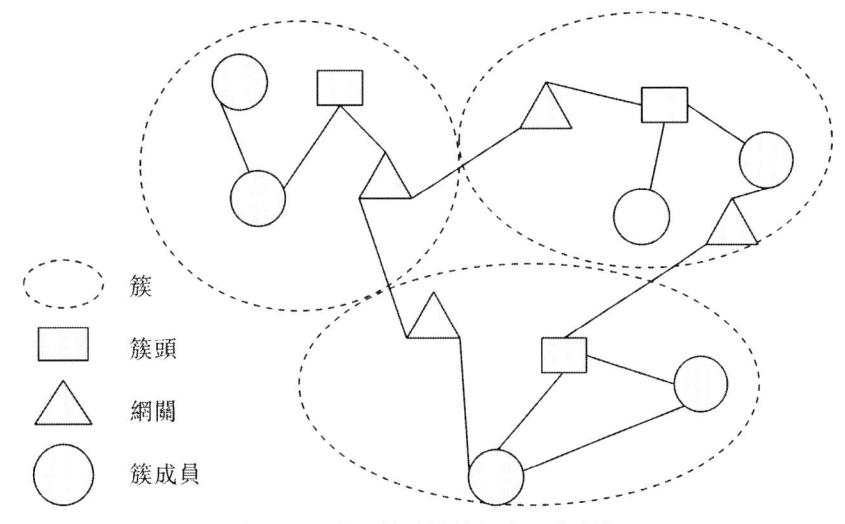

圖 5-4 基於簇結構的網路拓撲結構

網路形成時按節點所處的地理位置將網路中的節點劃分成不同的簇，各簇在網路中有唯一的標示 CLS_i，$i=1, 2, \cdots, n$。本章採用以下安全方案對簇進行安全管理。

簇頭 $CLSH_i$ 在不需第三方參與的情況下自組產生網路的公/私密鑰對（PK/SK）。公鑰 PK 在全網路系統內公開，網路內所有成員都知道系統的公鑰，而私鑰 SK 則以 (t, n) 秘密共享方式進行分發，每個私鑰份額被分發到

網路的各個簇中。

5.4.2 網路系統公/私密鑰對的形成

網路系統私鑰 SK 產生步驟如下：

（1）每個簇頭 $CLSH_i$ 隨機選取一個秘密 x_i 和一個如公式（5-7）所示的 $k-1$ 階多項式。

$$f_i(z) = x_i + a_{i,1}z + a_{i,2}z^2 + \cdots + a_{i,k-1}z^{k-1} \bmod q, \quad i=1, 2, \cdots, n \tag{5-7}$$

其中 $f_i(0) = x_i$，q 是一個大過網路私鑰和最大門限值的大素數，g 是有限域 z_q 的生成元。

各簇頭利用公式（5-8）合作產生系統私鑰：

$$SK = \sum_{i=1}^{n} x_i = \sum_{i=1}^{n} f_i(0) \tag{5-8}$$

（2）簇頭 $CLSH_i$ 通過公式（5-9）計算分發給簇 CLS_j 的網路系統私鑰子份額 SS_{ij}：

$$SS_{ij} = f_i(j), \quad j=1, 2, \cdots, n \tag{5-9}$$

並將 SS_{ij} 秘密發送給一個 Dealer，同時利用公式（5-10）計算 C_{ij}：

$$C_{ij} = g^{a_{i,j}} \bmod q \quad i=1, 2, \cdots, n, j=0, 1, 2, \cdots, k-1 \tag{5-10}$$

其中 $a_{i,0} = x_i$，並將 C_{ij} 公布。

（3）Dealer 收到足夠多的份額 SS_{ij} 后利用公式（5-11）計算出簇 CLS_j 的關於網路私鑰 SK 的份額 S_j，S_j 亦為簇 CLS_j 的簇私鑰，並用公式（5-12）、（5-13）計算出 C_j、$C(x)$。

然后驗證 g^{S_j} 與 $C(j)$ 是否模 q 同餘，如果同餘則接受 S_j 為簇 CLS_j 所擁有系統私鑰 SK 的有效子份額（即本簇的私鑰）；否則需要重新申請，重複執行算法中的（1）-（3）。當系統中所有有效份額計算完成后銷毀多項式系數 $a_{i,k-1}$，$i=1, 2, \cdots, n$。

$$S_j = \sum_{i=1}^{n} SS_{ij} = \sum_{i=1}^{n} f_i(j) \tag{5-11}$$

$$C_j = \prod_{i=1}^{n} C_{ij} = g^{\sum_{i=1}^{n} a_{i,j}}, \quad j=1, 2, \cdots, n \tag{5-12}$$

$$C(x) = C_0 C_1 x C_2 x^2 \cdots C_k x^k \tag{5-13}$$

（4）網路私鑰被秘密分發之後，任意 k 個擁有私鑰份額的簇組合通過公式（5-14）可以恢復網路私鑰 SK：

$$SK = \sum_{i=1}^{k} S_i L_i(0) \pmod{q} \tag{5-14}$$

其中，$L_i(0) = \prod_{\substack{j=1 \\ j \neq i}}^{k} \dfrac{-z_j}{z_i - z_j}$ 是拉格朗日系數。

網路系統公鑰 PK 通過以下方式產生：

份額產生完畢，Dealer 將 S_iP 公布，P 是一個基於身分的公共參數。則網路系統的公鑰由公式（5-15）產生。

$$PK = \sum_{i=1}^{n} S_i P \tag{5-15}$$

系統公鑰 PK 產生后將會被公布在網路系統中，用於網路中成員驗證系統認證簽名的正確性。

5.4.3 簇私鑰份額的分發管理

本方案借鑑 Robert（2006）中對私鑰份額分發及更新的算法實現對簇私鑰的安全管理。

5.4.3.1 簇 CLS_i 的私鑰 S_i 的秘密分發

系統私鑰份額 S_i 成為簇 CLS_i 的私鑰被按照秘密共享的思想分發到簇中的 t 個集合中，同集合中的成員擁有一個相同的簇私鑰份額。集合的分類方法是按照將節點的公鑰值 Npk_i 模 t 后落入的範圍確定的。

每個簇的簇頭 $CLSH_i$ 首先將自己簇內擁有的成員數 M_i 安全傳輸給可信任者 Dealer，然後由 Dealer 完成每個簇私鑰 S_i 的秘密分發，過程如下：

（1）根據加密算法 RSA 產生公/私密鑰對 $<PK_i = (e, N), SK_i = (d, N)>$，其中 $d = S_i$。

（2）選擇最初的門限值 t（t 是個正奇數）。

（3）產生 t 個隨機數 $r_i \in [-(N-1)/2, (N-1)/2]$，且 $\sum_{i=0}^{t-1} r_i \equiv 0 \bmod \Phi(N)$，其中 $\Phi(N)$ 是歐拉函數。

（4）利用公式（5-16）計算私鑰份額：

$$Ss_i \equiv (-1)^i \cdot d + r_i \bmod \Phi(N) \tag{5-16}$$

（5）利用公式（5-17）計算 W_i，W_i 是一個與私鑰份額 Ss_i 綁定的證人，用於接收者驗證收到的份額的真偽：

$$W_i \equiv (-1)^i + e \cdot r_i \bmod \Phi(N), \quad i = 0, 1, 2, \cdots, t-1 \tag{5-17}$$

（6）通過安全信道將份額 Ss_i 分發到 t 個集合中，節點 $Node_i$ 通過下式進行驗證。

如果 $(a^{Ss_i})^e \equiv a^{w_i} \bmod \Phi(N)$（對任意非零整數 a），則可證明收到的份額為真，否則為假，拒絕接受 SS_i。

（7）公開 $\langle PK_i, t, w_0, \cdots, w_{t-1} \rangle$。

（8）銷毀其它計算值。Dealer 的任務完成，從網路中撤出。

5.4.3.2 節點請求加入簇

當有節點 $Node_x$ 請求加入簇 CLS_i 時，簇頭 $CLSH_i$ 通過 NIODS 算法查找 $Node_x$ 的信息，如果 $Node_x$ 是一個新節點則執行以下過程：

通過簇內每個集合（共 t 個）中任一名成員 $Node_{ji}$, $i = 0, 1, 2, \cdots, t-1$ 用自己擁有的私鑰份額 Ss_i 對 $Node_x$ 提供的認證請求消息 m 進行簽名。收到 t 個簽名后，$Node_x$ 可利用公式（5-18）重構簽名。

$$Sig(m) \equiv \sum_{i=0}^{t-1} (m)^{Ss_i} \bmod \Phi(N) \tag{5-18}$$

如果 $Sig(m)^e \equiv m \bmod \Phi(N)$，則收到的簇簽名是正確的，節點 $Node_x$ 的身分得到認證，被賦予與節點 $Node_i$ 的公鑰值 Npk_i 模 t 後的值相同的集合的簇私鑰份額，節點獲得與其身分相符的訪問權限。如驗證不成功，則簽名失敗。

$Node_x$ 通過檢查公式（5-19）是否成立可驗知是哪部分簽名無效，然後向簽名失敗的集合重新申請部分簽名，這樣可以減少計算量，增加簽名成功的次數。

$$Sig_{ji}(m)^e \equiv m^w \bmod \Phi(N) \tag{5-19}$$

如果請求加入節點為一個誠實的漫遊節點，則需檢查漫遊次數 r 是否超過閾值 β，若沒有超過，則在本簇中按一個新加入節點對其重新進行身分認證，並分配關於本簇的簇私鑰份額。若超過 β，$Node_x$ 需經過網路系統私鑰 SK 的簽名後方可得到認證。若請求節點為惡意節點，則簇拒絕它的加入請求。

閾值 β 在本密鑰管理方案中起著重要的作用，具體工作機制如圖 5-5 所示，合理設置 β 值可以提高網路的安全性。

經過身分認證后的節點會得到由分佈式的 CA 簽名的證書，證書將節點的身分和公鑰綁定。身分相互認證后的節點可安全通信。

5.4.4 簇私鑰份額的安全管理

除了能夠實現門限簽名，安全的密鑰管理服務系統也提供利用份額更新或根據網路的變化對它自身的配置進行適應性變化來對抗「移動攻擊」的功能。「移動攻擊」最早是由 Ostrovsky 和 Yung（1991）提出，「移動攻擊」是從時間上來歸類的攻擊行為。在這種攻擊模型下，入侵者先「俘獲」一個服務節點，然後再攻擊下一個服務節點，這樣經過較長的一段時間，一個攻擊者能夠「俘獲」所有的服務節點。即使被「俘獲」的服務節點可被安全服務系統檢測到並被趕出安全系統，但攻擊者經過一段時間仍然可獲得最少 t 個服務節點，從而獲得最少 t 個系統私鑰份額，用俘獲的私鑰份額產生出有效的簽名證書。

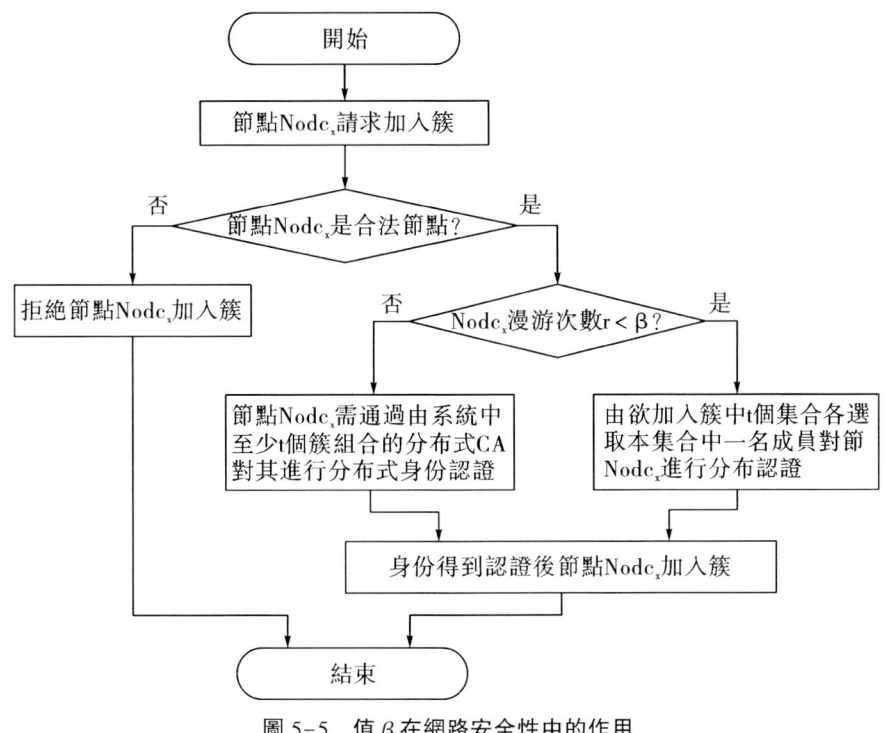

圖 5-5　值 β 在網路安全性中的作用

5.4.4.1　配置適應性

份額刷新的一個變異方法是允許密鑰管理服務系統改變他的配置，如從 (t, n) 到 (t_0, n_0)，這樣密鑰管理服務系統可根據網路的狀況自適應的改變配置方案。如果一個被俘服務器被發現，他將被逐出網路，系統同步刷新被暴露的份額。如果一個服務節點不再可用或有新的服務節點加入網路中，服務系統都應該相應地改變他的配置。舉例來說，一個密鑰管理服務最初是 (3，7) 配置，經過一段時間後，發現一個服務節點被俘，另一個服務節點不可用，那麼服務系統就應該更新它的配置為 (2，5)。如果后來又有兩個服務節點加入，那麼服務系統應該更改他的配置為 (3，7)，且擁有兩個新的服務節點。

Johnson 等（1996）對密鑰管理系統中的適應性配置有詳細的論述。解決方案的本質是進行再一次的份額刷新，不同之處在於，由最初的服務器根據新的配置方案產生和分發子份額。操作如下：舊的 n 個服務節點中由 t 個服務節點組成一個集合，集合中每個服務節點 server i 計算一個關於他的份額 s_i 的一個 (t_0, n_0) 份額 $(s_{i1}, s_{i2}, \cdots, s_{in})$，並把子份額 s_{ij} 安全地發送給 n_0 個新服務節點中的第 j 個服務節點，每個新服務節點從這些收到的子份額中計算出新

的份額。這些新的份額將會構成同一系統私鑰的一個新的（t_0，n_0）配置。

份額的刷新不會改變服務系統的密鑰對，網路中的節點仍可以用同一系統公鑰來驗證簽了名的證書，這個性質使得份額刷新對於所有的節點來說是透明的，因此方案具有可擴展性（scalable）。

另一個重要機制是有效服務節點可使用多重簽名來發現或拒絕由被俘服務節點發送的錯誤消息，即我們需要某特定消息被足夠多的服務節點簽名。如果一個消息包含了一定數量的數字簽名（如 t 個），則每個服務器都要提供至少一個簽名，這樣才能保證消息的有效性。

分佈式的 Ad Hoc 網路密鑰管理方案易遭受「移動攻擊」。對付「移動攻擊」最有效的辦法就是週期性或實時的更新私鑰份額。當利用監測系統檢測出離開某個簇的節點累計數目接近於簇私鑰份額的門限值或者是簇中新加入成員已達到一定數目時，對本簇的簇私鑰份額門限進行 $t \to t+k$ 的更新，按如下步驟完成份額的更新：

（1）每次更新時由簇 CLS_i 中可信度最高的節點對其所擁有的份額 Ss_i 進行劈分；

（2）選擇一個正奇數 k；

（3）隨機選擇一個份額 Ss_j（$j \neq i$），然后通過公式（5-20）（5-21）產生 $k+1$ 個新份額：

$$Ss_i' = Ss_i + u_0 \tag{5-20}$$

$$Ss_{t+g-1} = (-1)^g Ss_i + u_g, \quad g = 1, 2, \cdots, k \tag{5-21}$$

通過公式（5-22）（5-23）計算出相對應的新的證人：

$$w_i' = w_i + e \cdot u_0 \tag{5-22}$$

$$w_t + g - 1 = (-1)^g w_i + e \cdot u_g \tag{5-23}$$

利用公式（5-24）計算出一個更新因子：

$$Ss_i'' = -Ss_i + u_k + 1 \tag{5-24}$$

式中必須滿足條件 $\sum_{j=0}^{k+1} u_j = 0$。且利用公式（5-25）計算出新的簇私鑰份額 Ss_j'，利用公式（5-26）計算出相對應的證人 w_j'：

$$Ss_j' = Ss_j + Ss_i'' \tag{5-25}$$

$$w_j' = w_j - w_i + e \cdot u_{k+1} \tag{5-26}$$

（4）這樣，簇 CLS_i 中又產生了 k 個新簇私鑰份額 Ss_{t+g-1}，$g = 1, 2, \cdots, k$，同時 Ss_i 和 Ss_j 關於簇私鑰份額也被更新為 Ss_i' 和 Ss_j'。按前文所述的方法進行驗證可知新生成的密鑰份額是否正確。

通過在簇中的每個集合中擴展使用簇私鑰份額更新算法，可以更新簇 CLS_i 內所有集合中簇私鑰份額，為保證更新的正確性，這時需要產生一個更新因子 u_j 且滿足 $\sum_{j=0}^{t-1} u_j = 0$，t 是當前簇中所擁有的簇私鑰份額數。

同步機制要求在信息傳輸與信息處理兩個時間段間有明確的界線，傳統的門限加密機制假設有這樣一個同步機制存在。因為 Ad Hoc 網路中的節點是通過低可靠性的弱無線信道通信連接，各節點間無法保證同步通信。在一個異步系統中，無法區分一個被俘獲的服務節點和一個有效但是處理速度慢的服務節點。

本方案中只要求在每次更新時有足夠多的有效服務節點獲得了更新的弱一致性。如在份額刷新時不考慮同步的問題，因為在這種情況下可能有一個服務節點由於沒有可信的廣播信道不能向所有有效的服務節點發送子份額。只要子份額能夠被發送到法定數量的服務節點且有效服務節點能夠合作產生或計算出所有這些子份額就行。這樣，未擁有特定子份額的有效服務節點能從其正確服務節點中恢復它自己的子份額。

5.4.4.2 份額刷新

服務系統也可採取「份額刷新」的辦法來對付「移動攻擊」。「份額刷新」的方法使每個服務節點都能從所擁有的舊私鑰份額計算出新的私鑰份額，且不暴露系統的私鑰，新的份額組成一個新的 (t, n) 門限密鑰管理服務系統。份額更新後，服務節點可刪除舊的份額，使用新的私鑰份額產生部分簽名。新的份額獨立於舊的份額，攻擊者無法聯合舊份額與新份額計算出系統的私鑰。

一個給定的 (t, n) 門限機制擁有私鑰 k 的 n 個份額 $s_1, s_2 \cdots, s_n$。每個份額 s_i 被分配給一個服務節點 $server_i$。為了產生一個關於私鑰 k 的 (t, n) 新的份額 $(s_{01}, s_{02}, \cdots, s_{0n})$，每個服務節點 server i 都需要產生一個子份額 $(s_{i1}, s_{i2}, \cdots, s_{in})$，這些數據構成了圖中的第 i 列，然後每個子份額 s_{ij} 被安全地發送給服務節點 server j，當服務節點 $server_j$ 收到所有的子從額 $s_{1j}, s_{2j}, \cdots, s_{nj}$（這些數據是圖中的第 j 行）後，他能夠從原來的舊份額 s_j 和收到的這些子份額中產生出他的新份額 s_{0j}，攻擊者不能通過合併舊的私鑰份額和新的私鑰份額來恢復服務系統的私鑰，這樣攻擊者就面臨在份額更新時期捕獲 t 個服務節點的難題。

份額刷新依賴於份額的正則性。如果 $(s_1^1, s_1^2, \cdots\cdots, s_1^n)$ 是私鑰 K_1 的 (t, n) 門限機制的私鑰份額，$(s_1^1, s_1^2, \cdots\cdots, s_1^n)$ 是私鑰 K_2 的 (t, n) 門限機制的私鑰份額，那麼 $(s_1^1+s_2^1, s_1^2+s_2^2, \cdots, s_1^n+s_2^n)$ 是私鑰 K_1+K_2 的 (t, n) 門限

機制的私鑰份額。如果 $K_2=0$，那麼我們就得到了關於 K_1 的一個新的 (t, n) 私鑰份額配置方案。

假定有 n 個服務節點，按照 (t, n) 的門限機制產生關於系統私鑰 k 的份額 $(s_1, s_2, \cdots, s_n)$，服務節點 server i 擁有份額 s_i，並假定所有服務節點都是正確的，份額更新的過程如下：首先，每個服務節點隨機產生 $s_{i1}, s_{i2}, \cdots, s_{in}$，一個值為 0 的 (t, n) 份額，稱 s_{ij} 為子份額；然后，每個子份額 s_{ij} 通過一個安全的連接發送給服務節點 server j，當 server j 收到所有的子從額 $s_{1j}, s_{2j}, \cdots, s_{nj}$ 后，他就從原來的舊份額 s_j 和收到的這些子份額中產生出他的新份額 s_{0j} $(s_j+\sum_{i=1}^{n} s_{ij})$。圖 5-6 說明了私鑰份額的更新過程。

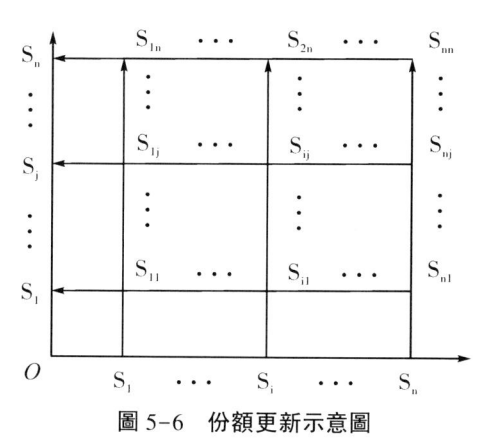

圖 5-6 份額更新示意圖

份額的刷新需要容忍兩方面問題：一是丟失子份額；二是被俘獲服務節點發送錯誤的子份額。其實只要服務系統中有至少 t 個服務節點能產生正確的子份額，那麼系統就能完成私鑰份額的刷新過程。

Pedersen 等（1997）給出了利用秘密共享驗證機制來驗證所收到的子份額的正確性，一個驗證機制利用單向生成函數產生每個份額的附加的公開信息，這些公開信息在不泄漏份額（或子份額）的前提下可驗證相對應的份額或子份額的正確性。

5.4.5 方案對路由協議的需求

為了可用，路由協議必須足夠健壯以適應網路的動態拓撲及抵抗網路遭受的惡意攻擊。到目前為止還沒有一種適應性的路由協議能對付各種惡意攻擊，Ad Hoc 網路中的路由協議還處於積極的研究之中。

分佈式密鑰管理方案的實現意在尋找一個能抵抗常見安全威脅的路由協

議。在許多路由協議中，路由器通過交換網路信息來建立節點間的路由，這些信息成為欲摧毀網路的惡意入侵者的攻擊目標。路由協議有兩個威脅源：一個來自於外部的攻擊，通過發布錯誤的路由信息、重放舊路由消息或者篡改路由消息等手段，達到分裂網路或建立錯誤路由的目的。第二個威脅來自被俘節點，這也是最嚴重的一類威脅，這些被俘節點通過向其他節點廣播不正確的路由信息來破壞系統的正常運行。要想檢測出這些不正確信息是困難的，因為每個路由信息只是用節點私鑰的個人簽名作為正確的保證，而俘獲者仍可用被俘節點的私鑰產生有效的簽名。

一方面，為了抵抗第一種網路威脅可以用保護數據的辦法來保護路由信息，如使用加密機制中的數字簽名。但這種保護方法對於第二種攻擊手段是無能為力的。Ad Hoc 網路中節點被俘的可能性是一個無法忽略的問題，而且在一個拓撲結構極不穩定的網路中通過路由信息來發現一個被俘節點的存在也是極其困難的。因為當發現一個路由信息無效時，有可能是被俘節點發送了錯誤的信息，也有可能是網路的拓撲發生了變化造成的，兩者之間無法明確區分。

另一方面，可以利用 Ad Hoc 網路的特性得到安全路由，這是由於考慮到 Ad Hoc 網路必須處理路由信息過期的情況以適應網路拓撲結構的變化事實。在一定程度上，可以把被俘節點發送的錯誤路由信息看作是過期的信息。網路中只要有足夠多的正確節點存在，路由協議就能發現並繞過這些被俘節點而找到正確路由。路由協議具有的這個能力一般是信賴於網路的內在冗餘性——Ad Hoc 網路中節點間存在多條路徑。如果路由協議能發現多路由（如 ZRP、DSR、TORA 和 AODV 協議），當主路由失效時節點就可以切換到另外一條路由。這樣做的依據是，為了發現和更正錯誤的路由信息而利用附加的冗餘路由來傳輸信息。如果在兩個節點間有 n 個連貫連接，就可以使用 $n-r$ 條信道去傳輸數據，使用 r 條信道傳輸冗餘信息。即使某條信道被俘獲，接收者仍可以從其它附加的 r 條信道中的冗餘信息驗證並恢復錯誤消息。

5.5 基於簇結構密鑰管理方案性能分析

為了分析本密鑰管理方案的性能，採用能構建無線自組 Ad Hoc 網路環境的 NS-2 網路模擬軟件進行模擬實驗。模擬場景設置為：由 30 個移動節點在 1500m×1500m 的場景中作隨機運動，即不規定節點的移動方向和速度，每個節點發出的信號能被半徑為 200 米的區域內節點所接收，假設每個節點能在 25

秒內發送一個需兩跳轉發的信號，且每跳可以有 100ms 的延遲，節點證書的有效期是 300-400s，為減小複雜性，節點間通信採用具有組播能力的 AODV 路由協議。

本次模擬主要從兩方面對本章提出的基於簇結構的安全分佈式密鑰管理方案（為模擬方便簡稱為 LDKM）和 Bechler 方案進行性能對比分析：第一次實驗是假設網路中每個節點具有一跳轉發消息能力時，如果網路中有 30 個節點要求通過身分認證，LDKM 方案和 Bechler 方案中在一段時間後網路中節點通過身分認證的百分比；第二次實驗是假設網路中節點具有兩跳轉發信息能力時，LDKM 方案和 Bechler 方案節點在一段時間後通過身分認證登錄網路的百分比。

圖 5-7 是在模擬場景中移動節點數量為 30 個節點時，以時間為參照值，兩種方案中網路節點通過身分認證並加入網路的用戶百分比對比圖。通過觀察可知，在網路運行約 25 秒鐘之前，兩種方案中在各個時段節點通過身分認證的百分比幾乎相等，而在 25 秒鐘到約 55 秒鐘之間這段時間，LDKM 方案中通過身分認證的用戶百分比要少於 Bechler 方案中用戶通過身分認證的百分比，但 55 秒鐘之後，LDKM 方案中通過身分認證的用戶百分比要多於 Bechler 方案中用戶通過身分認證的百分比。出現這三種不同情況的原因在於，本章所提出的方案（LDKM）引入了閾值 β。網路初始形成時節點都為新加入節點，兩種方案中節點身分認證的過程相同，所以 25 秒鐘之前兩種方案中都有約 35% 的節點通過身分認證；網路運行一段時間以後，有一部分用戶處於漫遊狀態，他們請求加入不同的簇，這時在值 β 的約束下，有些節點的身分需要通過系統私鑰的簽名，這部分節點的身體認證就需要很長時間，因此在 25 秒鐘之後，各時間段內 LDKM 方案中節點通過身分認證的百分比就要比 Bechler 少。且 LDKM 方案中約 20% 的節點通過身分認證的時間都需在 55 秒鐘之後，比 Bechler 方案中的節點百分比多。LDKM 方案中所有節點完成身分認證的時間約 120 秒，而 Bechler 方案則需約 100 秒。

圖 5-8 是在網路中有 30 個移動節點且節點具有兩跳轉發消息能力的條件下，Bechler 方案和 LDKM 方案節點通過身分認證並加入網路的用戶百分比對比圖。通過觀察可知，由於節點轉發信息的能力增強，在最初的 40 秒 Bechler 方案中有約 80% 的節點就通過了身分認證，而 LDKM 方案中有 70% 的節點通過身分認證。Bechler 方案中其餘節點身分認證是在 40 秒後完成的，而 LDKM 方案在 100 秒鐘結束時約有 0.2% 的節點還沒有通過身分認證。本模擬結果形成的原因在於閾值 β 的作用，由於對認證次數有了限制，有一部分節點的身分

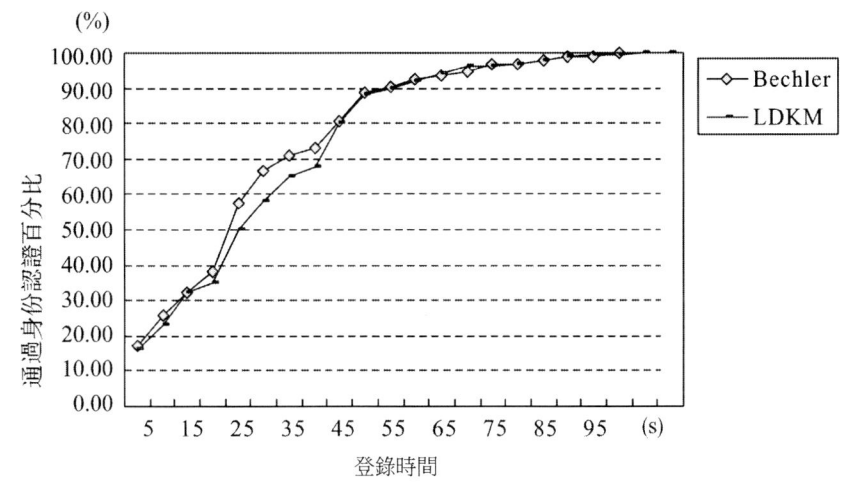

圖 5-7　節點具有一跳轉發能力時通過身分認證百分比

不能通過認證。

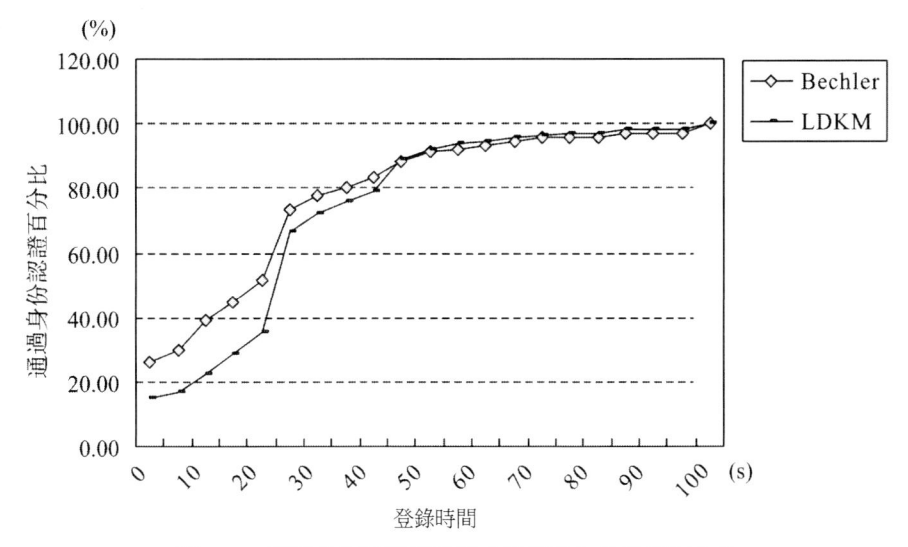

圖 5-8　節點具有兩跳轉發能力時通過身分認證百分比

　　通過兩次試驗，可以得知在加入閾值保證系統安全的同時，方案的性能也會受到影響。當網路運行一段時間后，節點的活動頻繁，這時為了能正確認證節點的身分，引入閾值 β，由於一些節點漫遊次數超過 β，這時節點身分需要通過系統私鑰簽名認證，所以節點平均入網時間會延長。

第 5 章　分佈式密鑰管理方案研究與設計 ┊ 91

5.6 方案的安全性分析

文中提出的安全密鑰管理方案是基於簇結構的，方案中將系統私鑰與簇私鑰密切結合起來，將密鑰管理進一步分佈化。經過分析，本方案具備如下安全性：

（1）可用性。網路能在被俘獲節點數低於門限值的情況下安全運行，而且如果網路中大部分節點由於灾難性故障不能恢復系統私鑰時，所有簇頭聯合可生成系統私鑰。

（2）抗單點失敗性。本方案中秘密共享思想的運用消除了集中管理方式中由於 CA 或簇頭被俘而導致系統私鑰洩露的隱患。

（3）信任分散。本方案將系統私鑰份額分發到了每個節點上。重構系統私鑰時，需要至少 k 個簇中分別派出本簇內門限個以上的節點共同參與才能恢復系統私鑰，入侵者要想獲得系統私鑰是非常困難的。

（4）防密謀攻擊機制。為防止離開節點聯手密謀攻擊網路私鑰或惡意節點通過漫遊進行移動攻擊，採用設立閾值 β 和重新配置門限值進行密鑰份額更新兩種安全機制。

如何在安全性與計算量之間尋求一個平衡點是今后研究工作的重點。

5.7 分佈式與證書鏈相結合密鑰管理方案

分佈式密鑰管理方案與證書鏈公鑰管理方案都有一定的優勢，結合兩者的長處，沈穎等提出了一種將分佈式虛擬 CA 與證書鏈公鑰管理方案結合在一起的密鑰管理機制。通過結合網路系統能提供高效的認證，且安全性的級別很高。

5.7.1 混合式密鑰管理方案的基本思想

這種密鑰管理機制是通過兩種方式實現的：一是分佈式虛擬 CA 中加入自組織密鑰管理中的證書鏈；二是自組織密鑰管理的證書鏈中加入分佈式虛擬 CA。整個服務系統由 3 類節點組成：虛擬 CA 服務節點、自組織管理方式的參與節點和普通節點。系統要求任何需要認證的節點都必須具備辨認來自分佈式

虛擬 CA 和來自自組織密鑰管理的證書鏈上的證書的能力。

在分佈式虛擬 CA 中加入自組織密鑰管理中的證書鏈，可增強分佈式虛擬 CA 發放證書的覆蓋範圍。這種結構中只有被虛擬 CA 認證過的節點才具有給別的節點簽發證書的權力。在這種結構中，如果一個不能與虛擬 CA 通信的節點想要獲得一個證書，節點可以在鄰居節點中找被虛擬 CA 認證過的節點，通過這些節點獲得證書鏈的證書。由於新加入的證書鏈的信任值低，證書鏈的平均信任值會有所降低。

自組織密鑰管理的證書鏈中加入分佈式虛擬 CA 形成的認證系統，提供了一種在開放式網路環境下進行身分認證的方式，在這種結構中允許已經被分佈式 CA 認證過的節點加入證書鏈中。一個被 CA 認證的節點更值得信任且能高效地生成新的證書鏈。加入虛擬 CA 後可以增加證書鏈的信任值。這種組合簡單且高效，能增強任何的證書鏈系統的可信度。

5.7.2 方案實現的障礙

混合式密鑰管理機制理論上的安全性很高，但實現起來會特別複雜，通信費用也增高，這對於資源緊缺的 Ad Hoc 網來說是一大挑戰。該方案仍然缺乏有效的證書撤銷機制，而且影響通信性能的不確定因素較多。

5.8　三種主要密鑰管理方案的分析比較

表 5-1 中對 Ad Hoc 網路中三種主要密鑰管理方案進行了分析比較。

表 5-1　Ad Hoc 網路中三種主要的密鑰管理方案的分析比較

類型	適合的網路規模	權威機構支持	有計算能力的節點數目	發布證書方式	證書撤銷功能	節點被俘可能性	網路協議複雜性
部分分佈式密鑰管理	長期、有計劃的	初始需要	部分節點	門限個節點合作	不具備	較低	一般
完全分佈式密鑰管理	長期、有計劃的	初始需要	所有節點	門限個節點合作	不具備	高	複雜
自組織密鑰管理	長期的	不需要	所有節點	每個節點頒發證書	具備	高	一般

部分分佈式與完全分佈式兩種密鑰管理方案的提出，對 Ad Hoc 網路的安

全有著重要的意義。這兩種分佈式密鑰管理機制是到目前為止 Ad Hoc 網路中採用最多的密鑰管理方案，主要原因在於分佈式密鑰管理方案充分考慮到 Ad Hoc 網路中節點活動頻繁的特性。如果賦予單個節點權力過大容易引發單點失效的安全問題，因此分佈式密鑰管理方案是 Ad Hoc 網路中較為理想的密鑰管理方式。

移動 Ad Hoc 網路具有許多不同於傳統有線、無線網路的特點，網路的脆弱性與高的安全需求間存在著極大的矛盾，因此要想設計出高效統一的密鑰管理協議存在著一定的難度。目前提出的一些密鑰生成和密鑰管理的方案主要是針對各種具體的應用環境，如網路初始化時是自發形成還是有權威機構存在的，網路範圍是局部還是大範圍的，網路節點的能力是一致還是存在差異以及網路存在時間是暫時還是長期的。

5.9　本章小結

本章在分析完全分佈式認證方式具有的獨特優勢的基礎上，提出了一種適用於 Ad Hoc 網路簇結構的安全密鑰管理方案，方案將系統私鑰和簇私鑰結合起來增大了攻擊者俘獲系統私鑰的難度。方案對節點身分認證次數限制，並對性能和安全性做了分析，通過分析可知本方案具有較高的安全性。

參考文獻

［1］Shamir A. How to Share a Secret［J］. Communication of the ACM. 1979, 22（11）：612-613.

［2］Zhou Lidong, Zygmunt J Hass. Securing Ad Hoc Networks［J］. IEEE Networks Special Issue on Network Security, 1999, 13（6）：24-30.

［3］Baron J, Defrawy K E, Lampkins J, et al. How to withstand mobile virus attacks, revisited［M］. ACM, 2014.

［4］Reiter M K. Authentication metric analysis and design［J］. Acm Transactions on Information & System Security, 1999, 2（2）：138-158.

［5］Gennaro R, Jarecki S, Krawczyk H, et al. Robust and Efficient Sharing of RSA Functions［C］. International Cryptology Conference. Springer Berlin Heidelberg, 1996: 157-172.

［6］Gennaro R, Jarecki S, Krawczyk H, et al. Robust Threshold DSS Signatures [C]. International Conference on the Theory and Applications of Cryptographic Techniques. Springer, Berlin, Heidelberg, 1996: 354-371.

［7］V. D. Park and M. S. Corson. A Highly Adaptable Distributed Routing Algorithm for Mobile Wireless Networks [C]. In IEEE INFOCOMM』97, Kobe, Japan, 1997: 233-246.

［8］Perkins C E, Royer E M. Chapter Ad hoc On-Demand Distance Vector Routing [J]. Wmcsa, 2000, 6 (7): 90.

［9］LUO H, LU S. Ubiquitous and Robust Authentication Service for Ad Hoc Wireless Networks [J]. Technical Report, 2000: 1-40.

［10］朱徵林, 史杏榮等. 一種新的多層移動 Ad hoc 網路中的密鑰管理方案 [J]. 計算機工程與應用, 2005, 26: 141-144.

［11］唐冰, 周勇, 駱雲志. Ad hoc 網路的部分分佈 CA 密鑰管理 [J]. 網路信息技術, 2005, 24 (1): 30-31.

［12］Zhang Y, Liu W, Lou W, et al. AC－PKI: anonymous and certificateless public-key infrastructure for mobile ad hoc networks [C]. IEEE International Conference on Communications. IEEE Xplore, 2005: 3515-3519.

［13］鐘旭, 洪澤勤, 陸浪如. 一種自安全 Ad Hoc 網路新成員子秘密分發協議 [J]. 信息工程大學學報, 2005, 6 (2): 27-30.

［14］劉林強, 宋如順, 張麗華. 移動 Ad Hoc 網路分佈式密鑰產生技術 [J]. 計算機工程, 2006, 32 (6): 181, 182, 200.

［15］Levent Ertaul, Nitu Chavan. Security of Ad Hoc Networks and Threshold Crypto-graphy [C]. International Conference on Wireless Networks. 2005: 69-74.

［16］Bechler M, Hof H J, Kraft D, et al. A cluster-based security architecture for ad hoc networks [J]. Proceedings - IEEE INFOCOM, 2004, 4: 2393-2403.

［17］XU Feng, HUANG Hao. Threshold Trust Model Based on Weight in Mobile Ad Hoc Network [J]. Computer Applications, 2006, 26 (3): 574-576.

［18］Pietro R D, Mancini L V, Zanin G. Efficient and Adaptive Threshold Signatures for Ad hoc networks [J]. Electronic Notes in Theoretical Computer Science, 2007, 171 (1): 93-105.

[19] Pedersen T P. Non-Interactive and Information-Theoretic Secure Verifiable Secret Sharing [C]. International Cryptology Conference on Advances in Cryptology. Springer-Verlag, 1991: 129-140.

[20] Johnson D B, Maltz D A. Dynamic Source Routing in Ad Hoc Wireless Networks [C]. Mobile Computing. 1996: 153-181.

[21] Z. J. Haas and M. Pearlman. The Performance of Query Control Schemes for Zone Routing Protocol [J]. Proceedings of the 3rd international workshop on Discrete algorithms and methods for mobile computing and communications, 1999: 23-29.

[22] Park V D, Corson M S. A Highly Adaptive Distributed Routing Algorithm for Mobile Wireless Networks [C]. INFOCOM '97. Sixteenth Joint Conference of the IEEE Computer and Communications Societies. Driving the Information Revolution. IEEE Computer Society, 1997: 1405.

[23] C. E. Perkins and E. M. Royer. Ad Hoc On-demand Distance Vector Routing [C]. In IEEE WMCSA』99, New Orleans, LA, February 1999: 126-135.

第6章　自組織組密鑰管理方案設計

組密鑰是由組內成員共享的一個密鑰，主要是用來保護需要在網內組播的機密報文，以滿足保密、信息完整性等網路安全需求，其重要性伴隨著網路應用範圍的擴大而提升。惡意的攻擊者經常利用網路竊聽、篡改重要信息，因此尋求安全的組密鑰管理方案用來加密傳輸的信息是非常必要的。安全的組密鑰管理必須做到兩點：非組內成員不能擁有組密鑰；組內成員只能獲得與其身分相符的組密鑰使用權限。傳統網路中主要運用層次型（樹型）或圖形結構實現對組密鑰的管理。

Ad Hoc 網路是一種無線多跳自組織的網路，通過成員之間誠實合作進行移動通信。此網路適應能力強、應用範圍廣，但由於缺乏固定基礎設施及自身條件所限，比傳統的網路更易遭受攻擊，因而網路的安全性受到人們的重視。由於 Ad Hoc 網路具有不穩定的拓撲，組成員的加入和離開活動頻繁，因而使得 Ad Hoc 網路中組密鑰管理成為一個難題。

6.1　Ad Hoc 網路組密鑰管理方案需解決的問題

組密鑰管理系統包括密鑰的生成和維護。密鑰維護就是指當組中有新成員加入或舊成員退出時組密鑰必須得到更新，另外當組密鑰使用時間過長時組密鑰也需要改變。一個好的組密鑰管理方案應該具有良好的可擴展性、可靠性，且需要考慮用戶節點自身能量問題。

移動 Ad Hoc 網路的特殊性在要求組密鑰管理策略具備有效性、保密性、完整性、認證性和不可否認性（即責任認定性）等加密機制基本安全需求外，它還必須能解決以下幾個基本問題：

（1）安全性，包括前向安全性和后向安全性。前向安全性指當組成員節點退出組時，需要更新組密鑰，以保證退出的節點不可能再用擁有的組密鑰來解密組內組播的通信信息；后向安全性指新節點加入組時，需要更新組密鑰，以保證新節點不能解密組中以前組播的通信信息。

（2）同謀破解。組播密鑰管理不僅要防止某單個節點破解系統，還要防止某幾個節點聯合起來破解系統中機密信息，因此安全的組密鑰管理策略要杜絕同謀破解或降低同謀破解的概率。

（3）組密鑰管理策略的可擴展性。可擴展性包括密鑰發布占用帶寬、密鑰發布的延遲以及密鑰生成計算量等。具體來說，要求密鑰更新報文不應占用過多的網路帶寬，這一點對於帶寬能源十分有限的無線自組網來說尤其重要；密鑰更新時要使所有組成員都能及時地獲得新的密鑰；同時，由於通常情況下協同的密鑰生成操作需要較大的計算量，計算複雜度較大，因此當節點計算資源不充足或密鑰更新頻繁時，要考慮密鑰生成給節點帶來的負載。

（4）密鑰通信代價。節點的耗能除了計算耗能外，還包括通信耗能，而通信耗能遠遠大於計算耗能。

（5）健壯性。當部分組成員失效時，不會影響安全組播的工作。

（6）可靠性。當網路環境不可靠時，確保密鑰分發與更新仍然能夠正確實行。

一般主要是通過從計算複雜性和安全性兩方面均衡考慮來判斷策略的好壞，而且在不同的應用環境中，密鑰管理策略對於上述基本問題的要求程度也有所不同。

6.2　方案的理論基礎

Biswajit（2006）提出一種用於層次結構傳感器網路的組密鑰管理方案，方案中組密鑰的生成及更新都是由簇頭節點來完成，這就造成了簇頭節點負擔過重的弊端。而且方案還採取間隔固定時間更新組密鑰，如果組成員加入或離開網路的活動特別頻繁，組密鑰洩密的可能性會非常大，因此這種組密鑰管理方案不適合於對無線自組網中的組密鑰進行管理。

Moharrum（2004）提出一種用 WPMKT 進行安全組播的密鑰管理方案，該方案運用平衡二叉樹對組密鑰進行管理，通過交換不平衡樹中兩棵子樹來重組密鑰樹結構，使之變得平衡。該方案雖然沒有破壞交換子樹的內部密鑰結構，

但破壞了原來密鑰樹的結構，從而造成多個輔助密鑰的更改，且如果一個網路的規模非常大時，用二叉樹來進行密鑰管理所形成的樹深度增加，中間輔助密鑰也會相應增多，這對於存儲計算能力弱的 Ad Hoc 網路節點來說是一個難題。

Jen-Chiun Lin 等（2005）提出一種用於有線網路中的組密鑰生成方案，該方案是由一個 server 負責生成組的內部密鑰和組密鑰，並向無法計算出新密鑰的節點安全發送新密鑰，當有成員離開時 server 負責選取生成新密鑰的生成元。文中採取同步和異步更新組密鑰兩種方案對待成員的動態加入或離開，異步更新組密鑰滯後處理組密鑰的更新問題，這樣會給網路安全帶來威脅，容易造成組密鑰的前向或後向安全問題。

本組密鑰管理方案對 Jen-Chiun Lin 等進行改進使之用於 Ad Hoc 網路中基於簇結構的組密鑰管理，當網路的拓撲結構動態變化時，由網路成員自己完成組密鑰的更新，這種組密鑰管理方案稱為自組織組密鑰管理方案（SGM）。這種方案的實施考慮自組網動態拓撲、自組織和可擴展等特點，具有較高的安全性。

本鑰密鑰管理方案中用戶公私密鑰對的形成採用橢圓曲線加密思想，身分作為用戶公鑰的主要參與值，利用拉格朗日插值多項式對更新後的組密鑰進行分發，這些方法的運用，能夠極大減輕節點的計算量，節省通信帶寬及節點的能源，進一步提高了網路的安全性。

6.3　Jen 方案的主要內容

Jen 方案的安全性主要依賴於一個單向生成函數（此生成函數必須具有單向性和選值隨機性兩種特性）。將一些選定的值作為輸入，通過單向生成函數生成密鑰樹中的內部密鑰及組密鑰。Jen 的密鑰管理方案也簡稱為單向密鑰生成協議（OKD），具體工作過程如下：

（1）單個成員加入時組密鑰的更新。用戶 U_i 欲加入網路，則向 server 發送加入請求，server 收到加入請求後驗證用戶的身分，並為通過驗證的用戶分配一個個人私鑰並安全發送給 U_i。Server 為用戶分配一個用戶節點，並創建一個密鑰節點（k-節點），將 k-節點插入到密鑰樹中最短路徑後。

新節點插入完成後，自新 k-節點到樹的根節點的路徑上的所有內部密鑰都需要更改。利用公式（6-1）可生成所有需要更新的密鑰：

$$k_0^{'}=f(k_0) \tag{6-1}$$

組中的舊成員自己可以計算出新密鑰，server 只需為新加入成員 U_i 發送新

生成的密鑰即可。

（2）單個成員離開時組密鑰的更新。當有成員要離開一個組時，server 驗證請求後，會將相應的 k-節點從密鑰樹中移走，並更新所有從離開成員的 k-節點到根節點的密鑰。通過公式（6-2）計算出新的密鑰：

$$k_0' = f(k_1 \oplus k_0) \tag{6-2}$$

其中 k_1 是不在離開成員到根節點路徑上的一個舊內部密鑰值，舊的內部密鑰 k_0 作為一個鹽值，只有知道密鑰值 k_1 的成員才能計算出新的密鑰值 k_0'。

server 隨意選取密鑰值 k_1，完成新密鑰的計算，並且負責將更新後的密鑰值 k_0' 發送給所有不能計算出新密鑰值的組成員。

6.4 自組織組密鑰管理方案的實現

本組密鑰管理方案主要應用於分簇結構的 Ad Hoc 網路。主要思想是先在一個簇中進行簇內組密鑰的生成，然後將簇頭作為成員再生成系統的組密鑰。由於在兩個不同層次上採用相同的組密鑰管理機制，所以本章只對簇內的組密鑰生成及更新進行詳細敘述。

6.4.1 密鑰樹的形成

用戶節點按其在網路中的地理位置及身分特徵形成了分簇結構的網路拓撲。每個節點在網路中有唯一的身分標示 ID_i，利用哈希函數對用戶的 ID_i 進行映射。按用戶身分的哈希值可以將簇中的用戶分成 t 個不同的集合，在簇中我們構造 t-度密鑰樹（邏輯樹結構），一個集合中的根節點稱為這個集合的唯一祖先節點。簇中每個用戶的密鑰在密鑰樹中只能以唯一的葉子節點表示，從葉子節點到根節點的路徑上的節點稱為內部節點（其中包括一個祖先節點）。構造密鑰樹時必須保證不同集合中的節點不能共有一個層數小於或等於其任一集合的祖先節點所在的層數的內部節點，密鑰樹的邏輯圖如圖 6-1 所示。

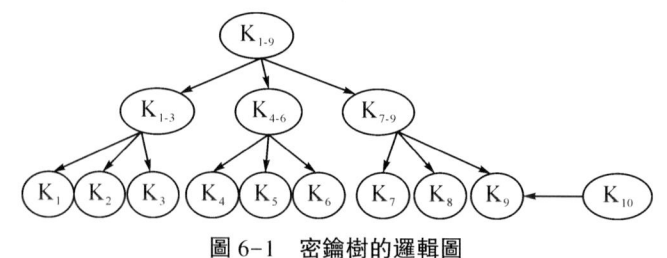

圖 6-1 密鑰樹的邏輯圖

權威機構在網路初始化時負責簇的形成，每個用戶都擁有一對基於橢圓曲線加密的公私密鑰對（Npk_i/Nsk_i），公鑰為 $Npk_i = H$（ID_i ∣∣ T_i），T_i 是用戶入網時通過身分認證的時間，Nsk_i 是用戶節點的私鑰。用戶身分作為公鑰的主要參與值可以減輕系統計算用戶公鑰的負擔。

6.4.2 組成員可信值的定義

Ad Hoc 網路是由自身能源及計算能力都非常受限的通信設備組成的網路。在通信過程中許多節點為了保護自身能源通常都會有一些「自私」行為，如不完成正常的路由通信工作等行為。為保證消息的正確傳輸及網路的安全運行，採取一些措施來監督用戶的行為是非常有必要的。

假設網路中的每個節點都具有一定監視能力，通過觀察組成員在通信時的行為，可以聯合生成一張網路中所有節點的可信值表，表中記錄用戶的 ID_i、入網時間 T_i、每個用戶給其評價的可信值 tr_i 及控告其有惡意行為的節點的 ID_i。這裡用 Tr_i 表示節點 U_i 的可信值，它的計算是通過對表中所有可信值 tr_i 進行加權平均得出。如果表中對某個節點的控告節點數目已經達到門限值 t 個，此用戶節點將不再是組內的合法成員，因此也就不用考慮此用戶的可信值，他將會被踢出網路。

在本方案中成員的可信值是一個重要的參考值，每次進行組密鑰更新時，承擔更新任務的節點都應該是組中可信值高者，所以為保證網路的安全性和競爭公平性還需採取一些其它重要措施。

6.4.3 組密鑰的生成

密鑰樹中有效葉子節點的公/私密鑰對不變（葉子節點的私鑰 $k_i = Nsk_i$），內部節點只擁有一個用於加密明文的對稱密鑰，在經過其到達根節點的路徑上的密鑰樹的葉子節點都知道這個內部密鑰，且其隨網路成員結構變化而改變。密鑰樹初始化階段，由於此時組成員都是合法節點，所以內部節點密鑰的選取可以由權威機構生成，生成時需按照單向函數的思想進行。可以使用單向生成函數 SHA-1 或 MD5 直至根節點，得到的根節點密鑰即為組密鑰，亦即簇內的組密鑰，可以用於加密簇內要組播的消息。

6.4.4 組密鑰的更新

通過身分認證的用戶成為組內合法成員，即可獲得有效的組密鑰。Ad Hoc 網路中的用戶節點活動十分頻繁，經常有新成員加入和舊成員退出網路的情

況。成員的動態活動給網路的安全性帶來極大的威脅，需要及時更新組密鑰以求得組密鑰的前向安全和后向安全性。本方案主要討論有新成員加入組和舊成員退出組兩種情況下組密鑰的更新策略，以說明本方案具有的安全性及經濟性。

6.4.4.1 新成員加入時組密鑰的更新

當有新成員加入時，新成員的身分認證及系統私鑰份額的分配都由上章提出方案中分佈式 CA 協作完成。為確保節點加入前組中組播消息的機密性，此時要及時更新組密鑰，以保障組密鑰的后向安全。

如圖 6-1 所示，當經過分佈式 CA 認證的用戶 U_{10} 請求加入簇時，與用戶 U_{10} 綁定的身分值 ID_{10} 作為輸入值，經過哈希函數處理後會落入 t 個集合中的某一個中。假設此時落入第三個子集中，由於新用戶 U_{10} 的加入，沿此路徑到達根節點的所有內部節點的密鑰都需要修改，即 k_{7-9}、k_{1-9} 的值都需要更改。

方案中運用單向生成函數，新密鑰的生成只需微量級的計算，通過公式（6-3）（6-4）就可以生成兩個新的密鑰：

$$k_{7-10} = f(k_{7-9}) \tag{6-3}$$

$$k_{1-10} = f(k_{1-9}) \tag{6-4}$$

由於以上兩個新密鑰的計算都是由舊的密鑰通過運用單向函數得到，所以組內所有舊成員都可計算出新的組密鑰 k_{1-10}，只有新成員 U_{10} 無法得到這兩個新生成的密鑰。

在組內有新成員加入的情況下，網路中用戶節點可信值表成為一個重要的參考值。通過分析可知可信值大的節點多數具有較強的計算能力、較高的可信度，所以由欲加入子集中可信值最大的節點負責完成相關路徑上節點密鑰值的更新操作，成為一個暫時的密鑰更新者具有一定的可行性。假設此時子集中節點 K_8 的可信值最高，則由 U_8 來完成相關密鑰的更新操作。

第一步，U_8 將組內所有用戶 U_i，$i = 1, 2, \cdots 10$ 的公鑰值作為輸入值利用公式（6-5）進行計算：

$$R_i = E_{PK_i}(Key_j), \ i = 1, 2, \cdots, 10, \ j = 1, 2, \tag{6-5}$$

其中 $Key_1 = k_{7-10}$，$Key_2 = k_{1-10}$。

利用拉格朗日插值法構造函數式，如式（6-6）所示：

$$f(x) = \sum_{i=1}^{M} (R_i \prod_{n=1, n \neq i}^{M} \frac{PK_n - x}{PK_n - PK_i}), \ i = 1, 2, \cdots, 10 \tag{6-6}$$

第二步，$U_8 \rightarrow U_{10}$，用戶 U_8 將上面通過拉格朗日插值法構造出的兩個函數式發送給新成員 U_{10}。

第三步，用戶 U_{10} 收到 U_8 發送來的函數式後，將自身的公鑰值作為輸入參數利用公式（6-7）進行計算得到值 R_{10}：

$$f(NpK_{10}) = R_{10} \tag{6-7}$$

再將值 R_{10} 代入公式（6-8）（6-9），同時用私鑰值解密出新的內部密鑰 k_{7-10} 及組密鑰 k_{1-10}：

$$D_{Nsk_{10}}(f(Npk_{10})) = D_{Nsk_{10}(R_{10})} = D_{Nsk_{10}(Key_1)} = k_{7-10} \tag{6-8}$$

$$D_{Nsk_{10}}(f(Npk_{10})) = D_{Nsk_{10}(R_{10})} = D_{Nsk_{10}(Key_2)} = k_{1-10} \tag{6-9}$$

用戶加入一個度數為 t 的內部組的情況是我們以後研究的一個重點，在此不作考慮。

6.4.4.2 用戶離開組時組密鑰的更新

用戶離開組的原因有兩種：一種是由於自身的惡意行為被組內成員發現，他的合法身分被註銷，從而被趕出網路；另一種情況是用戶的使命已經完成，需要永久性的退出網路。對於有用戶要離開組的情況，組內大量的內部密鑰及組密鑰都需要更新，從而使離開組的成員不能再用擁有的組密鑰來解密他離開後組內組播的信息，這樣就可保證組密鑰的前向安全。

假設圖 6-1 中用戶 U_4 要離開組，經過組內分佈式 CA 聯合簽名驗證離開請求的有效性後，由同子集中可信值最高者 U_5 將自身的私鑰 k_5 作為參考值，舊的密鑰 k_{4-6}、k_{1-10} 作為鹽值通過公式（6-10）（6-11）計算出新的密鑰 $k_{5,6}$、$k_{1-3,5-10}$（用舊的內部密鑰或組密鑰作為鹽值具有保證每次生成的新的密鑰都不會和以前的密鑰相同的功能）：

$$k_{5,6} = f(k_5 \oplus k_{4-6}) \tag{6-10}$$

$$k_{1-3,5-10} = f(k_{5,6} \oplus k_{1-10}) \tag{6-11}$$

由於 U_5 是組內唯一知道密鑰 k_5 的成員，所以傳輸更新後密鑰的任務只能交由 U_5 完成。具體操作如下：

第一步，U_5 將組內所有用戶 U_i，$i = 1, 2, \cdots, 10$，$i \neq 4$ 的公鑰值作為輸入值利用公式（6-12）進行計算：

$$R_i = E_{NPK_i}(Key_j), \quad i = 1, 2, \cdots, 10, \quad i \neq 4, \quad j = 1, 2 \tag{6-12}$$

其中，$Key_1 = k_{5,6}$，$Key_2 = k_{1-3,5-10}$

利用拉格朗日插值法構造函數式（6-13）：

$$f(x) = \sum_{i=1}^{M_i} (R_i \prod_{n=1, n \neq i}^{M_i} \frac{PK_n - x}{PK_n - PK_i}), \quad i = 1, 2, \cdots, 10, \quad i \neq 4 \tag{6-13}$$

第二步，用戶 U_5 將上面通過拉格朗日插值法構造出的兩個函數式發送給組內每一個成員。用戶 U_6 將自己的公/私密鑰對作為輸入即可計算出新密鑰

$k_{5,6}$ 和 $k_{1-3,5-10}$；

第三步，用戶 U_5 只需把將 $k_{1-3,5-10}$ 作為輸入生成的函數式發送給組內的其他成員；

第四步，組中成員收到 U_5 發送來的函數式后用自身的公鑰及私鑰值解出新的組密鑰 $k_{1-3,5-10}$。

如果離開成員是某集合中的最后一名成員，則從離開成員到根節點路徑上所有的內部密鑰節點都被刪除掉，由組中其它集合中可信值最高者將自己的私鑰作為參考值，舊組密鑰作為鹽值生成新的組密鑰並按上述步驟進行安全發放。

本方案對組密鑰的更新採取一次一更新的方法，只要組內成員有變化就改變組密鑰，雖然這樣會增大計算量，但有效地保障了組密鑰的安全。本方案不考慮批量處理成員動態加入或離開情況下組密鑰的更新問題，因為批量處理組密鑰更新會給網路安全帶來很大的威脅。

6.5 通訊代價分析

當有新成員加入簇或舊成員離開簇時，組密鑰都需要得到及時的更新。在 Jen 方案中，組密鑰的安全管理是在一個權威者 server 的控製之下進行的。本組密鑰管理方案考慮無線自組網缺乏固定基礎設施的特點，由網路中可信值最高者進行自組織的組密鑰管理。通過分析，即使是在缺乏權威機構控製的無線通信環境下，本方案也達到了與 Jen 方案相等的性能。表 6-1 是對本組密鑰管理方案（SGM）與 LKH、OFT 和 ELK 各組密鑰管理方案在只考慮通信帶寬方面進行的比較（表中密鑰樹中某路徑的長度被標示為 h，其中 h_2 表示二叉樹中某路徑的長度，h_t 表示 t-度樹中某路徑的長度，L_k 代表密鑰的長度）。

通過比較可知，當有單個用戶要加入網路時，自組織組密鑰管理方案（SGM）中負責組密鑰更新的高可信值節點，只需向無法計算出新組密鑰及內部密鑰的新節點發送新生成的密鑰，由於其傳輸的信息極少，這時我們可以近似認為通信所占帶寬為 0；當有單個用戶要離開網路時，自組織組密鑰密鑰方案（SGM）只需占用 LKH 和 ELK 兩種方案一半的帶寬就可以將新生成的組密鑰及內部密鑰安全傳輸出去。本方案在更新組密鑰時能大量節省帶寬，這對於有限帶寬的無線網路來說是非常重要的。而且本組密鑰管理方案採用 t-樹管理密鑰，這樣中間輔助密鑰數量會大量減少，這就適應了 Ad Hoc 網路節點存

儲能力有限的弱點。

表 6-1　　　　SGM 與 OFT、LKH 和 ELK 的通訊代價比較

成員變化	傳輸方式	SGM	OFT	LKH	ELK
單用戶加入簇	多播傳輸	0	$h_2 * L_k$	$2h_t * L_k$	0
單用戶離開簇	多播傳輸	$(t-1) h_t * L_k$	$h_2 * L_k$	$t * h_t * L_k$	$2h_2 * L_k$

6.6　安全性分析

本方案是一種自組織組密鑰管理方案，適合 Ad Hoc 網路的組網特點，當組內成員有變化時，由組中計算能力強、可信值高的成員擔當更新組密鑰的臨時管理者的角色具有一定的可行性。

通過分析本方案具備以下安全性：

（1）前向和后向安全性。當組內有新成員加入或舊成員退出時，網路的組密鑰都要及時更新，這使得新加入的節點不能得到他入網以前網路中組播的通信信息，離開組的成員也不能繼續解密他離開后組內組播的通信信息。在本組密鑰管理方案中，單向生成函數及鹽值的運用使得新舊組密鑰間不具有雙向關係，這樣入侵者就無法從俘獲的舊組密鑰推斷出更新后的組密鑰。

（2）抗竊聽。將新密鑰作為拉格朗日插值多項式的輸入值，生成新的函數式，通過傳輸生成后的函數式可以實現對新密鑰安全傳輸。結合對稱加密算法和公鑰加密算法的優勢，使入侵者即使截獲了傳輸消息也無法從中破解出新密鑰，這些措施的實施有效抵抗了攻擊者的竊聽。

（3）提高了網路的可用性。本組密鑰管理方案無需為每個用戶分配用戶公鑰，用戶公鑰的生成只是對用戶身分及入網時間連接值簡單做哈希處理就可以得到，而且採用安全性高但計算費用少的橢圓曲線加密算法為用戶計算用戶私鑰。這些措施的採取都減輕了系統中節點的計算費用，節省了節點的能量，使用戶節點的生命期延長，從而也延長了網路的生存時間，提高了網路的可用性。

6.7 本章小結

本章提出一種適合 Ad Hoc 網路特點改進了的組密鑰管理方案。方案中通過構造一棵 t-度密鑰樹（邏輯樹結構）來管理組密鑰，避免二叉樹在管理組密鑰時節點需要存儲大量內部密鑰的缺陷，由網路中可信值高的用戶節點保證組密鑰的前向和後向安全性。

這種組密鑰管理方案充分考慮無線自組網動態拓撲、自組織和可擴展等特點，具有較高的安全性。網路中用戶節點公私密鑰對的形成採用橢圓曲線加密思想，用戶身分信息作為用戶公鑰的主要參與值，利用函數式對更新后的組密鑰進行分發。這些方法的運用，減輕了節點的計算量，節省了帶寬及節點的能源，提高了網路的安全性。

參考文獻

［1］Guojun Wang, Jie Ouyang, Hsiao-Hwa Chen. Efficient Group Key Management for Multi-privileged Groups［J］. Computer Communications, 2007: 2497-2509.

［2］Wee Hock Desmond Ng, Haitham Cruickshank, Zhili Sun. Scalable Balanced Batch Rekeying for Secure Group Communication［J］. computers & security, 2006: 265-273.

［3］Pour A N, Kumekawa K, Kato T, et al. A hierarchical group key management scheme for secure multicast increasing efficiency of key distribution in leave operation［J］. Computer Networks, 2007, 51（17）: 4727-4743.

［4］Zheng S, Manz D, Alves-Foss J. A communication – computation efficient group key algorithm for large and dynamic groups［J］. Computer Networks, 2007, 51（1）: 69-93.

［5］Zhang J, Yu Z, Ma F, et al. An extension of secure group communication using key graph［J］. Information Sciences, 2006, 176（20）: 3060-3078.

［6］Wang N C, Fang S Z. A hierarchical key management scheme for secure group communications in mobile ad hoc networks［J］. Journal of Systems & Software,

2007, 80 (10): 1667-1677.

[7] Medhi D. D. Huang and D. Medhi, A Secure Group Key Management Scheme for Hierarchical Mobile Ad Hoc Networks [J], Ad Hoc Networks, 2008, 6: 560-577.

[8] Liao L, Manulis M. Tree-based group key agreement framework for mobile ad-hoc networks [J]. Future Generation Computer Systems, 2007, 23 (6): 787-803.

[9] 張楨萍等. 移動 Ad Hoc 網路中的組密鑰管理策略 [J]. 計算機應用, 2005, 25 (12): 2727-2730.

[10] Panja B, Madria S K, Bhargava B. Energy and Communication Efficient Group Key Management Protocol for Hierarchical Sensor Networks [J]. International Journal of Distributed Sensor Networks, 2006, 3 (2): 201-223.

[11] Moharrum M, Mukkamala R, Eltoweissy M. Efficient Secure Multicast with Well-Populated Multicast Key Trees [J]. 2004, 10: 215-222.

[12] Lin J C, Lai F, Lee H C. Efficient Group Key Management Protocol with One-Way Key Derivation [C]. The IEEE Conference on Local Computer Networks, Anniversary. IEEE, 2005: 336-343.

[13] H. Harney, E. Harder. Logical Key Hierarchy Protocol [J]. Internat Draft, IETF, April 1999. expired in August, 1999: 15-26.

[14] Balenson D, Mcgrew D, Sherman A. Key management for large dynamic groups: one-way function trees and amortized initialization [J]. 2000.

[15] Perrig A, Song D, Tygar J D. ELK, a New Protocol for Efficient Large-Group Key Distribution [C]. Security and Privacy, 2001. S&P 2001. Proceedings. 2001 IEEE Symposium on. IEEE, 2002: 247.

[16] Ye Yongfei, Zhao Xiqing, Guo Xifeng. A safety group key management scheme in mobile ad hoc network [C]. International Conference on Reliability, Maintainability and Safety. IEEE, 2009: 512-515.

第 7 章　媒介訪問與差錯控製

7.1　Ad Hoc 網路的媒介訪問控製

Ad Hoc 網路的協議棧是一個五層的結構，由下至上的順序依次為：物理層、數據鏈路層、網路層、傳輸層和應用層，如表 7-1 所示。

表 7-1　　　　　　　　　Ad Hoc 網路五層協議棧結構

協議層	功能說明
應用層	向用戶提供應用服務
傳輸層	為源節點和目的節點間的進程訊息建立傳輸連接，為數據傳輸服務
網路層	路由發現、網路拓撲結構獲取、數據轉發
鏈路層	控製發送或接收報文的管道接入方式，直接影響網路的性能及管道的使用效率
物理層	完成無線管道選擇、無線信號監測及控製

物理層以降低無線媒體傳輸時的能量消耗為目標，從而節省通信鏈路的存儲。在本層主要完成的工作有：確定無線信道傳播模型、決定採用的無線擴頻技術、對無線信號進行處理（如監測、存儲、調制、轉發及接收等）、確定傳輸的信道。

數據鏈路層主要用於協調多用戶對無線資源的共享和占用，如對無線信道的共享。本層綜合了媒體接入控製子層（Media Access Control，MAC）和邏輯鏈路控製子層（Logical Link Control，LLC）的功能。LLC 子層承擔的任務有：數據分組優先級確定、檢測數據幀、數據流復用、擁塞控製、差錯控製等。MAC 子層管理移動節點訪問無線信道的方式，在無線網路中，鏈路資源有限制約著通信中數據組的轉發，因此 MAC 層需要對數據組按優先級排除並進行

擁塞控制。

網路層主要採用 IPv4 或 IPv6 協議來支持網路數據相關服務，也可以參照有線網路的網路層協議進行工作。網路層的功能主要有兩種：①實現非相鄰節點間的通信。此功能主要用於實現構建從源節點到達目的節點的路由，然後通過此路徑對網路層分組進行轉發，採用的路由協議有多播路由協議和單播路由協議兩種；②捕獲網路節點的拓撲結構。通過對鄰節點管理來發現節點間的相互關係，從而獲取網路的結構。

傳輸層負責向應用層提供可靠的端到端服務，充分利用網路資源，建立源節點和目的節點之間有效可靠的傳輸連接。傳輸層在 Ad Hoc 網路接入外部網路時提供必要的支持，使用的傳輸協議以 TCP（傳輸控制協議）和 UDP（用戶數據報協議）為主。傳輸層介於網路層和應用層之間，起到隔離的作用，以使報文以透明的方式傳輸。

應用層將各種應用服務提供給用戶，如基於 RTP/RTCP 的自適應應用、數據報服務及實時性要求嚴格的實時應用。

7.1.1　Ad Hoc 網路中 MAC 協議面臨的問題

Ad Hoc 網路多跳、異步的特性對 MAC 協議提出了更多的要求，需要在應用於傳統網路的 MAC 協議的基礎上做針對性的修改。因此在設計一個性能良好的 MAC 協議時，將會面臨以下問題：

（1）信道單向通信

傳統的 MAC 協議需借助於網路底層雙向通信信道的支持，而 Ad Hoc 網路中卻有存在單向通信信道的可能。Ad Hoc 網路中的節點能量有限，發射功率受影響，且大部分節點定位在條件簡陋的環境中，所以網路的通信信道會存在單向通路。因此，在設計 Ad Hoc 網路的 MAC 協議時需要考慮單向信道的問題。

（2）節點能量受限

由於 Ad Hoc 網路中的節點都是靠電池供電移動終端設備，能量受限，所以設計的 MAC 協議需要考慮執行算法時如何降低節點的功耗。

（3）分佈式資源管理

在無線自組網 Ad Hoc 中傳輸分組時需要多個節點合作完成，分佈式的計算模式用於適應網路自組織、無固定基礎設施的特點。Ad Hoc 網路中 MAC 層資源管理是一個需重點解決的問題，與網路環境相適應採取分佈式的調度管理方案。在進行資源調度時，除涉及節點的內容數據，還要依賴鄰節點，從而形

成一個分佈式的資源高度系統。

(4) 動態拓撲及多跳轉發

Ad Hoc 網路中節點移動頻繁，經常加入或離開網路，形成動態的拓撲結構。又由於節點的發射功率受限，有很多數據轉發任務已經超出節點通信覆蓋範圍，所以需借助中間節點多跳轉發才能到達目的節點。在這種情況下容易發生隱藏終端和暴露終端的問題。

若某節點處於分組發送端節點的通信範圍之外，而處於分組接收端節點的通信範圍之內，稱之為隱藏終端。由於發送端節點和隱藏終端互相之間無法溝通，所以可能導致同時向接收端節點發送數據分組的問題發生，從而導致接收端節點在接收分組時產生衝突。如圖 7-1 所示，發送端節點 S 向終端節點 D 發送數據分組，而節點 M 由於處於 S 的通信範圍之外無法監聽到這種通信，所以也同時向節點 D 發送數據分組，從而導致數據分組在終端節點 D 處發生衝突。

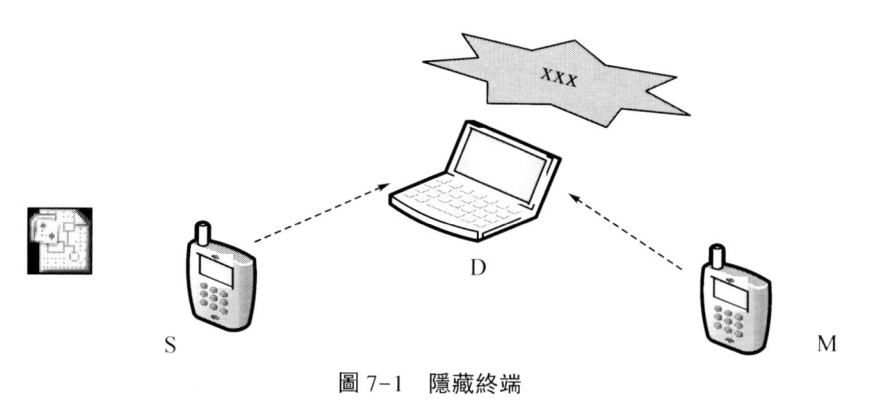

圖 7-1　隱藏終端

當某節點處於分組發送端節點的通信範圍之內，而處於分組接收端節點的通信範圍之外，稱之為暴露終端。當發送端節點發送數據分組時，處於其通信範圍內暴露終端會接收此分組，但由於接收端節點不在暴露終端的通信範圍之內，因此導致分組無法被轉發出去，從而引發轉發延遲現象發生，浪費帶寬資源。如圖 7-2 所示，發送端節點 S 向終端節點 D 發送數據分組，而節點 M 由於處於 S 的通信範圍之內而監聽到這種通信，所以接收分組后嘗試向節點 N 發送然后轉發給節點 D，但卻無法傳送給節點 D，從而導致數據分組在節點 M 處引發不必要的延時。

由於隱藏終端的存在，分組衝突發生的頻度提高，而暴露終端存在時，網路中可用資源會被忽視而得不到充分利用。

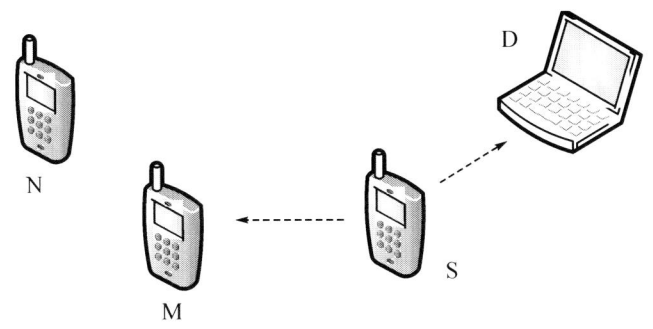

圖 7-2　暴露終端

（5）服務質量（QoS）難以保證

Ad Hoc 網路要求滿足一定的 QoS 保證，但由於本身的特性所限，因此難以很好地解決這個問題。這同樣也是 MAC 協議所要面臨的問題。

（6）通信帶寬受限

由於採用無線信道通信，受各種因素影響，Ad Hoc 網路的通信帶寬受限，這對 MAC 協議提出了更高的要求，它需要利用有限的帶寬解決好數據傳輸任務，降低因處理網路中的信號衰弱、阻塞等問題而消耗掉的帶寬資源。

7.1.2　Ad Hoc 網路對 MAC 協議的要求

各移動終端設備在進行通信前需要組建網路，如何對加入網路的節點進行有序、合理、高效的組織是成功通信的首要問題。Ad Hoc 網路組網的依據是 MAC 協議，根據協議優化使用有限的無線資源，提高網路的整體性能。作為一種獨特的網路，Ad Hoc 網路對 MAC 協議提出更高的要求，如公平機制、數據傳輸質量、解決衝突等。為適應這些要求，提高網路的性能，Ad Hoc 網路的 MAC 協議具有以下特點：

（1）硬件要求低，通用、高效的 MAC 協議必須降低對網路中基礎設施功能的期望值。

由於 Ad Hoc 網路有別於傳統的網路，節點在一種不安全、易錯的環境中活動，所以節點自身的可靠性無法與傳統網路相比，因此相應的媒介訪問控制協議也必須具有適應性。

（2）減少數據幀傳輸衝突。

為充分利用無線信道，Ad Hoc 網路的 MAC 協議要解決數據幀衝突的難題。由於無線信道易接入的特徵，導致 Ad Hoc 網路在傳輸數據幀時遭遇更多的衝突，尤其是長數據幀傳輸時此類問題更為明顯。性能好的 MAC 協議應該

減少衝突的發生，並以無衝突發生為設計的目標。

（3）為數據幀傳輸衝突提供解決方案

Ad Hoc 網路對 MAC 協議提出更高的適應性要求。當網路中出現了不可避免的數據幀傳輸衝突時，MAC 協議必須提供有效的解決方案，以防出現擁塞現象發生。解決衝突的方案有多種，使用頻度較高的一種方案稱之為退避機制，即當發生了傳輸衝突時，應該按照一定的機制延遲數據幀發送的操作。

（4）高頻率空間復用度

Ad Hoc 網路允許多對節點同時通信，使頻率在空間上能夠被復用，有效提高網路整體的數據傳輸量。作為控製媒體訪問網路的 MAC 協議應提供相應的機制來保障 Ad Hoc 網路這種獨特的優勢。

一個適應 Ad Hoc 網路的 MAC 協議應具備多種功能，以保障網路節點數據傳輸的可靠和安全，並實現網路資源的充分有效利用。

7.1.3　MAC 協議的性能評價指標

MAC 協議對於 Ad Hoc 網路的整體性能有著至關重要的影響，決定了網路的可用程度，因此應具備良好的網路接入功能。對於 Ad Hoc 網路中的 MAC 協議一般通過以下幾個指標對其進行評價：

（1）公平性

公平性是對 MAC 協議的基本要求，以保證各節點平等地接入到網路中。這裡的公平性並不是指所有網路節點都毫無差別地接入網路，而是指根據一定的規則，按比例或權重接入，不因節點在網路中的位置或其它因素而被歧視或得到更高的優先權。網路中處於同一服務級別的優先級相同，會獲取同樣的帶寬資源。為保證公平性，需要在 MAC 協議中融入公平性原則。根據 IEEE802.3、IEEE802.5 及 IEEE802.6 標準定義的相關 MAC 協議都有安全性算法。

對於公平性指數的計算有很多學者提出了不同的方案，如有文獻提出了將網路中最小的鏈路吞吐量與最大的鏈路吞吐量的比值作為公平性指數，如式（7-1）所示。

$$FI = Throughput\_min / Throughput\_max \qquad (7-1)$$

其中 Throughput_ min 是最小的鏈路吞吐量，Throughput_ max 是最大的鏈路吞吐量，兩個量相比的結果 FI 作為公平性指數。FI 的值越大，表明網路中節點搶占信道的能力相差越小。當 FI 的值達到 1 時，說明網路中各節點具有完全平等的占用帶寬資源的能力。但若 FI 的值非常小時，則說明網路節點占用帶寬能力相差懸殊，一部分節點已經失去了平等享用資源的機會。

有線網路中存在一種評價流間公平性的算法，即通過計算最大最小公平指數。算法中最大最小公平指數由式（7-2）生成。

$$F(X, t) = [\sum_{i=1}^{n} x_i(t)] \times [\sum_{i=1}^{n} x_i(t)]/\{n(\sum_{i=1}^{n} [x_i(t) \times x_i(t)])\} \quad (7-2)$$

這說明：n 為網路中流的個數，X 是某一可共享的瓶頸資源，$x_i(t)$ 表示流 i 在 t 時刻所佔用的資源量，F（X，t）則為計算出的瓶頸資源 X 在 t 時刻的最大最小公平指數，取值範圍是 0<F≤1。

最大最小公平指數 F（X，t）可描述出網路節點占用帶寬資源的公平性，其值越大，表示節點間的公平性越高，值越小，表示節點間的不公平佔有差距越大。當每個流占用的資源份額都是 1/n 時，最大最小公平指數的值為 1，表示所有節點公平占用帶寬資源。

（2）吞吐量

吞吐量指信道上單位時間內傳輸的信息量，是評價 MAC 協議的一個重要指標。若數據幀的長度表示為 m 比特，信道中單位時間內成功傳輸的幀數為 n，則信道吞吐量為 m×n（比特/秒）。通常還要引入另一個量來描述信息傳輸量，即歸一化的吞吐率 S，通過式（7-3）計算。

$$S = n * (L/R) \quad (7-3)$$

（3）傳輸時延

傳輸時延是另一個評價 MAC 協議性能的重要指標，主要用於描述分組從源節點傳輸到目的節點需要的時長。在一次傳輸任務中，幀的傳輸時延是指從進入緩衝器直至到達目的緩衝器的時長。若幀由源節點成功傳輸到目的節點，時延由兩個時間段構成：接入時延和傳輸時間。接入時延是指當網路中某個數據幀被傳輸時，從發出傳輸請求到真正獲得信道的使用權需要等待的時間，是網路單節點接入網路效率的參數。傳輸時間是指數據幀在信道上傳輸的時長。若幀在傳輸過程中發生了錯誤或衝突，則時延由三部分構成：接入時延、傳輸時長和重傳時延。如果網路中的通信鏈路具有相同的帶寬且節點處理事務能力相同，則時延對數據傳輸的影響只考慮用接入時延來表示即可，這是因為每個幀的傳輸時長和重傳時長都一樣。

考慮每幀在網路中傳輸時受各種因素的影響導致的時延可能不同，在計算時延時採用計算多個幀傳輸時延均值的方法，進而再進行歸一化處理。

7.1.4 MAC 協議訪問控製方法

根據不同的標準可將 MAC 協議控製方法分為以下幾種類型：

（1）根據節點接入信道的時間可分為：同步 MAC 協議和異步 MAC 協議。若所有節點能有同步的接入信道時間，則稱為是同步 MAC 協議；若節點通過某些競爭機制接入信道的時間並不同步，則稱為異步 MAC 協議。異步機制中主要採取分佈式的控製方法對節點進行管理。

（2）根據主動發起通信方，MAC 協議可分為：收方驅動協議和發方驅動協議。若分組的接收方主動通知發送方自己已準備好，可以接收數據，則此協議屬於收方驅動協議。而反之，若發送分組的一方通知接收方自己有數據要發送給對方，此種方式則稱為發方驅動協議。在實際使用時，採用發方協議的頻率較高，但也有結合二者優勢混合使用的情況。

（3）根據網路中信道種類 MAC 協議可分為：單信道協議、雙信道協議和多信道協議。若規定各種信號都通過同一個信道進行傳送，則此協議稱為單信道協議；若將網路中的控製信號和數據信號分別用兩類信道傳輸，則稱此協議為雙信道協議，採取這種控製方式可以有效減少兩種信號的衝突，以保障通信的質量；若節點間通信時可靈活選取信道進行數據傳送，實現多個節點的同時通信，網路中存在多個信道，則此方式是多信道協議提供的控製機制。

下面主要對單信道 MAC 協議、雙信道 MAC 協議和多信道 MAC 協議進行詳細說明。

7.1.4.1 單信道 MAC 協議

在 Ad Hoc 網路中，單信道 MAC 協議主要適用於網路中只有一條信道的情況。當網路中有控製幀和數據幀傳輸時，都需要通過此信道傳輸。由於數據通路緊缺，各種信號都要通過此信道傳輸，所以控製幀之間、數據幀之間及控製幀與數據幀之間都會有衝突發生。由於數據幀的長度較大，因此採用此機制進行數據傳輸控製時，容易引起衝突。網路中節點動態移動、數據傳播時延等因素都會影響衝突的發生。因此，為解決這種頻發的衝突，在單信道 MAC 協議中要引入避免衝突發生的策略。

以下是 Ad Hoc 網路中幾種典型的單信道 MAC 協議：

（1）MACA 協議

MACA（Multiple Access with Collision Avoidance）是一種適用單頻網路的媒體控製協議，採用 RTS-CTS 握手機制，致力於解決 Ad Hoc 網路中暴露終端和隱藏終端的問題。

MACA 協議的工作原理是：如果網路中源節點想要發送數據，則需要先與目的節點進行「握手」的操作，即源節點先向目的節點發送 RTS 信號，當目的節點收到此信號后向源節點發送一個 CTS 應答信號，此時處於源節點到目

的節點通路上的所有節點都會收到 RTS 或 CTS 信號。若收到 RTS 或 CTS 信號的中間節點有數據需要發送，則根據算法 BEB（二進制指數退避算法）作延遲發送處理，這樣可以避免單信道中衝突的發生。MACA 協議規定當網路中非源節點收到 CTS 信號後，將暫停數據的發送，降低節點的功率消耗，以使信道可在空間上被復用。這種機制有效地降低節點的輸出功率，節約了能量，因而使網路的負載能力得到提高。在 RTS 分組的報頭結構中各字段占用的存儲空間及含義如表 7-2 所示。

表 7-2　　　　　　RTS 分組的報頭結構中字段說明

字段名	占用的存儲空間	功能
Frame Control	2 bits	是 RTS 的公共分組控製域部分，規定用 1011 填充字段 Subtype，用於表示這是一個 RTS 分組
Duration	2bits	值為本次分組傳輸需要的時間，由兩個時間段構成：（1）發送分組前偵聽管道是否空閒的時長 SIFS；（2）發送 CTS、DATA、ACK 幀花費的時間。
RA	6 bits	用於描述此次訊息接收節點的地址
TA	6 bits	用於描述此次訊息發送節點的地址
FCS	4 bits	用於校驗訊息的完整性

RTS 幀報頭中各個字段的位序結構如示意圖 7-3（a）所示。而 CTS 幀報頭由四個字段構成，用 1100 填充字段 Subtype，用於表示這是一個 CTS 分組各字段的位序結構如示意圖 7-3（b）所示。

Frame Control	Duration	RA	TA	FCS

圖 7-3（a）　　RTS 幀報頭的結構示意圖

Frame Control	Duration	RA	FCS

圖 7-3（b）CTS 幀報頭的結構示意圖

在 RTS 和 CTS 幀中有相同的控製域部分，稱為公共分組控製域。在公共分組控製域中各字段的含義如表 7-3 所示示。

表 7-3　　　　　　　　RTS/CTS 幀公共分組控製域字段說明

字段名	占用的存儲空間	功能
Protocol Version	2 bits	表示協議的版本，現在的協議版本為 0
Type	2bits	用於區分幀的類型，如果是控制幀則將值設置為 01 來表示
Subtype	4bits	用於描述此次通信接收節點的地址
To DS	1bit	用於 IBSS 與 Infrastructure BSS 之間的通信，在 IBSS 需將其設置為 0
From DS	1 bit	含義及值的設置同 To DS
More Frag	1 bit	在控制幀中，此值永遠設置為 0；在分段發送的數據幀中，此字段用於標示是否還有分段。
Retry	1 bit	在控制幀中此值設置為 0，而對於數據幀用於表示是否被重傳
Pwr Mgt	1 bit	表示發送節點的發送功率狀態
More Data	1 bit	在 IBSS 的控製分組中，此字段設置為 0。而在 Infrastructure BSS 中，若有一段時間某節點 D 處於「睡眠」狀態而無法接收來自基站 A 轉發來的數據分組，當節點 D 被喚醒後，作為接入點的基站 A 向節點 D 發送一個數據分組後，還有數據分組需要發送給節點 D，就要將這個字段的值設置為 1。
WEP	1 bit	是數據分組是否被加密的標誌，在控制幀中此字段值為 0
Order	1 bit	若要按照嚴格的順序發送分組，此字段應置為 1

　　由於在網路中採用長度小的 RTS 和 CTS 幀進行「握手」通信，所以 MACA 協議減少了傳輸數據分組發生的衝突，但在兩種幀信號交互期間，仍會有衝突存在。MACA 協議解決衝突的措施是將分組超時重發，沒有引入鏈路層確認策略。另外，由於採用了不適當的退避算法，所以節點接入信道的公平性得不到保證。

　　RTS/CTS 幀中的公共分組控製域結構示意圖如圖 7-4 所示。

Protocol Version	Type	Subtype	To DS	From DS	More Frag	Retry	Pwr Mgt	More Data	WEP	Order

圖 7-4　RTS/CTS 幀公共分組控製域結構

（2）MACA-BI 協議

MACA-BI（MACA by invitation）協議是一種對 MACA 進行改進的協議。由於此協議要求只發送一種控製信息，減少了信道的占用，可以降低衝突的產生，但是協議中發送數據前需要進行流量預測，使得算法實現起來較複雜。

MACA-BI 協議的工作原理是：網路中收方不斷地發送 RTR（Ready To Receive）信號，以告知發方自己已處於準備就緒的狀態，可以接收數據了。當發方接收到目的節點的 RTR 信號後，就可以向其發送數據分組了。基於無法事先知曉發方是否真有數據要發送的事實，收方只能對接收的信號做估計。估計的內容包括源節點要發送的數據隊列的長度以及數據分組到達的速率，根據這些內容收方可以對 RTR 信號做規範化的處理。若將發方的估計信息附加到發送的每個數據分組中，此協議將變得更具實用性，尤其是 CBR 業務會完成得非常好。而對於非常規的突發業務，MACA-BI 協議處理能力較差。

為提高 MACA-BI 協議的性能，採取混合管理的策略。當發方的數據隊列長度或數據分組到達的速率超過可接受的最大上限值，則仍然採用 MACA 協議的 RTS 信號對通信進行控製。這種策略主要用於完成動態的傳輸任務。

（3）MACAW 協議

MACAW（MACA for Wireless）是 MACA 協議的另一種改進算法。MACAW 協議為更好地解決隱藏終端和暴露終端的問題，除 RTS 和 CTS 信號之外，又增加了三種控製信號-DS、ACK 和 RRTS 信號。MACAW 協議採用了一種新的退避機製——乘法增加線性減少退避算法，用於替代二進製指數退避算法（BEB）。在協議中為保證節點接入信道的公平性，採用退避複製機製，用統一的計數器記錄同一目的節點收到的傳輸任務。

由於對隱藏終端和暴露終端的問題進行了嚴格的控製，MACAW 協議增大了網路的吞吐量，但是以額外的通信開銷和傳輸時延作為代價。MACAW 協議設置過多的「握手」信號會消耗大量的網路資源，會影響移動終端的工作效率。乘法增加線性減少退避算法保證了節點接入信道的公平性，但是單一的使用同一計數器用於統計的機製會導致擁塞影響範圍更大，消耗大量內存。MACAW 協議適用單播網路環境。

（4）FAMA 協議

FAMA（Floor Acquisition Multiple Access）協議是一類用於描述 MAC 協議的框架，用於有效解決 MAC 協議中的隱藏終端問題。此類協議將網路中分組傳輸分成兩個階段：預約信道階段和數據分組傳輸階段。前者發生在傳輸數據分組前，主要通過控制分組來對通信通路進行預約操作。

有學者對 FAMA 協議進行改進，提出了 FAMA-NTR 協議用於解決隱藏終端問題並降低了網路中控製報文發生衝突的機率。FAMA-NTR 協議允許節點間只通過一次 RTS/CTS「握手」便可連續將多個數據分組通過此通路傳輸，以此達到提高網路吞吐量的目的。

（5）IEEE 802.11 協議

IEEE 802.11 協議是協議 FAMA 的擴展協議，採用 CSMA/CA 技術，並增加了確認機制（ACK），主要用於無線局域網路。若將 802.11 協議完全適用 Ad Hoc 網路，則需要有針對性地對其改進。IEEE 802.11 協議採用的基本接入方式是 DCF（Distributed Coordinated Function），將 CSMA/CA 技術和確認機制（ACK）相結合，允許網路節點共享無線信道傳輸數據分組。通過兩種機制提高差錯率高的環境下網路的通信性能：採用 RTS/CTS 虛擬載波偵聽機制和幀分割技術。由於採用的仍是二進制指數退避算法（BEB），802.11 協議也沒有很好地解決節點公平接入網路的問題。

（6）MARCH 協議

MARCH（Media Access with Reduced Handshake）協議工作時通過節點的全向天線對「握手」信號進行廣播，從而減少控製信號發送的數量，提高網路的可用性。MARCH 協議不需要提前估計發方占用的信道資源。當非發方節點監聽到 CTS 信號時，即可判斷出鄰節點中將會有接收傳輸數據分組的情況發生，因此向網路中發送邀請，實現對數據分組的轉發。網路中兩種驅動方式混合使用：非發方節點對數據分組的轉發是在數據分組的收方驅動下被動完成的，而與之不同的發方每一次向網路中發送數據的操作是在發方驅動下完成的。

MARCH 協議「握手」信號數量由路由分組的長度來決定，分組越長，「握手」信號數越小。

（7）RICH-DP 協議

RICH-DP（Receiver-Initiated Channel-Hopping with Dual Polling）協議適用週期性強的通信業務，信道接入協議採用收方驅動方式。工作原理：收方節點主動向網路中發送 RTR（Ready to Receive）信號以邀請其它節點向之發送數據

分組。若收到 RTR 信號的節點非發送方，則節點要延遲發送，以減少網路中分組衝突發生。RICH-DP 協議性能優於基於發方驅動的協議，但是應用場景受限。

7.1.4.2 雙信道 MAC 協議

若 Ad Hoc 網路可提供兩個共享的信道，則節點可採用雙信道 MAC 協議接入。兩個信道用於分別傳輸控制幀和數據幀，傳輸控制幀的信道稱為控制信道，傳輸數據幀的信道稱為數據信道。由於控制幀和數據幀分開傳輸，所以有效減少了信道中衝突的發生。雙信道 MAC 協議能夠很好地解決暴露終端和隱藏終端的問題，如果措施得當，甚至可以完全消除此類現象的發生。

以下是幾種典型的適用於 Ad Hoc 網路的雙信道 MAC 協議：

(1) 雙忙音多址接入協議 DBTMA

Jing Deng 等提出的 DBTMA（Dual Busy Tone Multiple Access）協議使用兩個信道分別用於傳輸網路中的控制信息和數據信息，是一種雙信道接入協議。DBTMA 協議對控制信道加以管理，增設兩個帶外忙音信號，分別用於指示發送忙和接收忙，並使兩個忙音信號工作在不同的頻率上，以確保數據幀之間不發生衝突。DBTMA 協議解決了網路中傳輸鏈路上相關節點未收到 RTS/CRS 幀的問題，解決了 RTS/CRS 幀衝突的問題，仿真實驗結果證明此協議的性能優於 MACA 協議和 MACAW 協議。

(2) PAMAS 協議

Suresh 等提出的 PAMAS 協議（PAMAS-Power Aware Multi-Access Protocol With Sidnaling for Ad Hoc Networks）主要用於管理雙信道中節點接入信道的方式。PAMAS 協議將 RTS/CTS 信號放置在控制信道上傳輸，而數據幀通過數據信道來傳輸。控制信道在數據信道發送數據時，要通過發送忙音來告知停止發送控制幀，以免造成擁塞現象。

PAMAS 協議要求暫時不發生數據轉發的節點可處於睡眠狀態，以節約能量，延長網路存在的時間。當節點幀聽到以下兩種情況發生時就將自己轉變成睡眠狀態：一種情況是其鄰節點正在完成數據轉發任務，而節點本身並無數據可發送；另一種情況是其多個（包括兩個）鄰節點處於發送和接收數據的狀態，而此時節點本身也有數據需要發送。無論是以上哪種情況發生，節點都要自發關閉自己的收發器以節約能量。為了將處於睡眠狀態的節點及時喚醒，PAMAS 協議要採取相應的措施來管理節點停止收發數據的時長，因為節點停止工作時間過長，會影響網路的吞吐量。為減少實現節點喚醒機制時付出的額外代價，可設置一種長期處於監聽狀態的探測幀，也可以當節點獲得發送數據

的權限時連續發送多個數據報，以增加其處於閒置狀態的時長，保證數據轉送任務順利完成。

7.1.4.3 多信道 MAC 協議

若 Ad Hoc 網路具有多個信道，則可採用多信道 MAC 協議用於控制節點接入信道。多信道 MAC 協議要重點解決兩個問題：(1) 信道分配。由於網路提供了節點間多個通信通路，所以在通信時根據需要為節點選擇合適的信道。合理的分配方式可以降低網路中數據傳輸發生衝突的機率，從而為多個節點並發通信提供機會，提高網路的可用性。(2) 節點接入方式。由於具有多種選擇可能，所以可以將網路中的一個數據幀和控制幀分別傳輸在不同的信道上，也可選擇將兩種數據混合傳輸在同一信道上。

典型的多信道 MAC 協議有如下幾種：

(1) DPC 協議

DPC (Dynamic Private Channel) 協議對於網路中存在的信道採用動態分配的機制。網路中存在兩種類型的信道：①控制信道 (Control Channel, CCH)。網路中只存在一個廣播控制信道，主要用於發送節點間的控制幀。②數據信道 (Data Channel, DCH)。網路中存在多個單播的數據信道用於傳輸數據幀。

DPC 協議的工作原理是：當網路中節點 A 要向節點 B 發送數據時，首先要建立兩節點間的連接。節點 A 預留一個數據端口用於后期與節點 B 的通信，同時選擇一個可與節點 B 通信的空閒單播數據信道 DCH，然后將選擇的單播數據信道 DCH 的碼字附著在通信請求信號 RTS 的頭部。節點 A 將 RTS 信號通過唯一的廣播控制信道 CCH 發送給節點 B。當節點 B 接收到節點 A 發送來的 RTS 信號后，分解出 RTS 信號中的單播數據信道 DCH 的相關信息並測試此信道是否可用。如果選擇的信道處於可用狀態，節點 B 會將同樣的可用信道的碼字包含在一個 RRTS (Reply to RTS) 信號中，並向節點 A 發送 RRTS 以告知。如果節點 A 選擇的信道不可用，節點 B 會在 RRTS 信號中放置新選擇的信道的碼字，然后將其發送給節點 A。經過節點 A 與 B 的共同協商后，確定可用的通信信道，此時節點 B 需要向節點 A 發送一個 CTS 信號以最終確認。在通信信道已成功建立的前提下，節點間才可以進行通信，數據才得以轉發。信道占用時長由通信任務完成時間或占用信道時長上限兩個因素決定。

在 DPC 協議中，由於廣播控制信道 CCH 只有一條，所以當有控制幀要傳輸時，節點需要採用競爭機制接入信道。而單播數據信道 DCH 的數量較多，因此是面向連接的選擇模式。DPC 協議中這種為節點動態分配信道的策略，可以將各子信道有效地連接在一起，並使網路的負載平衡，使網路資源得到均

衡使用。

（2）HRMA 協議

HRMA（Hop-Reservation Multiple Access）協議基於半雙工慢調頻擴頻，主要利用頻率跳變時時間可處於同步狀態的特性進行工作。HRMA 協議只適用於慢跳變的網路系統中，由於採用統一的跳頻圖案，所以無法很好地與採取不同跳頻圖案的設備進行兼容。採用 HRMA 協議對接入方式進行控製時，會使得數據幀在信道中駐留時間變長，增加衝突發生的機率。

HRMA 協議的工作原理是：當節點有傳輸數據的需要時，要通過握手機制中發送 RTS/CTS 信號建立起源節點與目的節點的通信信道，這個信道的建立按照預設的跳頻模式完成，數據分組傳輸可借助於已完成的這個固定跳隙。其它節點繼續跳頻，也按照這種策略完成與其它節點間的通信信道，這樣就實現了收發雙方通過預留一個跳變頻率來無干擾地傳輸網路中的數據幀。

（3）多信道 CSMA 協議

通過對單信道 IEEE802.11 的 CSMA/CA 協議進行改進設計了多信道 CSMA 協議。多信道 CSMA 協議的工作原理是：將網路中信道的帶寬劃分成 N 個互不重疊的子信道。由於 Ad Hoc 網路無法提供網路中的時鐘同步，所以只能在碼域（CDMA）和頻頻（FDMA）上產生子信道，而不要選擇在時域（TDMA）上產生。通信時節點可選擇空閒的子信道進行數據傳輸。在節點選擇子信道時，優先選取上次已成功發送過數據的子信道。如果該子信道在最近傳輸數據時有失敗的現象發生或處於一個忙的狀態，則節點需要重新選擇空閒的子信道。

即使在信道被劃分為帶寬很小的子信道的情況下，多信道 CSMA 協議還是顯示出更多的優越性，只是會以付出較長的傳輸時延為代價。節點這種為自己「預留」可用子信道的機制可大大減少衝突的產生，性能優於針對空閒信道的專一選擇。

7.2　差錯控製

Ad Hoc 網路中對數據傳輸的正確率要求與傳統網路一樣，因此需要提供一定機制用於檢測、糾正經無線信道傳輸到達信宿端后發生的錯誤。

典型使用的差錯控製方式有前向差錯控製 FEC（Forward Error Control）和后向差錯控製 BEC（Backward Error Control）兩種類型。無論是前向差錯控製

還是后向差錯控製採用的控製機制都是通過對需要傳輸的數據增加冗餘位來實現。前向差錯控製 FEC 中要增加足夠多的冗餘位以達到檢錯並糾錯的目的，而后向差錯控製 BEC 中只需要增加能夠完成檢錯任務的冗餘位就可以了，因為在后向差錯控製 BEC 方式中當檢測到錯誤時要求發送端重發數據包而不需要自動恢復數據。

在使用過程中，可以根據網路通信媒介的性質有選擇地採用差錯控製方式，對於一種非常容易發生傳輸錯誤的媒介來說，不建議採用后向差錯控製 BEC 方式。

7.2.1 檢測錯誤

若數據傳輸過程中，只要求在接收端能夠檢測出發生的錯誤，此時的解決方案就是在傳輸數據中增加校驗位。檢錯功能有一定的檢測範圍，若傳輸過程中發生錯誤的位數過多，會出現互相抵消的情況，導致接收端誤認為是正確傳輸，從而無法完成檢測錯誤的任務。使用校驗位實現數據傳輸檢錯付出的代價較小，計算量較少。

下面介紹一種常用的檢測錯誤的技術——循環冗餘校驗（Cyclic Redundancy Check，CRC）。在循環冗餘校驗中，首先會選用一個由 0 和 1 組成的字符串作為生成多項式，用於生成校驗並附加於被傳輸數據幀的末尾，這樣當接收端收到數據后，會使用生成多項式對輸入進行驗證，以檢測在數據傳輸的過程中，是否有錯誤發生。

選取生成多項式時，要遵循以下兩個原則：

（1）生成多項式的開始和結尾必須都是字符 1；

（2）生成多項式的長度不能超過傳輸數據幀的長度。

另一個建議採用的原則是，生成多項式的最后兩位可以都選取 1，即 11 的形式。

利用循環冗餘校驗（Cyclic Redundancy Check，CRC）技術完成數據傳輸時的錯誤檢測功能，需要數據發送端和接收端協作完成。操作時分為發送端和接收端兩個方面的工作，分別介紹如下：

發送端：利用生成多項式產生校驗和。

設傳輸的數據幀用 $F(x)$ 表示，字符串的位數是 i 位；生成多項式用 $G(x)$ 表示，字符串的位數是 k 位，且 $k < i$。

（1）在數據幀 $F(x)$ 的末尾添加 $k-1$ 個 0，生成新的多項式 $M(x)$ 作為輸入幀，長度為 $m = i + k - 1$。

(2）用多項式 $M(x)$ 除以生成多項式 $G(x)$，餘數用多項式 $R(x)$ 表示。需要說明的是這裡的除法運算是模 2 除法，與異或運算相同，在計算過程中不涉及借位和進位，與常規的算術除法不同。

（3）從輸入幀 $M(x)$ 中使用模 2 減法減去生成多項式 $G(x)$，結果記為 $T(x)$，長度仍為 $m=i+k-1$，此即為向接收端發送的數據形式。

接收端：檢測傳輸過程中是否發生了錯誤。

接收端收到多項式 $T(x)$ 後，使用模 2 除運算除以生成多項式 $G(x)$。如果沒有餘數，能夠被其整除，則說明在傳輸的過程中沒有錯誤發生，否則說明發生了錯誤，可以要求發送端重傳數據。

若對生成多項式 $G(x)$ 選擇得當，循環冗餘校驗（Cyclic Redundancy Check，CRC）技術在數據傳輸錯誤檢測中表現優異的性能，檢錯率非常高。由於有相關硬體設備對算法的支持，所以在很多標準和網路協議中都採用 CRC 技術。

下面通過一個例子來說明循環冗餘校驗（Cyclic Redundancy Check，CRC）技術的使用。

例 7-1：輸入數據幀 $F(x)$：1001110010，$i=10$

生成多項式 $G(x)$：1010，$k=4$

解：輸入端通過如下步驟計算校驗和。

（1）在輸入數據幀 $F(x)$ 尾部添加 $k-1=4-1=3$ 個 0，形成新的輸入幀：$M(x)=1001110010000$，$m=13$；

（2）採用模 2 除法運算，用多項式 $M(x)$ 除以生成多項式 $G(x)$，餘數用多項式 $R(x)$ 表示；

餘數 $R(x)=100$

（3）計算 $M(x)$ 模 2 減 $R(x)$ 後得傳輸幀 $T(x)$；

$T(x)=1001110010000-100=1001110010100$，$m=13$

接收端收到傳輸幀 $T(x)$ 後，運用模 2 除運算去除以 $G(x)$。

除運算的餘數為 0，即 $T(x)$ 能夠被 $G(x)$ 整除。運算結果說明數據在傳輸的過程中沒有發生錯誤，傳輸正確。

循環冗餘校驗（Cyclic Redundancy Check，CRC）技術基於的原理是：當從被除數中減去餘數後，其差值是可以被除數整除的。在使用過程中，發送端向接收端發送的是減去餘數後輸入幀，所以接收端可以通過將接收數據模 2 除同一個生成多項式，查看是否有餘數來判斷在傳輸過程中有無差錯發生。CRC 可以檢測到所有只發生了一位的差錯，如果選擇得當，還可以檢測出發生奇數

位的差錯，也可以檢測到所有發生的少於 k 位的差錯。因此在數據傳輸過程中，可以有效地使用循環冗餘校驗技術。

7.2.2 糾正錯誤

在網路中傳輸數據時，有些情況下，不但要求能夠檢測出在傳輸中是否發生了差錯，而且還要求能夠對發生的差錯進行糾正，這就是前向差錯控製 FEC 方式。現存的關於 FEC 差錯控製技術很多，典型使用的有 Turbo 碼、漢明碼及卷積碼等，其中漢明碼是許多糾錯碼的基礎，現在對漢明碼的糾錯原理進行詳細講述。

漢明碼中最重要的概念是數據塊，經過傳輸後對數據的檢測也是以數據塊為單位進行的。漢明碼中另一個重要的概念是漢明距離，是指某數據塊與其它所有數據塊對應位置上不同符號的位數的最小值。漢明距離影響糾錯的能力，如當漢明距離為 5 時，若在傳輸過程中數據塊發生了兩位的差錯，當接收到數據塊後，按照最小距離的譯碼原則，可以將發生錯誤的數據塊正確還原出來，這樣就糾正了發生兩位碼元的差錯，所以此漢明碼具有糾正所有發生兩位碼元差錯的能力，但若有三位碼元發生差錯，此時由於接收的數據塊與原始數據塊不同，只能檢測出發生了差錯，但是卻無法對其糾錯。

漢明碼是一種塊編碼系統，如果設置校驗位是 m 位時，數據塊的漢明距離是 3，數據塊的最大長度則為 $2^m - 1$ 位，此時數據塊中出現的任何一位差錯可以被檢測並糾正過來。校驗位處於 2 的冪次的位置上，且從低位開始，依次為 2^0，2^1，2^2……，這樣可以使校驗位在相應的位置上為 1，並可以表示為二進制形式。如使用了 4 個校驗位的代碼，校驗位的位置分別在 2^0，2^1，2^2，2^3 上，此時用二進制形式表示為：0000，0010，0100，1000，每個串的長度都與校驗位的個數 4 相等，這些串被稱為位置串。

漢明碼的編碼規則如下：

（1）將數據塊中各字符放置在非校驗位的位置上；

（2）對值為「1」的所有位置串進行異或操作；

（3）異或結果即為校驗位；

（4）將所有值為「1」的位置串和校驗位進行異或操作，若結果為「0」，則說明傳輸過程中沒有發生差錯；若某個位置上出現了錯誤，則其說明了出現差錯的位置，以此進行糾正。

例 7-2：傳輸數據為：1010，共 4 位，校驗位有 3 位，所有數據塊的最大長度為 $2^3 - 1 = 7$ 位。符號「1」位於第 2、5 的位置上，將數據間的關係用下

表表示出來。

解：首先將值為「1」的所有位置串進行異或計算操作。

  0111
 ⊕0101
  0010

異或計算的結果為 0010，即為 2，所以三個校驗位從低位到高位依次為：0、1、0。在表中將校驗位一行中位置 2 處標記為 1，位置 1 和 3 處標記為 0。然後在數據中對應位置上放置校驗位後，數據塊的內容為：1010010，將其按次序列在表中的數據塊一行中，此數據塊將通過信道發送給接收端。見表 7-4。

表 7-4

位數	7	6	5	4	3	2	1
位置串	0111	0110	0101	0100	0011	0010	0001
數據	1	0	1		0		
校驗				0		1	0
數據塊	1	0	1	0	0	1	0

假設在數據塊發送過程中，第三個位置上的「0」發生差錯，變成了「1」。當接收端收到接收的數據塊 1010110 後，將所有值為「1」的位置串進行異或操作：

  0111
  0101
  0011
 ⊕0010
  0011

異或計算的結果為 0011，是一個非 0 值，說明數據塊在信道傳輸的過程中，有錯誤發生。根據此結果可判斷出發生錯誤的位置在第 3 位上，所以對接收到的數據塊進行更正，結果為：1010010。然後對更正後的數據塊 1010010，去除掉第 1、2、4 位上的校驗位，就可以解碼出原始的傳輸數據 1010。至此對數據傳輸過程中發生差錯的檢錯糾錯操作全部完成。

7.3 IEEE 802.11 MAC 協議

適應 Ad Hoc 網路的特點，使用最為廣泛的 MAC 協議是基於 IEEE 802.11 的分佈式協調機制 DCF（Distributed Coordination Function，DCF）協議。

MAC 層在發送幀時，採取分段傳輸的機制，若在傳輸過程中發生錯誤還允許重傳以修正。分段傳輸的工作原理是：將需要傳輸的幀按固定長度進行分段處理，一個幀被分割成的段只有最后一個段的長度會與其它段的長度不同。在發送某幀的各個分段前，MAC 會首先在第一個分段的段數字段 More Fragment 中設置分段的數量，然后連同表示段順序的字段 Sequence number 的值一起存儲起來並維持不變。接著依次將每個段中的段號字段 Fragment number 的值做加 1 處理。當在發送最后一個分段時 MAC 將重置字段 More Fragment 的值以告知接收節點本次傳輸的幀的總段數，以便於其組裝幀時檢測傳輸的正確性。

下面將詳細介紹 IEEE802.11 中的 MAC 協議工作機制。

7.3.1 IEEE 802.11 協議

IEEE 國際標準組織於 1997 年制定了無線局域網通信標準 IEEE802.11 協議。按照傳輸速率，IEEE802.11 協議現在標準—IEEE802.11a/b/g/n。IEEE802.11a 的最高傳輸速率可達 54Mbps，採用的頻段為 5GHz；IEEE802.11b 的最高傳輸速率可達 11Mbps，採用的頻段為 2.4GHz；IEEE802.11g 的最高傳輸速率可達 54Mbps，採用的頻段為 2.4GHz；IEEE802.11n 的最高理論傳輸速率可達 600Mbps，可工作在 2.4GHz 和 5GHz 兩個頻段。另外基於 IEEE802.11 的安全標準 IEEE802.11i 和服務質量保證標準 IEEE802.11e 都已制定完成，而一個專門針對 WMN 體系結構的標準 IEEE802.11s 草案也已於 2006 年制定完成。以上各個標準的制定，使 IEEE802.11 成為了一個完整的體系，形成無線局域網中的通信標準。

IEEE802.11 協議定義的通信標準主要針對媒體接入層和物理層，用於管理無線接入點（Access Point，AP）和無線終端（Station，STA）。在無線局域網中，基本組成單元就是無線終端，由便攜式手提電腦、PDA、手機等構成；無線接入點是連接無線局域網和有線網路的樞紐。

7.3.2　IEEE 802.11 協議的工作模式

IEEE 802.11 協議主要有以下兩種工作模式：

（1）Infrastructure 模式

Infrastructure 模式又名架構式模式，適用於網路中存在多個無線終端 STA 和至少一個無線接入點 AP 的規模。在網路中所有的無線終端都要與接入點直接相連，而接入點與有線網路相連。當節點間有數據需要傳輸時必須經過接入點 AP 的轉發，即使他們的位置處於彼此的信號覆蓋範圍之內。

（2）Ad Hoc 模式

Ad Hoc 模式中，網路中只存在無線終端，沒有接入點。各個無線終端地位平等，節點間互相協作，可將數據通過多次轉發到達目的節點。在 Ad Hoc 模式中無需基礎設施的支持。

7.3.3　IEEE 802.11 協議的介質訪問層控製

在 IEEE802.11 協議中由介質訪問子層（Medium Access Control，MAC）和邏輯鏈路層（Logic Link Control，LLC）共同構成數據鏈路層。由於 802.3 協議針對有線局域網的載波偵聽/衝突檢測機制（CSMA/CD）需要開銷較大，所以無法直接應用在 Ad Hoc 網路中。

IEEE802.11 協議採用載波偵聽衝突避免（Carrier Sense Multiple Access with Collision Avoidance，CSMA/CA）用於解決無線局域網中出現的衝突，這是一種衝突避免機制。CSMA/CA 衝突避免的工作原理是：首先要設置節點幀聽網路處於空閒狀態的時長。當節點需要發送數據幀時，先要對信道的狀態進行幀聽，如果偵聽到的信道空閒時長超過預設值，則將數據通過此信道進行發送。當目的節點成功接收到源節點發送來的數據幀時，則要向源節點發送一個 ACK 幀，如果源節點能夠接收到此 ACK 幀，則此次數據傳輸順利完成，如果源節點沒有收到目的節點發來的 ACK 幀，則需要等待一段時間后重新向目的節點發送數據幀。如果源節點幀聽到的信道處於忙狀態，則需要一直等待，直至信道的空閒時長達到預設的值才能發送數據。

IEEE802.11 協議的載波偵聽機制要由 MAC 層的虛擬載波偵聽和物理層的載波偵聽兩部分構成。MAC 層的虛擬載波偵聽要求節點在發送數據前顯式的通知鄰節點為其預留信道，並將占用信道的時長同時告知鄰節點。終端節點會根據信道中偵聽的 MAC 幀頭部字段「持續時間」調整自己的網路分配向量，等到現在的傳輸完成後，才會發送自己的數據。物理層的載波偵聽主要依

賴終端節點對物理層監聽到的信號強度。當監聽到的信號強度超過預設的閾值時，即可判斷出其鄰節點正在使用該信道傳輸數據，所以需要等待。

7.3.4 IEEE802.11 協議避免衝突的方式

IEEE802.11 協議避免衝突的方式有中心協調機制（Point Coordination Function，PCF）和分佈式協調機制（Distributed Coordination Function，DCF）兩種。

7.3.4.1 中心協調機制（Point Coordination Function，PCF）

中心協調機制 PCF 主要用一個站點來集中處理終端節點對信道的競爭，適用於有基礎設施支持的無線網路。PCF 機制中對競爭管理的站點稱為點集中協調者（Point Coordinator），一般由訪問點 AP 來實現。PCF 機制的工作原理是：通過採用由訪問優先權輔助的虛擬載波偵聽技術，按照輪詢的方式，集中控制每個終端節點對信道的有序占用以消除某段時間內衝突的發生，將各終端的網路分配向量 NAV 設置在信標管理幀（Beacon）中，從而實現對信道的高效訪問。中心協調機制 PCF 是基於分佈式協調機制 DCF 實現。

7.3.4.2 分佈式協調機制（Distributed Coordination Function，DCF）

分佈式協調機制 DCF 在管理用戶終端的異步數據通信時，主要採用二進制回退機制和載波偵聽衝突避免 CSMA/CA 機制，是 IEEE802.11 協議中最基本、最重要的信道接入方式，是 Ad Hoc 網路中使用最為頻繁的接入控制方式。分佈式協調機制 DCF 中信道中傳輸的各種信號說明如表 7-5 所示。

表 7-5　　　　　　　　　　信道中傳送的信號說明

信號類型	全稱	功能
RTS	Request To Send	請求發送
CTS	Clear To Send	清除發送
DATA	data	傳輸的數據包
ACK	Acknowledgement	接收節點發送的反饋信號，以告知發送節點已成功接收發來的數據
SIFS	Short interframe space	短幀間間隔，用於需要立即響應的服務。這表示的是節點從發送狀態切換到接收狀態並能正確解碼所需要的時長，或者從接收狀態轉為發送狀態所需要的時長。

表7-5(續)

信號類型	全稱	功能
DIFS	Distributed Inter-frame Spacing	分佈式 DCF 幀間間隔。管道空閒時，節點需等待 DIFS 段時間後再開始發送數據。
NAV（RTS）	Network Allocation Vector (RTS)	網路分配矢量，根據 RTS 幀中的傳輸時間預留訊息更新本地的 NAV
NAV（CTS）	Network Allocation Vector (CTS)	網路分配矢量，根據 CTS 幀中的傳輸時間預留訊息更新本地的 NAV

DCF 機制的介質訪問方式以基於 CSMA/CA 為主，並輔以 RTS/CTS 消息交換機制。DCF 機制中要求終端節點通過公平競爭以達到高效使用無線信道的目的。傳送數據時，採用兩種方式：一是基於 DATA/ACD 的兩次握手訪問傳送方式；另一種是基於 RTS/CTS/DATA/ACK 的四次握手訪問傳送方式。

基於 RTS/CTS/DATA/ACK 的四次握手訪問傳送方式如圖 7-5 所示：

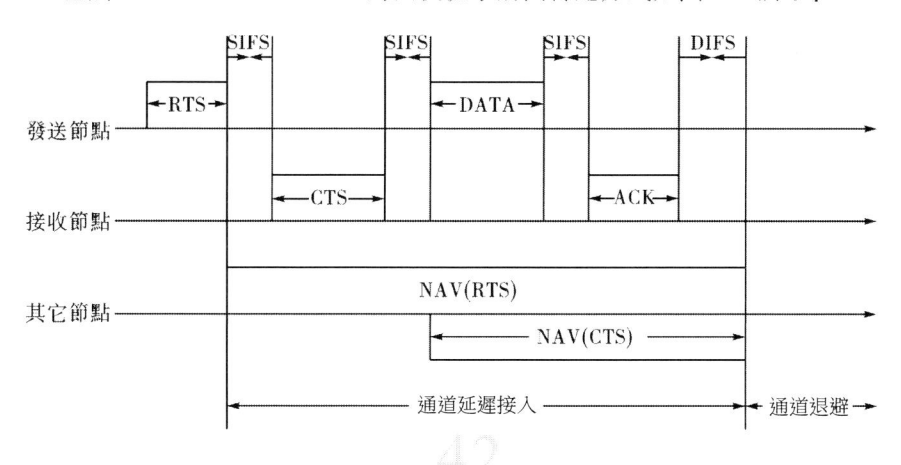

圖 7-5　基於 RTS/CTS/DATA/ACD 的四次握手訪問傳送方式

基於 RTS/CTS/DATA/ACK 的四次握手訪問傳送方式的工作原理是：節點發送數據前先要對信道的占用情況進行監聽，如果信道未被占用處於一個空閒的狀態，則需要持續等待一個分佈式 DCF 時間間隔 DIFS。若等待時間結束後，信道仍未被占用，則發送節點向信道的接收端發送一個請求幀 RTS 用於競爭信道。當接收節點正確接收到請求幀 RTS 後，將自己設置為等待狀態，等待時長為一個短幀間間隔 SIFS，等待結束後，接收節點向發送節點發送一個 CTS 幀以確認本次信道競爭成功，可用於后續的數據發送工作。而處於發送節點和

接收節點之間的中間節點在收到 RTS 幀后，需要根據 RTS 幀中的傳輸時間預留信息修改本地的 NAV。同樣，處於接收節點和發送節點的中間節點在收到 CTS 幀后，需要根據 CTS 幀中的傳輸時間預留信息修改本地的 NAV。這樣處於發送節點和接收節點之間的所有節點都能及時發現信道被占用的情況，有效解決隱藏終端的問題。

7.3.4.3 載波偵聽技術

載波偵聽多路訪問技術 CSMA（Carrier Sense Multiple Access，CSMA）中，受信道傳輸延遲的影響，在監聽到信道空閒的情況下，兩節點發送分組時仍會導致衝突發生。CSMA 算法不具備衝突檢測的功能，所以當有衝突發生時，節點仍會堅持將受到破壞的幀繼續傳輸下去，大大降低總線的利用率。為提高 CSMA 算法的工作效率，應對其進行改進，增加衝突檢測的功能，當檢測到衝突發生時，立即終止分組發送並發送報文告知相關節點有衝突發生，請求停止轉發，此策略增強網路資源的利用率。

無線網路中的載波偵聽機制工作流程是：在節點發送數據前先對信道的工作狀態進行偵聽，如果信道空閒則立即發送分組；如果節點監聽到信道中的信號強度已超過設置的載波門限值時，表明信道被傳輸任務占用，則節點需要等待到信道空閒時再傳輸分組。當網路中某節點在發送分組時，其鄰節點利用載波偵聽技術監聽到這種發送任務，所以停止自身的分組發送任務，使得符合發送條件的分組沒有被及時地發送出去，從而降低了網路的吞吐量。

載波偵聽技術雖可有效避免發送節點衝突產生，但卻無法解決單信道條件下暴露終端的問題。為提高載波偵聽技術的適用範圍，針對單信道的局限性，目前大量的研究工作都聚焦在載波偵聽範圍控製方面。根據無線信號衰減程度受方向影響的特徵，通過將偵聽範圍擴大到能覆蓋住暴露節點對接收端產生影響的範圍，去抑制傳輸延遲的發生，從而解決暴露終端的問題。

根據相關文獻的研究成果可知，為使偵聽範圍擴大到能覆蓋住暴露節點對接收端產生影響的範圍，載波偵聽距離應該是節點信號的最大傳輸距離兩倍多，在描述兩個範圍值時可採用 Two-ray Ground 模型，一種理想化的雙徑傳播模型。在仿真實驗平臺 NS-2 中，Two-ray Ground 模型的節點信號的最大傳輸距離默認值約為 250 米，而載波偵聽的距離可被規定為約 550 米，是節點信號的最大傳輸距離的兩倍多，用於解決暴露終端的問題。

由於載波偵聽技術引發的少量鏈路並發問題，所以對多跳網路的吞吐量也產生重要影響。如圖 7-6 所示，發送節點 S 向接收節點 D 發送數據分組 Data，由於信號傳輸範圍的有限，無法直接從節點 S 傳輸到節點 D，所以需要借助於

中節點 A、B、C 的轉發。如果信道傳輸信號受外界干擾很少，使網路處於一種理想的狀態，此時節點的載波偵聽的範圍（用 RCS 表示載波偵聽的半徑距離）將是信號最大傳輸距離的兩倍，所以節點 A 和 B 都會處於發送節點 S 的載波偵聽範圍內，從而節點 B 放棄向節點 C 發送數據分組，而節點 C 可以不受影響地向接收節點 D 發送數據，這種傳輸策略使得網路中可並發執行的數據鏈路減少，降低了網路的吞吐量。

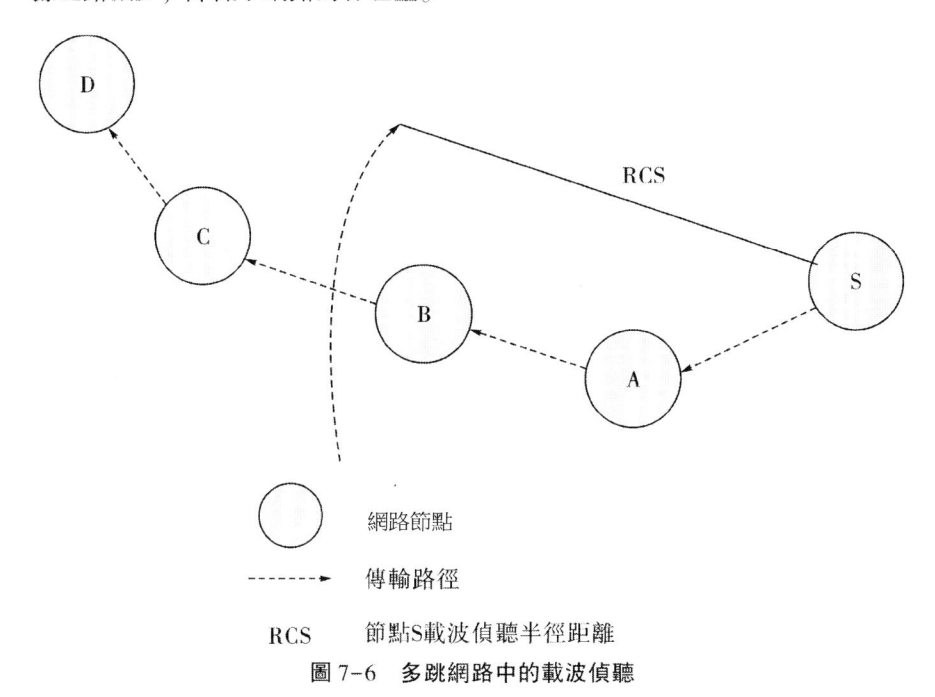

圖 7-6　多跳網路中的載波偵聽

為解決多跳網路中載波偵聽技術引發的降低網路吞吐量的問題，可以採用兩種策略：①利用多個正交信道用於網路中節點的通信，增加了並發執行的通信鏈路，從而提高網路的吞吐量；②提高單信道傳輸速率，此策略也可增大網路的吞吐量。

7.3.5　二進制指數退避算法 BEB

在解決信道競爭問題時，MAC 協議使用頻率較高的一種機制是退避機制。為合理利用信道，退避機制規定每個節點在發送數據前，應該按照選取退避時間的方案等待一段時間後再發送分組，這樣用於保障多用戶節點對信道的共享，達到最佳利用網路資源的目的。在退避機制中容易出現三類問題：一是無法更好地協調各節點的退避時間而導致衝突發生；二是各個節點過度退避而降

低信道的利用率;三是節點無法公平地訪問信道。若想全面解決以上各個問題,需要 MAC 協議制定多種機制協作運行。為保障各節點對信道高效、合理地共享,Ad Hoc 網路需要制定更多的策略適用網路的分佈式算法。

一種基於時隙的動態退避算法被應用在 IEEE802.11 的分佈式協調機制 DCF 中。該機制解決節點由於競爭信道產生的衝突,主要工作原理是:節點在發送數據前首先對信道的空閒狀態進行偵聽,如果信道持續空閒的時長達到一個 DIFS,則節點開始進入退避過程。節點存儲的退避計數器用於監控退避的過程,初值是一個從 0 到當前競爭窗口 CW(Contention Window)之間隨機選擇的整數,表示該節點需要退避的時長,這個時長以時隙為單位。當節點監聽信道的空閒時長達到一個時隙時,退避計數器的值就做減 1 處理。若過程一直持續到節點計數器的值為 0,則說明節點的退避過程已完成,可以進入發送數據分組的階段了。如果在節點退避的過程中監聽到信道的狀態從空閒轉變為忙,則需要凍結退避計數器;當信道又重新被釋放出來處於空閒狀態並持續一個 DIFS 時長後,節點可繼續完成剩餘的退避操作。

IEEE802.11 的分佈式協調機制 DCF 採用的退避算法是二進制指數退避算法 BEB。算法原理是:當網路中多個節點按以上的策略完成了對信道空閒的監聽及退避後,可能會同時向信道中發送數據分組而導致傳輸發生碰撞。如果節點將數據分組發送出足夠長時間而還未收到回覆幀 ACK 時,則認為在傳輸的過程中發生了衝突,此時多個節點在同時對信道進行競爭。遇到此類情況,節點需要將競爭窗口的值 CW 增加至原來的兩倍,甚至達到其最大值 CW_{max}。節點存儲的退避計數器的值 BO 通過式(7-4)計算,要求其是一個介於 0 和 CW 之間的隨機數。當重新選擇了退避時間後,節點需要等待的退避時間會加長。

$$BO = slot\_time * INT\left[Random()*CW\right] \tag{7-4}$$

式中 $Slot\_Time$ 是間隙時間,表示電子脈衝在兩個節點之間能夠傳播的最大理論距離所需要的時間,Random() 是選取隨機數的函數。通過這種處理降低了多個節點在同一時間發送報文發生衝突的機率。

當網路節點成功發送一個數據分組後,則認為節點對信道的競爭程度降低,所以此時需要重置競爭窗口的值 CW 為 CW_{min},即其可達的最小值。在二進制指數退避算法 BEB 中各量之間的關係如式(7-5)、(7-6)所示。

$$CW_{max} = 2^m * CW_{min} \tag{7-5}$$

$$CW = \min(2*CW, CW_{max}) \tag{7-6}$$

退避機制是節點對相同信道競爭時為避免衝突而採取的一種策略,設計時

要保證有效減少衝突發生，並為每個節點接入信道提供公平的競爭機制。

7.3.6　MAC 層動態速率切換功能

物理層位於 MAC 層之下，主要由物理層管理 PLM（Physical Layer Management，PLM）子層、物理層會聚協議（Physical Layer Convergence Protocol，PLCP）子層和物理介質依賴 PMD（Physical Medium Dependent，PMD）子層三部分構成。PLM 與 MAC 層直接相連，主要用於管理物理層；PLCP 子層主要的功能是分析載波偵聽信息和形成適應不同格式的物理層分組。MAC 層與 PLCP 子層之間借助原語，通過通信媒介物理層的服務接入點 PHY_SAP 進行信息交流。PMD 子層位於 PLCP 子層的下方，直接與無線媒介對接，主要功能是對傳送的幀進行調制/解調，保障通信雙方通過無線媒介交互物理層實體。PLCP 層與 PMD 子層之間借助原語通過 PMD 層的服務接入點 PMD_SAP 進行信息交流。

在 802.11 的分層模型中，將速率信息主要放置在 MAC 幀中，其結構示意圖如圖 7-7 所示。

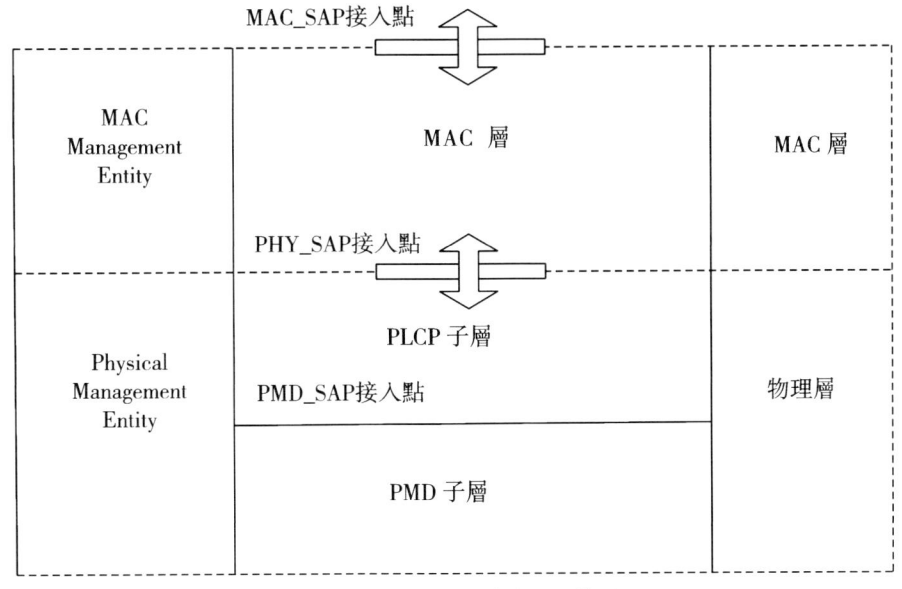

圖 7-7　802.11 協議的分層模型

MAC 幀即 MAC 協議數據單元 MPDU，依賴物理層的服務接入點 PHY_SAP 被傳送到物理層控制 PLCP 子層中，字段中包含物理層的發送端和接收端

的相關信息。數據單元 MPDU 傳遞到 PLCP 子層中后作為淨荷值附加到 PLCP 幀的后面，構成一個合成幀 PPDU（PLCP 協議數據單元），而在 PLCP 幀的首部前增設一個前導碼，PLCP 幀首部的淨荷速率信息由服務接入點 PHY_ SAP 中的速率信息作格式化處理后得到。

　　多數的無線通信技術中的物理層都具備以多個傳輸速率對數據進行傳輸的能力，可以使用 MAC 層根據傳輸情況來動態地切換這些速率，以提高網路的傳輸能力。網路開始運行時，在獨立基本服務集 IBSS（Independence Basic Service Set，IBSS）這個基本速率集合中會存儲多個基本速率。網路中所有廣播幀、多播幀和控製幀都以 IBSS 集中同一個基本速率進行發送，但是管理幀和以單播地址發送的數據幀可以在符合規定的條件下在不同的速率間進行切換。

　　發送端在發送 PLCP 幀時，採用基本速率發送 PLCP 前導碼（PLCP Preamble）和 PLCP 首部（PLCP Header），PLCP 淨荷的發送速率則由字段 SIGNAL 指定，PLW 指定 PSDU 的長度。由於幀 PPDU 的結構提供各通信端之間 MPDU 的異步傳輸機制，因此接收端的物理層必須能夠與 PLCP 前導碼同步並能夠按照發送端使用的相同速率接收 PLCP 幀。PLCP 的格式如圖 7-8 所示。

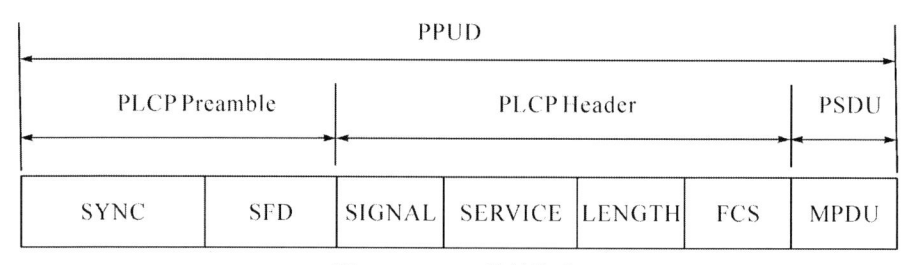

圖 7-8　PLCP 幀的格式

PLCP 幀中各字段的功能如表 7-6 所示。

表 7-6　　　　　　　　　　PLCP 幀中各字段說明

構成的部分	字段	占用的存儲空間	含義	作用
PLCP Preamble	SYNC	128bits	幀同步	字段值由 0 和 1 交替組成，接收端檢測到字段 SYNC 後，開始與輸入訊號的同步操作。
	SFD	16bits	Start Fram Delimiter，幀起始定界符	該字段的值用於標示一個幀的開始，其值通常設置為 1111001110100000。

表7-6(續)

構成的部分	字段	占用的存儲空間	含義	作用
PLCP Header	SIGNAL	8bits	訊號	指定發送端與接收端用來調制/解調訊號的方式及 PLCP 淨荷數據的發送速率。PLCP 首部的同步碼和適配頭的發送速率都指定為 1Mbit/s。
	SERVICE	8bits	服務	該字段為保留字段。當前值設置為 00000000，表示其符合 IEEE802.11 規範。
	LENGTH	16bits	長度	該字段的值標示發送 MPDU 所需要的微秒數，是一個16位的無符號整數，通信的接收端可以根據這個字段的值來確定幀是否傳輸結束。
	FCS	16bits	Frame Check Sequence，幀校驗序列	該字段包含基於 CCITT 的 CRC-16 校驗算法的16位 CRC 碼。這種差錯檢測並不在物理層進行，而是在 MAC 層通過字段 FCS 的值來進行校驗。
PSDU	MPDU	Variable Octets (可變字節)	MAC 協議數據單元	淨荷值，是接收的來自 MAC 層的發送來的 MAC 協議數據單元，其大小可選 0 至 MIB 中參數 aMP-DUMaxLength 設置的最大值。

7.4 本章小結

本章在對 Ad Hoc 網路的協議結構進行分析的基礎上，重點介紹了 MAC 協議所處的位置、性能指標及在網路通信中發揮的重要作用。根據適用的信道特徵，對 MAC 協議進行分類，並將現存的幾種典型的單信道 MAC 協議、雙信道 MAC 協議及多信道 MAC 協議作了介紹和分析。最后詳細描述了 Ad Hoc 網路中基於 IEEE 802.11 的使用最為廣泛的 MAC 協議——分佈式協調功能 DCF 協議。

參考文獻

［1］ T Ozugur, M Naghshineh, P Kermani, et al. Fair Media Aceess For Wireless LANs［M］. ·Proceedings of IEEE GLOBALCOM, 1999：570-579.

［2］ 吳傳霞, 範平志, 馮軍煥. 一種 Ad Hoc 網路信道接入排隊退避公平算法［J］. 系統仿真學報, 2004, 16（5）：1111-1114.

［3］ 奇蘭濤. Ad hoc 無線網路中 TCP 公平性的研究［D］. 天津：天津大學, 2003：87-120.

［4］ 夏海輪. 無線 Ad hoc 網路 MAC 協議及相關技術的研究［M］. 北京：北京郵電大學, 2007.

［5］ Kam B P. MACA - a new channel access methodfor packet radio［C］. Computer NETWORKING Conference on Arrl/crrl Amateur Radio. 1990：134-140.

［6］ Talucci F, Gerla M, Fratta L. MACA-BI（MACA By Invitation）-a receiver oriented access protocol for wireless multihop networks［C］. The IEEE International Symposium on Personal, Indoor and Mobile Radio Communications, 1997. Waves of the Year. IEEE, 2002, 2：435-439.

［7］ Lundy G M, Almquist M, Oruk T. Specification, verification and simulation of a wireless LAN protocol：MACAW［C］// Military Communications Conference, 1998. MILCOM 98. Proceedings. IEEE. IEEE, 1998, 2：565-569.

［8］ Fullmer C L, Garcia-Luna-Aceves J J. Floor acquisition multiple access（FAMA）for packet - radio networks［C］. Conference on Applications, Technologies, Architectures, and Protocols for Computer Communication. ACM, 1995：262-273.

［9］ Fullmer C L, Garcialunaaceves J J. Solutions to hidden terminal problems in wireless networks［C］. Acm Sigcomm 97 Conference on Applications. ACM, 1997：39-49.

［10］ Toh C K, Vassiliou V, Guichal G, et al. MARCH：a medium access control protocol for multihop wireless ad hoc networks［C］. Milcom 2000. Century Military Communications Conference Proceedings. IEEE, 2000, 1：512-516.

［11］ Suresh Singh, CS Raghavendra. PAMAS-Power Aware Multi-Access Protocol With Sidnaling for Ad Hoc Networks［J］. ACM SIGCOMM Computer Communication Review, 1998, 28 (3): 5-26.

[12] Wing-Chung Hung, KL Eddie Law, ALeon-Garcia. A Dynamic Multi-Channel MAC for Ad Hoc LAN [C]. 21st Biennial Symposium on communications. 2002.

[13] Yang Z, Garcia-Luna-Aceves J J. Hop-Reservation Multiple Access (HRMA) for ad-hoc networks [J]. Proceedings - IEEE INFOCOM, 1999, 3: 194-201.

[14] Nasipuri A, Zhuang J, Das S R. A multichannel CSMA MAC protocol for multihop wireless networks [J]. In Proceedings of IEEE Wcnc, 1999, 3: 1402-1406.

[15] IEEE802.11 WG, ANSI/IEEE Std 802.11: Wireless LAN Medium Access Control (MAC) and Physical Layer (PHY) Specifications, 1999.

[16] Padhye J, Agarwal S, Padmanabhan V N, et al. Estimation of link interference in static multi-hop wireless networks [C]. ACM SIGCOMM Conference on Internet Measurement. USENIX Association, 2005: 28-34.

第 8 章　Ad Hoc 網路的其它安全因素

由於採用無線信道通信，所以 Ad Hoc 網路在構建時移動終端不受通信電纜的約束，也不受地理環境的影響，可以靈活、便捷地組合，為數據通信提供平臺。無線信道在為 Ad Hoc 網路通信提供便利的同時也為網路帶來更多的安全隱患，使網路面臨更多新的挑戰。在前面的章節中已對 Ad Hoc 網路中存在的典型安全挑戰作了詳細的介紹，本章主要從另外的幾個方面來分析網路所面臨的安全問題。

8.1　網路節點定位系統攻擊

無線傳感器網路起源於監測戰場環境的軍事應用領域，是一種 Ad Hoc 網路，主要是將許多移動設備在空間上進行分佈並按一定的規則構建成計算機網路，在這些移動設備中使用傳感器去監控不同地理位置的物理環境狀況。基於無線傳感器網路的優勢，現在該類型網路的應用領域已擴展至民用領域，如智能交通控製、健康監護、環境與生態監測及智能家居等方面。

在進行無線傳感器網路組建、維護、目標跟蹤及異常事件定位時都要求準確獲取節點在網路中的位置信息。由於節點的位置信息對於網路的安全性有著重要的意義，因此在獲取節點的位置信息時，攻擊者也會發動各種針對定位的攻擊。在無線傳感器網路中如何高效、安全地獲取到節點的地理位置信息是一個富有挑戰性的熱點問題。不同類型的傳感器網路節點的定位系統會遭受不同的安全攻擊，針對這些不同類型的攻擊，許多學者也提出了具有實用性的安全措施，節點安全定位系統也是今后 Ad Hoc 網路研究工作的重點。

8.1.1 網路節點定位技術概述

在構建一個無線傳感器網路時，初期會獲取到部分節點的位置信息，在后續的工作中，主要依靠這些已知節點對鄰節點的位置探測和一些定位機制來獲取網路中所有其它未知節點的位置信息。

8.1.1.1 網路節點定位的類型

網路節點定位系統主要有以下兩種類型：

（1）目標定位：根據通信的需求，確定目標節點在網路中的位置。

（2）自定位：網路節點確定自己在網路中的位置。

與網路節點定位技術相關的一些術語如表 8-1 所示：

表 8-1　　　　　　　　網路節點定位技術相關術語

名稱	解釋
信標節點	通過 GPS 定位或其它手段獲取到了自身位置訊息的節點，可以為定位其它節點作出參考
未知節點（盲節點）	網路中除信標節點之外的節點，其位置訊息未知
鄰居節點	網路中處於節點通訊範圍覆蓋內的節點稱為鄰節點
節點連接度	節點可監測到的鄰居節點的數量
網路連接度	取所有節點的連接度的平均值，主要用於反映網路中節點布置的密集程度
跳數	網路中連接兩個節點的通路上的跳段的個數
跳距	網路中連接兩個節點的通路上各跳段的距離之和

8.1.1.2 網路節點定位算法的特徵

通常設計的網路節點定位算法必須具備以下特徵：

自組織性：在傳感器網路中節點自發組建網路，網路的拓撲結構動態變化，節點定位時不能借助基礎設施的支持，因此定位算法應以自組織完成為主。

分佈式計算：在無固定基礎設施的無線傳感器網路中需要多個節點協作完成任務，因此在網路中部署大量的傳感器節點。當對網路中的節點進行定位時，要由多個節點通過分佈式計算的方式完成，所以設計的定位算法必須具備分佈式的特徵，考慮將多個節點共同參與到定位任務中。

節能性：定位算法要具備計算量小的特徵，這樣才能適用於能量有限的傳感器網路。算法複雜度的降低可有效減少節點用於通信的開銷，從而延長網路

生存的時間。

可擴展性：定位算法要適應無線傳感器網路規模不斷發生變化的情況，要有一定的擴展性，這樣才具有實用價值。

健壯性：無線傳感器網路中的節點都是由計算能力有限的傳感器節點及移動設備構成，在實際運行的過程中會出現節點失效或測算有誤的情況，因此定位算法必須具備健壯性，當有問題發生時要有一定的容錯能力及自適應能力。

8.1.1.3 網路節點定位算法衡量標準

主要從以下三個方面來衡量傳感器網路節點定位算法的好壞：

（1）定位區域與精確度

定位區域與精確度是衡量一個定位算法好壞的主要標準之一，兩者互相制約，如果在定位算法中選擇的區域太大，則節點定位的精度會降低。

（2）實時性

一個好的定位算法應該能夠及時反饋出節點位置信息的變化，因此實時性是衡量定位算法的重要標準。

（3）能耗

針對傳感器節點能源有限的事實，在設計定位算法時應重點考慮能耗問題。因此在實施算法時，將節點需要付出的能量消耗代價作為評價其性能優劣的重要標準。

8.1.2 基於測距的網路節點定位技術

在無線傳感器網路中，基於信標節點與未知節點的位置關係，通過測量或估計等方式可獲取到網路中未知節點的位置信息。利用幾何中某些圖形的特性，通過信標節點確知的位置信息來確定未知節點在網路中的位置的方式稱為基於測距的網路節點定位技術。

基於測距的網路節點定位技術使用的算法比較簡單，適應無線傳感器網路特點。通常從以下幾個方面來評價一種算法的性能：

（1）實現代價。在網路中應用算法時需要付出的代價是評價定位技術的一個重要指標。

（2）抗干擾能力。當網路節點受到各種干擾時，能否正常工作是衡量定位技術的另一標準。

（3）覆蓋面積。信號覆蓋的範圍也是影響定位技術的一個重要因素。

（4）定位精度。盡量減小測量出的距離和實際距離間的誤差是定位技術追求的目標。因此定位的精度是基於測距的定位技術的重要指標。

常用的基於測距的網路節點定位技術有角度定位法和三邊定位法兩種。

通過測量的方式獲取到信標節點與目標信號的夾角，然后利用數學幾何關係，從而計算出節點在網路中的位置，這種定位方式稱為角度定位法。典型的角度定位法有以下兩種：

（1）已知兩個頂點的位置信息和信號夾角，對未知節點定位。

如圖8-1所示，在網路中存在信標節點 N_1 和 N_2，其位置信息標記為 (x_1, y_1) 和 (x_2, y_2)，又測得節點 N_1 和 N_2 接收到的信號夾角分別為 α 和 β。

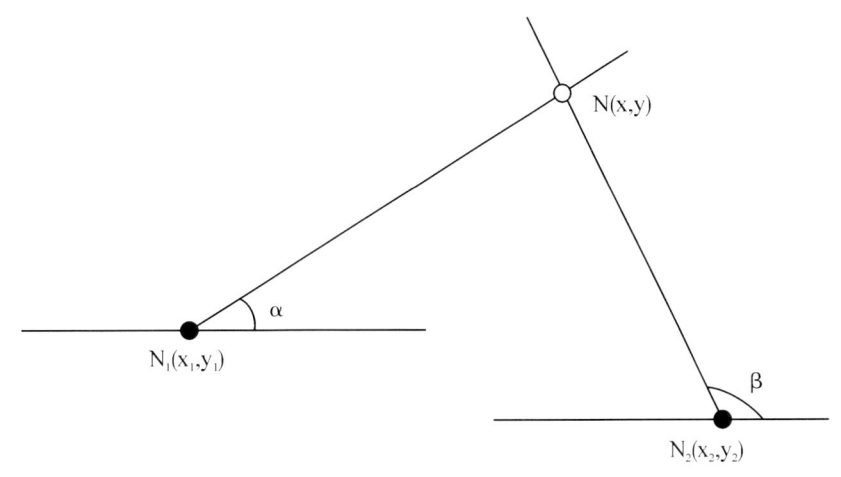

圖8-1　角度定位法（一）

通過方程組（8-1）求解出目標節點 N 的位置信息 (x, y)，在計算過程中要求節點 N_1 和 N_2 的方向必須是經過矯正的，如果沒有得到矯正，則需要計算作補正處理。

$$\begin{cases} x = -\dfrac{(y_2 - x_2\tan\beta) - (y_1 - x_1\tan\alpha)}{\tan\beta - \tan\alpha} \\ y = -\dfrac{(x_2 - y_2\cot\beta) - (x_1 - y_1\cot\alpha)}{\cot\beta - \cot\alpha} \end{cases} \quad (8-1)$$

（2）已知三個信標節點，通過測量對應的三個夾角對未知節點定位。

如圖8-2所示，在網路在存在信標節點 N_1、N_2 和 N_3，其位置信息標記為 (x_1, y_1)、(x_2, y_2) 和 (x_3, y_3)，又測得節點 N_1 和 N_2 的夾角 α，節點 N_1 和 N_3 的夾角 β，節點 N_2 和 N_3 的夾角 γ。

由於圓的內接四邊形對角互補且弦所對的圓心角與圓周角相等，所以可以計算出弦 N_1N_2 所對應的圓心角，計算出點 N_1、N_2 和點 M 確定的內接圓的圓心

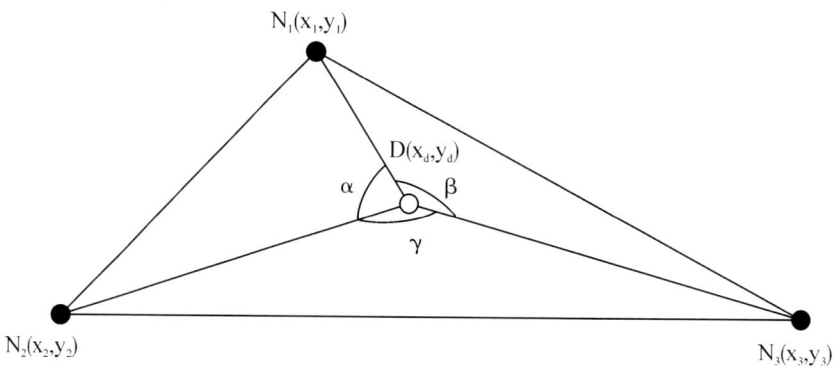

圖 8-2 三角定位法

為 O_1（xo_1，yo_1），半徑為 r_1；計算出點 N_1、N_3 和點 M 確定的內接圓的圓心為 O_2（xo_2，yo_2），半徑為 r_2；計算出點 N_2、N_3 和點 M 確定的內接圓的圓心為 O_3（xo_3，yo_3），半徑為 r_3。通過已知的參數構建方程組（8-2），求解出目標節點 D 的位置信息（x_D，y_D）。

$$\begin{cases} (x_1 - x_{c1})^2 + (y_1 - y_{c1})^2 = r_{c1}^2 \\ (x_2 - x_{c2})^2 + (y_2 - y_{c2})^2 = r_{c2}^2 \\ (x_3 - x_{c3})^2 + (y_3 - y_{c3})^2 = r_{c3}^2 \end{cases} \quad (8-2)$$

三邊定位法主要是通過測量三個信標節點到達未知節點的距離，從而計算出未知節點的坐標信息。已知網路中存在三個信標節點 N_1、N_2 和 N_3，其位置信息標記為（x_1，y_1）、（x_2，y_2）和（x_3，y_3），並測得三個信標節點到未知節點 D 的距離分別為 d_1、d_2 和 d_3，則以信標節點 N_1、N_2 和 N_3 為圓心，分別以 d_1、d_2 和 d_3 為半徑作圓，三個圓相交於點 D，如圖 8-3 所示。

通過方程組（8-3）可求解出目標節點 D 的位置信息（x_D，y_D）。

$$\begin{cases} (x - x_1)^2 + (y - y_1)^2 = d_1^2 \\ (x - x_2)^2 + (y - y_2)^2 = d_2^2 \\ (x - x_3)^2 + (y - y_3)^2 = d_3^2 \end{cases} \quad (8-3)$$

三邊定位法的實現需要兩個技術的支持：一是測量出信標節點與未知節點的距離；二是利用方程組求解出未知節點的坐標，從而確定出其在網路中的位置。其中前者是技術難點，后者利用公式即可求解。現較為典型的測距方法有三種，下面將分別進行敘述：

（1）通過計算信號傳輸時長或者時間差測距

當信號的傳播速度已知時，通過測量發射機發出的信號到達多個接收機所

● 無線射頻信號
○ 超聲波信號

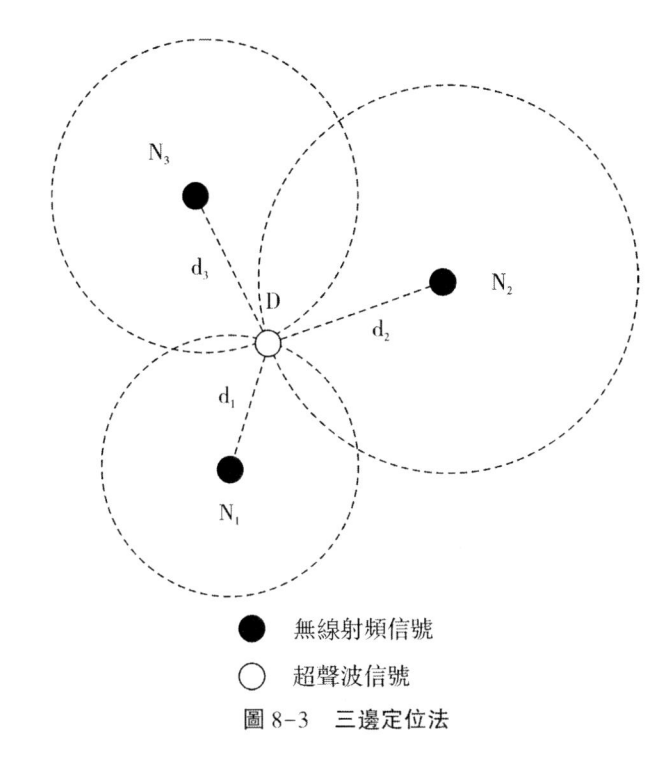

圖 8-3　三邊定位法

歷經的時長來定位移動用戶，這種方式即為通過計算信號傳輸時長進行測距。

在實際測量過程中，需要在待定位節點的周邊放置三個基站作為位置測量單元，且基站間的距離相等。如圖 8-4 所示，目標節點標記為 D，周周放置距離相等的三個基站 A、B 和 C。

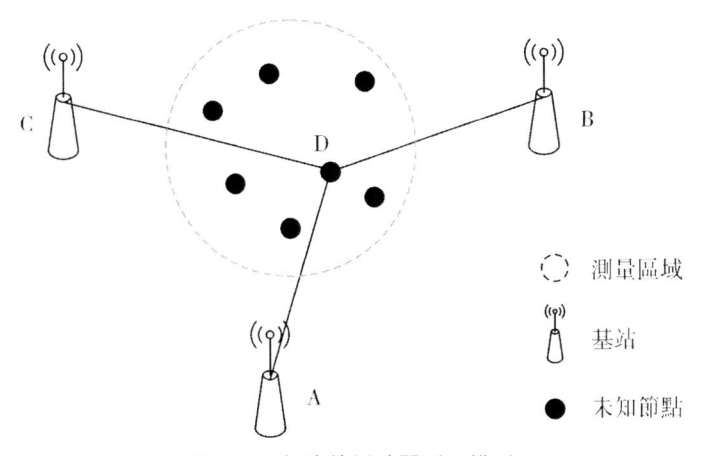

○ 測量區域
 基站
● 未知節點

圖 8-4　根據傳播時間測距模型

第 8 章　Ad Hoc 網路的其它安全因素　143

設節點 A 在 T_1 時刻發送測試信號給目標節點 D，節點 D 接收到信號的時刻標記為 T_2；經過迅速的處理后，節點 D 在 T_3 時刻發送測試信號給信標節點 A，節點 A 接收到信號的時刻標記為 T_4，信號在兩節點間傳播示意圖如 8-5 所示。

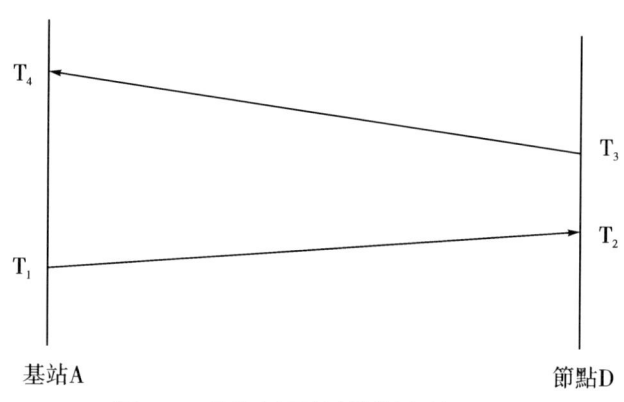

圖 8-5　信號在兩節點間傳播時間測量

若信號傳送的速度為 v，則信標節點 A 到目標節點 D 之間的距離 d_a 可通過式（8-4）計算。

$$da = [(T_2 - T_1) + (T_4 - T_3)] \times v \qquad (8-4)$$

在測距的過程中，受定位誤差和時鐘漂移等因素的影響，兩個時間差 $(T_2 - T_1)$ 和 $(T_4 - T_3)$ 之間會有一定的差距，但由於通信中大多採用雙向的無線信道，所以這種差距對測距的準確度影響不會太大。

（2）通過確定接收信號所處的強度範圍測距

信號在網路信道中的衰減程度根據式（8-5）可計算得到。

$$P(d) = P(d_0) - 10nlog\left(\frac{d}{d_0}\right) - \begin{cases} n_W \times W_{ADF}, & n_W < C \\ C \times W_{AF}, & n_W \geq C \end{cases} \qquad (8-5)$$

此處，在與基站距離為 d_0 處測得的信號強度用符號 P（d_0）描述；而距離目標節點處真實的信號強度用符號 P（d）表示。通過信號的強度可對目標節點進行定位。

（3）通過計算接收信號的相位差測距（Time Difference of Arrival，TDOA）

相位差測距方法中，發送無線信號的節點要在同一時間點發送兩個信號，不同之處在於發送信號的速度相異。當信號到達接收節點後，利用信號傳播的速度以及兩個信號到達的時間差，接收節點會獲取到與發送節點之間的真實距離，然後再利用定位算法即可計算出節點的位置。如圖 8-6 所示，在這個例子

中，v_1 和 v_2 表示的是兩種不同的速度；T_0、T_1 和 T_2 是三個時間點，其中 T_0 是發射信號的時間點，T_1 和 T_2 是接收信號的兩個不同的時間點。發射節點發射的信號有超聲波和無線射頻兩種。則目標節點距離發射節點的距離 d 通過式 (8-6) 計算得到。

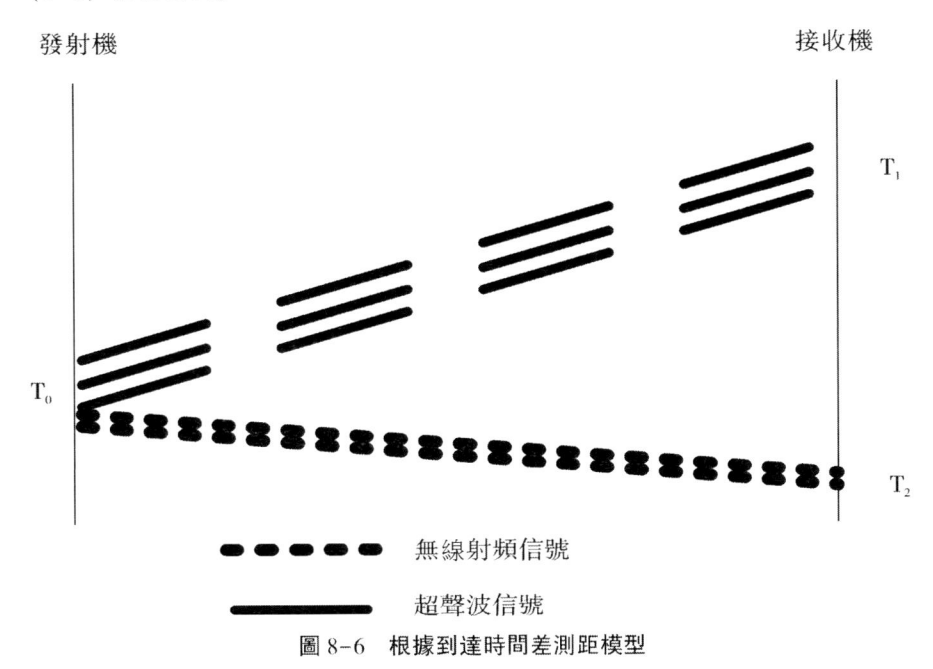

圖 8-6 根據到達時間差測距模型

$$d = (T_1 - T_2) * v_1 * v_2 / (v_2 - v_1) \tag{8-6}$$

此測距方法的採用會受到以下三方面的影響：①通過計算接收信號的相位差實現對目標節點的定位時，傳感器節點上需額外附加相應的收發器等部件；②信號的傳播速度會受到空氣溫濕度等外界因素的影響，因而測出的距離會有一定的誤差；③接收節點與發送節點之間的障礙物對信號傳播造成影響，使其出現反射、衍射及折射等各種情況，因此使得信號傳輸時間變長，從而使得測出的距離偏大。

參照性能指標，對以上各種基於測距的定位技術進行比較，結果如表 8-2 所示。

表 8-2　　　　　　　幾種基於測距的定位技術比較

定位技術	實現代價	抗干擾能力	覆蓋面積	定位精度
RSSI	無需額外設備支持	要受到電磁干擾的影響	覆蓋範圍較大	測距誤差較小
GPS	需要多種設備支持，實現代價大	有較強的抗干擾能力，適用於室外使用	不受限制，覆蓋範圍大	測距誤差小
TOA	需安置聲波收發設備	要受混響效應和多徑傳播等干擾的影響	覆蓋範圍較小	測距誤差較大
TDOA	需安置超聲波收發裝置	要受混響效應和多徑傳播等干擾的影響	覆蓋範圍非常小	測距誤差很大

8.1.3　無需測距的網路節點定位技術

除以上介紹的基於測距的定位技術之外，還存在利用網路的其它特性實現節點定位的技術，下面分別介紹幾種典型應用的無需測距的網路節點定位技術。

(1) 基於跳數的定位技術

在無線傳感器網路中，信息傳輸需要多個節點轉發協作完成。基於跳數（Hop）的定位技術的工作原理是：在網路中對信標節點的信息進行泛洪廣播，當另一信標節點接收到信息后，統計出信息傳輸過程中歷經的跳數，再根據兩信標節點間已知的距離，可計算出平均一跳的距離，然後根據每個未知節點距信標節點的跳數即可計算出兩者間的距離。

由於泛洪是無線傳感器網路中經常用到的一種傳輸信息的方式，所以利用節點間的跳數來估計距離的定位方式使用較為普遍。

(2) 質心定位算法

質心定位算法利用與多信標節點的通信成功率來估計未知節點的位置，算法主要執行過程如下：

·預置全網定位時間段 t。通過式 (8-7) 計算獲得，

$$t = (S + 1 - \varepsilon) \times T \tag{8-7}$$

其中，S 為在時間段 t 內要發送的消息數量 ε 是一個大於 0 且小於 1 的常數，T 為發信號的時間間隔。

·在時間段 t 內，信標節點以時間間隔 T 的頻率將一個個信標信號廣播到

鄰居節點中，且將自身的位置信息包含在每個信標信號中。

·未知節點將接收的所有信標節點中存儲的信標信號數量記錄下來。經過 i 時間後，未知節點通過式（8-8）計算出與每個信標節點之間成功通信的機率 CM_i。

$$CM_i = \frac{N_{rece}(i, t)}{N_{sent}(i, t)} \times 100\% \tag{8-8}$$

·若信標節點 N_1、N_2 和 N_3 的位置分別標示為 (x_1, y_1)、(x_2, y_2) … (x_k, y_k)，通過式（8-9）計算出未知節點 N 的估計位置信息 (x, y)。

$$(x, y) = (\frac{x_1 + \cdots + x_k}{k}, \frac{y_1 + \cdots + y_k}{k}) \tag{8-9}$$

（3）基於連通性（Connectivity）的定位技術

基於連通性的定位技術的理論依據是，若節點 A 與 B 可互相通信，則兩節點一定在彼此的通信信號覆蓋範圍之內。通過此策略可將未知節點鎖定在一定範圍之內進行定位，但是無法得知節點的確切方位。

測試兩節點是否連通是通過節點解調另一節點發送的數據包的成功率來衡量的。具體操作時，可將兩節點的連通性表示為接收信號強度的函數，若接收信號的強度大於某一個閾值，則認為節點間是連通的。如節點 A 與 B 的連通性 Q_{AB} 可用式（8-10）來計算，若 Q_{AB} 的值為 1 則表示節點 A 與 B 之間具有連通性，若其值為 0 則表示節點 A 與 B 之間不具有連通性。

$$Q_{AB} = \begin{cases} 1, & P_{AB} \geqslant p_A \\ 0, & P_{AB} < p_A \end{cases} \tag{8-10}$$

式中，P_{AB} 表示節點 B 發送給節點 A 的信號的強度，單位是 dBm；P_A 表示的是數據包能被解調時要求達到的最小接收信號強度閾值。

（4）APIT 定位算法

判斷某點是否位於一個三角形內的一種重要方法是最佳三角形內點測試法 PIT。可以利用這種性質實現對網路中未知節點的定位，這就是 APIT 定位算法的理論基礎。

最佳三角形內點測試法 PIT 主要用於判斷某一點 D 是否位於一個三解形內。如圖 8-7 所示，存在一個三角形 ABC 和某點 D。若點 D 沿著一個方向運動時會同時接近或遠離三角形的三個頂點，則可判斷出點 D 一定位於三角形的外部。反之，則可以判斷點 D 一定位於三角形的內部。

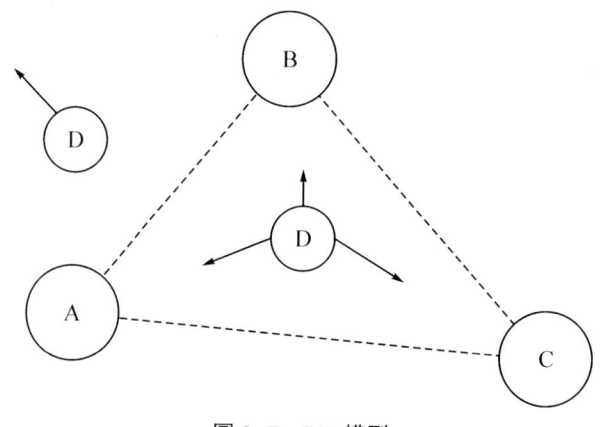

圖 8-7　PIT 模型

　　將測試法 PIT 應用於網路通信中，如圖 8-8（a）所示，假設 A、B、C 為信標節點，D 是未知節點，N_1、N_2、N_3 和 N_4 是節點 D 的四個鄰居節點，它們之間可以通過無線信道進行通信達到信息傳輸的目的。通過與鄰節點互換信息可知，當節點 D 向鄰節點 N_1 方向運動時，也會同時接近信標節點 A，但此時節點 D 會遠離信標節點 B 和 C。依次執行下去，最終可確定節點 D 位於三角形 ABC 之內。

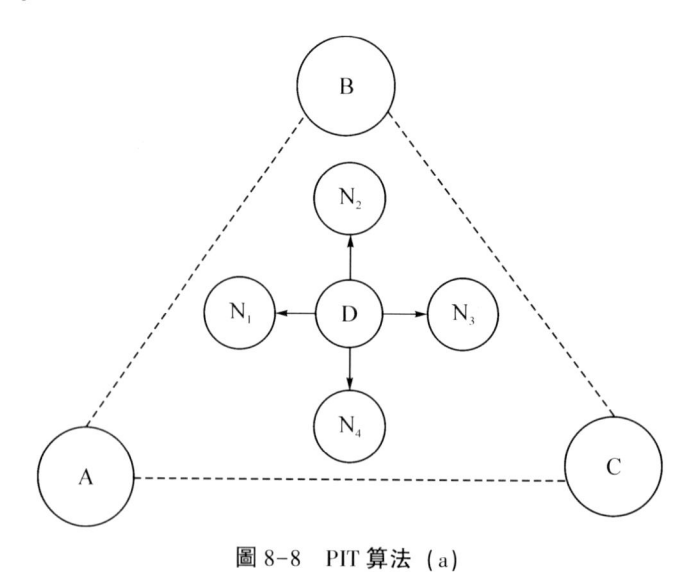

圖 8-8　PIT 算法（a）

　　在圖 8-8（b）中，假設 A、B、C 為信標節點，D 是未知節點，N_1、N_2、N_3 和 N_4 是節點 D 的四個鄰居節點，它們之間可以通過無線信道進行通信達到

信息傳輸的目的。通過與鄰節點互換信息可知，當節點 D 向鄰節點 N2 方向運動時，會同時遠離信標節點 A、B 和 C。依次執行下去，最終可確定節點 D 位於三角形 ABC 之外。

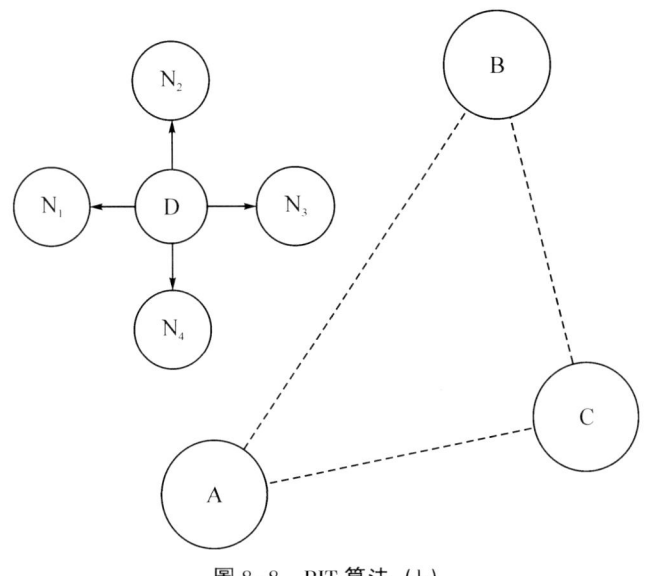

圖 8-8　PIT 算法（b）

（5）DV-Hop 定位算法

DV-Hop 定位算法主要是利用 GPS 定位和距離矢量路由兩種技術設計的一種分佈式定位算法。在這種定位算法中不要求節點具備測距能力，對節點的計算能力要求不高，在完成算法時通信的開銷不是很大。

DV-Hop 定位算法中未知節點只需與 3 個信標節點建立連接，從而獲取到兩者間的距離，然后通過三邊測量即可定位。

該算法只需要較少的信標節點參與定位，是一個可擴展的算法，對節點計算能力要求不高。該算法對信標節點的排列密度要求較高，對於各向同性的密集網路，比較容易獲取合理的平均跳距，從而達到一定的定位精度。

8.1.4　定位系統攻擊

攻擊者同樣也會將定位技術作為新的攻擊目標。在節點位置關係的估算和測量階段定位系統存在被攻擊的威脅。信標節點和傳輸信標報文的無線鏈路是攻擊者的主要目標。惡意節點可以將自己偽裝成信標節點，或者散布錯誤的路由信息，干擾定位的精準度。由於每種定位系統都有自己的物理屬性和定位過

程，所以針對不同的定位技術攻擊者採用不同的攻擊手段，主要有以下兩種類型：

（1）針對基於測距節點定位的攻擊

基於測距定位的物理層或鏈路層易受到測距干擾或欺騙攻擊，從而使測距結果大大偏離實際結果，降低定位精度。攻擊者通過隔離、移動信標節點或發起無線電干擾等方式對定位系統進行攻擊。

很多文獻中對針對基於測距定位的攻擊都有研究。如在通過測量呼叫—應答報文往返時間來計算節點之間距離的定位算法中，攻擊者會延遲或提前發送響應報文從而達到虛增或虛減節點間距離的攻擊目的；有的攻擊者通過放置反射物的手段攻擊測量接收節點和發射節點之間相對方位或角度的 AOA 算法，從而達到使信號到達的角度發生改變的攻擊目的；還存在攻擊者將障礙物放置在發送者和接收者之間，達到信號的傳輸時間延長、信標報文沿多徑傳輸、信號到達角度和強度發生改變的攻擊目的；還有的攻擊者會在未知節點局部周圍製造噪聲達到衰減信號的目的，也有將具有吸收功能的障礙物放置在信標節點與未知節點之間，達到使測量的未知節點的距離大於實際距離目的的攻擊方式。這些攻擊手段主要針對 RSSI 測距技術實施。

（2）針對無需測距節點定位的攻擊

另一類攻擊是針對無需測距節點定位技術估算位置關係階段的攻擊。攻擊的目標主要有：節點、無線信道物理層、鏈路層和網路層。攻擊的種類很多，如女巫攻擊、蟲洞攻擊、信標報文攻擊等。

攻擊者針對 APIT（approximate point-in-triangulation test）定位算法發動的攻擊是蟲洞攻擊，攻擊者通過預設的蟲洞鏈路可使定位的結果出現錯誤以達到破壞目的。質心定位算法主要通過周邊 k 個鄰居信標節點來確定未知節點的位置。鄰居信標節點的數量及分佈密度都會影響對未知節位置的精確確定。攻擊者通過設置障礙物對節點信號進行干擾，使部分鄰居信標節點被屏蔽，從而對未知節點的定位精準度造成影響。攻擊者針對基於距離向量的定位算法的攻擊手段是直接移除網路節點，從而導致節點間跳數計算出現錯誤，以達到定位錯誤的攻擊目的。

8.1.5　安全節點定位技術

無線自組網中節點定位是關鍵技術，是網路正常運行的保障。為保證網路的可用性，可採取的措施主要有以下幾種：

（1）防止偽裝、重放和篡改節點：這些技術可以有效保護安全定位機制。

（2）安全的路由技術：對於阻礙節點定位的蟲洞攻擊有所助益。

（3）多模定位（Multimodal Localization）機制：這種節點定位可以估算到信標的距離。它主要基於使用接收信號強度指示器（Received Signal Strength Indicator）和到達時間差（Time Difference of Arrival）等多種方案。當信息出現不一致時，即表示可能有惡意節點存在。

（4）特殊技術：為了評估信標更可靠，可以發展一些特殊技術，這些技術可能會被挑戰，還會被檢查產生數據的一致性，而且會被分配一個表示可靠性等級的值給每個信標節點。

（5）統計方法：可以在自組織網路應用中使用一些統計方法來檢查信標節點數據的一致性，保留一致的數據，去除不一致的數據。

（6）強化節點定位機制的設計：增強節點定位機制的設計能力，使定位機制足夠強大，可以容忍少量的數據輸入錯誤。

檢測惡意信標節點的一種有效方法是，基於對信標節點位置已知其它節點的判斷。若網路中一信標節點能與被檢測節點通信，根據通信信號對被檢測節點的位置進行估算，其值記為(x', y')，已知被檢測節點公開的位置記為(x, y)，信標節點對兩個位置值相比較，若差值超過預設的門限值，則可判斷出被檢測節點為惡意的攻擊者；若差值低於門限值，則可認為被測節點是可信節點。

在基於往返時間（Round Trip Time，RTT）估算節點位置的算法中，由於可以在網路部署前測試出兩節點間最大的 RTT 期望值，所以節點通過公式可以計算出與未知節點的往返時間，若此值超過 RTT 值，則可認定此節點為網路中重放的信標節點。

為做好抵禦惡意節點攻擊行為的工作，需要將檢測機制與認證機制很好地結合起來。當某信標節點檢測出網路中的攻擊節點時，信標節點必須能夠被證明是合法的，只有這樣才能保障檢測工作的可信性。一種實現機制是通過可信機構，如基站給每個信標節點建立一個可信值閾值表並設置一個信譽度極值，當某信標節點指證一個惡意節點時，就將其信譽度值作減 1 的操作，當其指證行為頻繁，信譽度值降為 0 時，則可信機構認為此信標節點的行為不再可信，所以將此信標節點撤銷。

在檢測節點位置的一致性時通過計算均方差來實現，均方差的計算公式如式（8-11）所示。

$$\varepsilon = \frac{\sum_{i=1}^{m}(d_i - \sqrt{(x - x_i)^2 + (y - y_i)^2})^2}{m} \qquad (8\text{-}11)$$

其中，信標節點 i 的位置表示為：(x_i, y_i)，估算的位置表示為：(x, y)，d_i 是檢測節點到信標節點的距離，為了估算位置使用的信標節點數用 m 表示，計算結果 ε 為均方差。

在三邊定位法中，通過已知的三個信標節點到目標節點的距離，可以對目標節點進行定位。已知網路中存在三個信標節點 N_1、N_2 和 N_3 的位置信息分別標記為 (x_1, y_1)、(x_2, y_2) 和 (x_3, y_3)，並測得三個信標節點到目標節點 D 的距離分別為 d_1、d_2 和 d_3，則以信標節點 N_1、N_2 和 N_3 為圓心，分別以 d_1、d_2 和 d_3 為半徑作圓，三個圓相交於點 D。由於在估算距離 d_i 時受到測量手段等不可避免因素的影響，總會有一定的誤差存在，因此 ε 的值永遠不會為 0。但是可以採取一定的措施來抵抗位置估計攻擊。

Liu 等在（2005b）文獻中提出一種過濾錯誤位置估計數據的方案，引入均方差 ε 作為不一致指示器（Inconsistency Indicator）用於檢測數據的正確性。方案的設計目標是確定網路中最大可信信標節點集用於估算位置，使得不一致指示器 ε 結果低於預先設置的門限值 τ，以區分不可信節點。方案執行步驟如下。

（1）將 n 個所有信標節點都作為參與者來計算均方差 ε，若結果大於門限值 τ，則說明在此 n 個信標節點中有惡意節點存在；

（2）從 n 個信標節點中選取 n−1 個節點作進一步的嘗試，若結果大於門限值 τ，則說明惡意節點的個數不止一個；

（3）將集合中信標節點的數量縮減至 $n-2$ 個繼續均方差 ε 的計算。依此類推直至找到一個可以使均方差 ε 低於門限值 τ 的集合；

（4）若查找的結果是直至集合中存在三個或多於三個信標節點時仍未能使均方差 ε 低於門限值 τ，這說明此網路中的信標節點不具備定位未知節點的功能。

在 Liu 等提出的方案中，通過仿真實驗確定門限值。確定門限值 τ 是一技術關鍵，若門限值 τ 太大，對惡意信標節點的檢測精度不高，會造成部分惡意信標節點沒有被過濾掉；若門限值 τ 太小，對良性信標節點的檢測會出現誤差，會造成部分良性信標節點被誤過濾掉。

在抵禦定位攻擊的各種統計方法中，都需要假定在一定範圍內的誤差是可以接受的。基於這種假設，使抗攻擊算法具備一定的實用性和可操作性。

8.2 時鐘同步

在自組織網路中，特別是在傳感器網路中，時鐘同步（Time Synchronization）的作用非常大，不僅網路層和媒介訪問控製層等各層協議需要，而且傳輸數據也經常需要與具體時間關聯。

8.2.1 影響因素及其結果

網路中的時鐘同步會受到各種因素的影響，並由此帶來一系列的后果。

8.2.1.1 影響時鐘同步的因素

系統中會有一些因素影響時鐘同步的結果，概括起來，主要有以下五個影響因素：

（1）溫度：周邊環境的溫度發生變化會使時鐘每天加速或減速幾微秒。

（2）時鐘干擾：網路中軟件或者硬件發生異常情況后可能會使時間發生突然變化，對時鐘同步造成一定的影響。

（3）相位噪聲：各相位噪聲也是影響時鐘同步的重要因素，如操作系統響應中斷及抖動延遲，硬件接口位置被訪問時發生的波動。

（4）非對稱延遲：同一條路徑上不同方向的延遲影響往往不一樣。

（5）頻率噪聲：晶體的頻譜和其相鄰頻帶間的邊頻帶是影響時鐘同步的另一重要因素。

8.2.1.2 時鐘同步受影響的結果

以上各種因素常常造成兩個節點時鐘的時間不一致，這種不一致體現為以下幾種影響結果：

（1）偏移（o）：不同節點的啓動時間不一樣。當網路要求各節點在 t_0 時刻同時啓動時，由於節點 a 的時鐘 C_A 和節點 b 的時鐘 C_B 不一致，所以導致節點 A 和 B 並未同步啓動。與系統的要求出現的偏差 o 用式（8-12）計算。

$$o = C_A(t_0) - C_B(t_0) \tag{8-12}$$

（2）漂移（d）：溫度、相位等影響因素可能會隨著時間的變化而改變兩個節點間的偏移，稱為漂移（drift），用 d 表示，在單位時間內此值不是常量，其值通過式（8-13）計算獲取。

$$d = \frac{\partial^2 C_A}{\partial t^2} - \frac{\partial^2 C_B}{\partial t^2} \tag{8-13}$$

(3) 傾斜 (s)：當節點的晶體工作在不同的頻率時會引起傾斜，而不同的頻率又受頻率噪聲和硬件等因素的影響。對於傳感器節點硬件來說，這種傾斜一般在每百萬分之 ±30～40 範圍內。通常，由於兩個節點存在偏移，當它們之間的距離在發生變化的過程中就會出現傾斜現象。單位時間 t 內與傾斜相關的變化是一個固定值，也就是說是一個常量，傾斜用 s 來表示，通過式(8-14)計算。

$$s = \frac{\partial C_A}{\partial t} - \frac{\partial C_B}{\partial t} \tag{8-14}$$

無線自組網中的時鐘同步算法根據同步分發的方式、節點間同步步驟及時鐘同步的精確程度三個標準進行分類，分類結果如圖 8-9 所示。

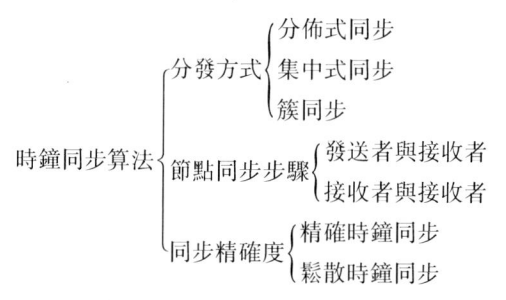

$$\text{時鐘同步算法}\begin{cases}\text{分發方式}\begin{cases}\text{分佈式同步}\\\text{集中式同步}\\\text{簇同步}\end{cases}\\\text{節點同步步驟}\begin{cases}\text{發送者與接收者}\\\text{接收者與接收者}\end{cases}\\\text{同步精確度}\begin{cases}\text{精確時鐘同步}\\\text{鬆散時鐘同步}\end{cases}\end{cases}$$

圖 8-9　時鐘同步算法分類圖

在第一種分類方法中，根據同步過程中的分發方式可以分為分佈式同步、集中式同步及簇同步三種類型。分佈式同步算法中要求網路內節點只和需要保持同步的節點時鐘同步即可，並不要求與中心時間服務器保持同步。Elson 等(2002) 提出的 RBS（Reference Broadcast Synchronization，參照廣播同步）方案採用的即是分佈式同步算法，在這種方案中，節點間同步的參考值是來自於中心節點的一個參考時間戳。集中式同步算法要求網路中所有節點與中心時間服務器保持同步。互聯網中廣泛採用的 NTP（Network Time Protocol，網路時間協議）協議屬於集中式時鐘同步，網路中存在外部時間源用於監控節點的時鐘同步。簇同步算法中，要求首先簇內節點時鐘同步，然後簇間時鐘再同步，在同步的過程中網路會自組織完成。

第二種分類方法根據時鐘同步步驟中節點承擔的任務分為：發送者與接收者、接收者與接收者兩種類型。在發送者與接收者同步類型中，時鐘同步操作基本上是成對進行，發送者向接收者發送時間戳同步消息，接收者根據消息中的時間戳將自己與發送者保持時鐘同步。一個典型的發送者與接收者同步應用就是 TPSN（Timing-sync Protocol for Sensor Network，傳感器網路時序同步協

議）協議。在接收者與接收者同步類型中，某個節點會週期性地向網路中廣播一個包含了時間戳的時鐘同步消息，此時間戳只用於為網路中其它節點提供一個參考時間，而不是用於同步時鐘。在后期網路通信中，節點間需要參照距此時間戳的偏移量進行時鐘同步操作。此方案為節點獲取其它通信節點的偏移量和漂移提供便利，RBS 方案就屬於接收者與接收者同步。

第三種分類方法是基於節點間時鐘同步精確度的要求，分為精確時鐘同步算法和鬆散時鐘同步算法。若網路中節點間時鐘同步要求非常準確，則此算法稱為精確時鐘同步；若時鐘同步無法達到要求，時鐘偏移量在允許的規定範圍內，則稱為鬆散時鐘同步，這樣在降低一定準確度的情況下，可同時減小付出的代價。

8.2.2　時鐘同步的威脅與安全

針對時鐘同步，惡意節點會發送重放攻擊。當網路中傳輸時鐘同步消息時，惡意節點將其阻塞，然后再進行重發，以干擾時鐘同步正常進行。

Ganeriwal 等（2005）提出一種抵禦重放攻擊的技術，主要由以下三個步驟來完成。

（1）節點 A 在 t_1 時刻向節點 B 發送消息，內容如式（8-15）所示，節點 B 收到消息的時刻標記為 t_2。

$$A, B, N_A, synch \qquad (8\text{-}15)$$

式中 A 表示節點 A 的身分標示；B 表示節點 B 的身分標示；N_A 是由節點 A 產生的一個隨機數，用於標示包的有效性；synch 是由節點 A 產生的一個時間戳。

（2）節點 B 在 t_3 時刻向節點 A 回覆消息，內容如式（8-16）所示，節點 A 收到消息的時刻標記為 t_4。

$$B, A, N_A, t_2, t_3, ack, MAC(K_{AB}, B \mid A \mid N_A \mid t_2 \mid t_3 \mid ack) \qquad (8\text{-}16)$$

式中 K_{AB} 節點 A 和 B 之間的會話密鑰；$MAC(\ )$ 為由回覆消息和 K_{AB} 生成的消息認證碼。消息認證碼及回覆消息被節點 B 一併發送給節點 A，並告知其發送消息的時刻。

（3）比較往返時間 RTT 與門限值的大小，如式（8-17）所示，若小於等於門限值 θ，則時鐘同步順利完成，否則同步失敗。

$$(t_4 - t_1) - (t_3 - t_2) \begin{cases} \leqslant \theta \\ > \theta \end{cases} \qquad (8\text{-}17)$$

8.3 數據融合和聚合

在 Ad Hoc 網路中對數據融合後將有用的信息從中提取出來是非常必要的，這種操作也可以降低通信時付出的代價，因此在網路中數據的融合和聚合是安全因素之一。

經過多年研究，Ad Hoc 網路中典型的數據聚合方式有如下幾種類型：

（1）分佈式和集中式聚合。若數據在傳感器中傳輸時即被匯聚起來，則稱為分佈式聚合；若數據的匯聚操作是在一個中央節點的控製下集中進行，則稱為集中式聚合。在網路的實際操作過程中，也可以將兩種方式結合起來使用，混合方式適用於層次型的網路拓撲結構。

（2）一次性和週期性聚合。若發生在收到一個數據訪問命令之後即時完成數據的匯聚等類似操作，則稱為一次性聚合；若網路在間隔一定時間對數據進行匯聚，則稱為週期性聚合。

（3）空間和時間聚合。若數據匯聚以時間為參照單位進行，則稱為時間聚合，如將實驗地表濕度按每 24 小時為單位收集起來後求取其一個月內的平均值；若數據匯聚以空間為參照單位進行，則稱為空間聚合，如將實驗地的濕度按每平方千米的單位收集起來求取其平均值。

（4）是否受跳數限制的聚合。若要求匯聚數據的操作必須在數據經過幾跳鄰節點轉發之後進行，則稱為受跳數限制的聚合；否則稱為不受跳數限制的聚合。

數據之間的相關性、數據的關聯關係及對數據進行融合等技術用於建立事件與網路節點獲取的數據之間的關聯關係，融合數據使其成為一個共享資源。

8.4 數據訪問

無線自組網具備根據特定需要收集數據的功能，如何從這些大量數據中篩選出有用的信息是一個具有挑戰性的任務。由於網路中大部分節點受限於自身的能量供給，因此不能要求所有節點共同集中式處理用戶的請求。有效的數據訪問和聚合技術對於無線自組網中的傳感器網路來說意義重大。

根據操作的目標要求，訪問傳感器網路中的數據可以採用週期性連續訪

問、事件驅動連續訪問或快照型訪問等方式；也可以採用聚合式或非聚合式訪問數據；還可以採用簡單訪問或複雜訪問的方式。

8.4.1 數據庫訪問方式

Cayirci（2003）提出了模數尋址的數據聚合和稀疏（DADMA）方法用於數據訪問，將傳感器網路看作是一個分佈式數據庫，其結構如圖 8-10 所示。

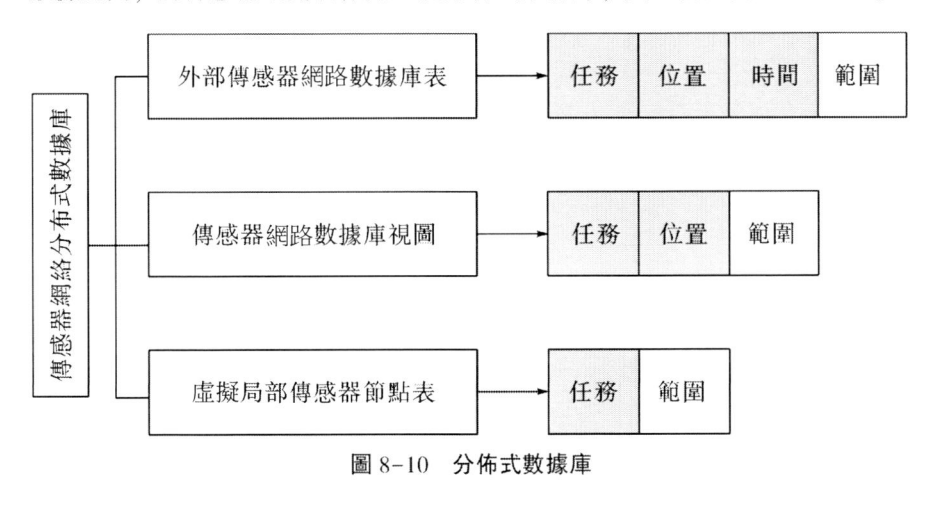

圖 8-10　分佈式數據庫

在由傳感器網路構成的分佈式數據庫中，由虛擬局部傳感器節點本地表、傳感器網路數據庫視圖和外部傳感器網路數據庫表三部分構成。

虛擬局部傳感器節點本地表中主要記錄用戶查詢時傳感器所獲取的數據，每條記錄由兩個字段構成：任務（Task）和範圍（Amplitude）。在任務字段中存儲的數據即為要測量並查詢的數據，如溫度、壓力等值。受存儲空間的限制，並不是所有測量的數據都被存儲下來，只是有目的地選取需要查詢的數據。

傳感器網路數據庫視圖主要臨時創建於外部代理服務器或中央節點中，由多條記錄構成，每條記錄包含三個字段：任務（Task）、位置（Location）和範圍（Amplitude）。位置字段即為提供數據的傳感器節點位置數據，和任務字段共同構成關鍵字，唯一地標示一條記錄。由於網路中執行同樣任務的節點不止一個，因此位置信息在很多傳感器網路的應用中至關重要，尤其是目標定位和入侵檢測的網路中。如若無法得到節點的位置數據，則由節點的本地標示符來代替之。

用戶可根據需要獲取到傳感器網路數據庫視圖中可用數據字段的子集，並

對其進行與節點相關的聚合或排除操作。在聚合範圍數據時主要是通過一個聚合函數 m 完成，如式（8-18）所示。也可以通過使用稀疏函數 m 對一些節點進行排除，操作如式（8-19）所示。

$$f(x) = x/m \tag{8-18}$$

$$f(x) = \left(\frac{x}{r}\right) mod \left(\frac{m}{r}\right) \tag{8-19}$$

式中，x 是某節點的網格位置在坐標軸上的表示，可為縱坐標，也可是橫坐標；r 是分辨率（單位：米）；m 是聚合或稀疏因子。

外部傳感器網路數據庫表主要用於將查詢的數據記錄在一個遠程的代理服務器中，此時的查詢數據將與一個時間標記相連。數據表中的每條記錄由四個字段構成：任務（Task）、位置（Location）、時間（Time）和範圍（Amplitude）。可以設定網路在一定時間間隔內應答數據訪問請求，並將查詢結果與時間字段相連，然後存儲在外部傳感器網路數據庫表中。對於網路中的每一次訪問結果都作為一條新的記錄被臨時存儲起來。

模數尋址的數據聚合和稀疏（DADMA）方法用於訪問數據的語句也基本使用標準結構化查詢語言 SQL，查詢語句的結構如下：

Select ［task，time，location，［distinct ｜ all］. amplitude，
［［avg ｜ min ｜ max ｜ count ｜ sum］（amplitude）］］
from ［any，every，aggregate m，dilute m］
where ［power available ［< ｜ >］ PA ｜
location ［in ｜ not in］ RECT ｜
t_{min} < time > t_{max} ｜ task = t ｜
amplitude ［< ｜ == ｜ > a］
group by task
based on ［time limit = l_t ｜ packet limit = l_p ｜ resolution = r ｜ region = xy］

當用戶發出 aggregate m 命令后，網路中各節點根據式（8-18）計算出位置索引，具有相同位置索引的節點將會聚合。通過此功能，可對一定區域內的節點定位並聚合數據。如，節點 A 的位置是：（52，89），通過式（8-18）可計算得節點 A 的位置索引是：（8，14），則當節點收到 aggregate 命令后，節點 A 將會與具有相同位置索引的節點進行聚合。

當某用戶發出 dilute m 命令后，網路中各節點按如下步驟完成訪問操作：

（1）利用式（8-19）計算出各節點在橫坐標和縱坐標上的位置索引；

（2）將步驟（1）中的計算結果分別與「based on」字段中區域值

「region」的 x、y 相比較；

（3）若步驟（2）匹配成功，則相應的節點應作出訪問響應。

例：查詢區域「region」中的值是（1，1）。當 $m = 6$，$r = 3$ 時，節點 A 的位置是：（52，89），通過式（8-19）可計算得節點 A 的位置索引是：（1，1）。此時則該區域中的節點 A 要對訪問操作作出應答。此命令將查詢應答操作限制在一定的區域中，達到排除非相關節點的效果。

8.4.2 其它數據查詢方案

可將無線自組網中的節點按照承擔的任務進行部署。首先將網路劃分成多個子區，在每個子區中再劃分出任務集，針對各任務集布置一定數量的節點，各子區分配的節點數可以不同。任務集中節點的數量與數據查詢結果的精確性和可靠性密切相關，是能收集到的數據分辨率的體現。

Sadagopan 等（2003）提出傳感器網路主動轉發方案（Active Query Forwarding in Sensor Network，ACQUIRE）用於實現數據訪問。方案中節點在發送查詢請求時需先對其解析。某節點需要和其 n 跳鄰節點合作完成對查詢請求的解析，n 稱為 look-ahead 參數。若經過合作后，節點無法完成查詢操作，則解析失敗，節點需要將此查詢請求發送給其一個鄰節點，以此類推。在最差的情況下，look-ahead 參數 n 的值為 1，此時查詢請求解析演變為泛洪方式。

另有一些文獻中提出了將網路中的節點作為一個小集合來處理，當其中的某些成員位置發生移動時，則需要彼此交換並收集數據。

數據訪問是無線自組網中的一個重要問題，安全有效的訪問方式是網路存在的根本保障，因此其安全性也需要密切關注。

8.5 節點移動管理

Ad Hoc 網路由具有移動性的終端設備作為節點組建而成，節點在網路中可自由移動，因此節點移動安全管理也是重要挑戰之一。Ad Hoc 網路中的移動管理包括兩方面內容：位置管理和移交管理。位置管理便於對網路節點記錄，可實現對節點跟蹤、定位等操作。Ad Hoc 網路允許節點在執行一次任務的過程中從一個區域移動另一個區域，此時路由協議就需要處理在通信鏈路中發生的變化，以保證正常通信不會被中斷，這就是移交管理。由於這種移動性的存在，使得節點的位置管理也成為一個關注的重點。

在管理節點移動時，位置更新操作頻繁進行，因此在更新位置時，應該考慮降低分頁開銷（Paging Cost）。若在更新節點位置時，能為網路提供更多的相關信息，則在允許的時間範圍內，會分頁開銷有所降低。操作時分頁單元數量會隨著位置更新信息的增大而減少；分頁的單元數量也會由於分頁延遲的增加而減少。因此要平衡分頁與更新、分頁開銷與分頁延遲之間的關係。

Ad Hoc 網路節點動態位置管理技術允許位置更新參數動態變化，這樣可減輕網路中傳輸數據包流的負擔。典型的動態位置管理技術有以下幾種：

（1）基於時間的位置管理技術。網路中預置一個時間間隔，移動終端節點在此時間段內完成位置更新操作。

（2）基於方向的位置管理技術。此類管理技術中節點位置更新操作只發生在節點的運動方向發生變化時。

（3）基於距離的位置管理技術。若移動終端與網路中註冊的對照單元距離超過規定值時，則進行位置更新操作。

（4）選擇位置更新技術。網路根據單元停留時間（Dwell Times）和躍進概率（Transition Probabilities）有選擇地進行部分節點位置更新。

（5）基於運動的位置管理技術。當網路中的節點移動經過規定數量的單元邊界後進行位置更新的操作。

（6）基於狀態的位置管理技術。更新操作是否進行由節點的當前狀態來決定。

由於移動性是 Ad Hoc 網路的一個本質特徵，因此選擇合適的節點動態位置管理方案是一個非常關鍵的問題。

8.6 本章小結

Ad Hoc 網路移動通信的特徵為網路各層通信協議帶來更多的安全挑戰。本章首先介紹了幾種典型的 Ad Hoc 網路節點定位技術及抵禦定位攻擊的安全措施；其次又引入了網路中另一項關鍵的安全技術——時鐘同步及其安全防範措施；然后介紹了數據融合與聚合的功能；接著以兩種研究方案為主介紹了網路中重要的網路數據訪問方法；最后針對 Ad Hoc 網路的移動性列舉了多種實用的位置管理技術。

除以上介紹的幾種挑戰和安全因素之外，Ad Hoc 網路中還在尋址、通信區域覆蓋和能量管理等方面存在極大的安全隱患，這也是在管理網路時應重點考慮的問題。由於篇幅所限，不再一一敘述，有興趣的讀者可參考相關的文獻。

參考文獻

［1］曹曉梅，俞波等. 傳感器網路節點定位系統安全性分析［J］. 軟件學報 Vol. 19，No. 4，April 2008：879-887.

［2］Priyantha N，Chakraborty A，Balakrishnan H. The Cricket location-support system［C］. International Conference on Mobile Computing and NETWORKING. ACM，2000：32-43.

［3］Harter A，Hopper A，Steggles P，Ward A，Webster P. The anatomy of a context-aware application［J］. Wireless Networks，2002，8（2）：187-197.

［4］Bahl P，Padmanabhan V N. Radar：An in-building user location and tracking system［J］. Proceedings-IEEE INFOCOM，2000，2：775-784.

［5］Niculescu D，Nath B. DV Based Positioning in Ad Hoc Networks［J］. Telecommunication Systems，2003，22（1-4）：267-280.

［6］He T，Huang C，Blum B M，et al. Range-free localization schemes for large scale sensor networks［C］. International Conference on Mobile Computing and NETWORKING. ACM，2003：81-95.

［7］Bulusu N，Heidemann J，Estrin D. GPS-less low-cost outdoor localization for very small devices［J］. IEEE Personal Communications，2000，7（5）：28-34.

［8］Jia D，Ramesh K T. Attack-resistant location estimation in wireless sensor networks［J］. ACM Transactions on Information and System Security（TISSEC），2008，11（4）：22.

［9］李勇譯. 無線自組織網路的傳感器網路安全［D］. 北京：機械工業出版社，2011.6：82-96.

［10］Elson J，Girod L，Estrin D. Fine-grained network time synchronization using reference broadcasts［J］. Acm Sigops Operating Systems Review，2002，36（SI）：147-163.

［11］Ganeriwal S，Han C C，Srivastava M B. Secure time synchronization service for sensor networks［C］. ACM Workshop on Wireless Security. ACM，2005：97-106.

［12］Cayirci E. Data aggregation and dilution by modulus addressing in wireless sensor networks [J]. Communications Letters IEEE, 2003, 7 (8): 355-357.

[13] Sadagopan N, Krishnamachari B, Helmy A. The ACQUIRE mechanism for efficient querying in sensor networks [C]. IEEE International Workshop on Sensor Network Protocols and Applications, 2003. Proceedings of the First IEEE, 2003: 149-155.

第 9 章　Ad Hoc 網路仿真平臺

Ad Hoc 網路是一種特殊的無線網路，各移動終端不需要基礎設施的支持即可自主組建對等網路。隨著 Ad Hoc 網路應用領域的不斷擴大，網路關鍵技術研究也成為熱點，因此需要合適的實驗平臺對其進行模擬仿真，以達到對網路深入研究並加以利用的目的。到目前為止，出現了多種流行的仿真軟件，如 OPNET（Optimal Network）、NS－2（Network Simulator）、GloMoSim（Global Mobil Simulator）、Qua1Net、OMNeT++、MobilCS 等，下面將介紹其中較為典型的幾個。

9.1　OPNET 簡介及使用

MIL3 公司研發的仿真軟件 OPNET（Optimal Network）集模型構建、網路仿真及性能分析多種功能於一體，是在原來針對有線網路仿真的基礎上又增加了無線網路仿真的功能。OPNET 仿真軟件的主要特點如下：
（1）提供圖形化界面。
（2）面向對象建模。
（3）層次化結構。
（4）自動生成實驗代碼。
（5）可調試運行仿真代碼。

OPNET 的文件名后綴各種各樣，文件眾多。表 9-1 列出了 OPNET 中常用的文件。

表 9-1　　　　　　　常用文件名后綴及功能

文件名后綴	文件類型	說明
.esd.m	二進制文件	外部系統模型

表9-1(續)

文件名后綴	文件類型	說明
.nt.m	二進制文件	網路模型
.pr.m	二進制文件	進程模型
.ici.m	二進制文件	ICI 模型文件
.lk.m	二進制文件	鏈路模型
.lk.d	二進制文件	派生的鏈路模型
.ac	二進制文件	分析配置文件
.nd.m	二進制文件	結點模型
.nd.d	二進制文件	派生的結點模型
.path.m	二進制文件	路徑模型
.path.d	二進制文件	派生路徑模型
.prj	二進制文件	項目模型
.pb.m	二進制文件	探針模型
.fl.m	二進制文件	過濾器模型文件
.pk.m	二進制文件	包格式模型
.ah	二進制文件	動畫文件
.map.i	二進制文件	地圖
.os	二進制文件	輸出矢量
.bkg.i	二進制文件	背景圖片
.ov	二進制文件	輸出標量
.pdf.m	二進制文件/可編輯	概率密度函數
.pdf.s	二進制文件/可編輯	概率密度函數
.ets.c	C 代碼	外部工具支持 C 代碼
.ex.c	C 代碼	外部 C 代碼
.em.c	C 代碼	EMA C 代碼
.ps.c	C 代碼	管道階段 C 文件
.pr.c	C 代碼	進程 C 代碼
.pr.cpp	C++代碼	進程 C++代碼

表9-1(續)

文件名后綴	文件類型	說明
.ps.cpp	C++代碼	管道階段 C++文件
.ex.h	C/C++頭文件	外部頭文件
.ets.cpp	C++代碼	外部工具支持 C++代碼
.ex.cpp	C++代碼	外部 C++代碼
.ef	ASCII 數據	環境文件
.ets	ASCII 數據	外部工具支持文件
.sd	ASCII 文本	仿真描述
.seq	ASCII 數據	仿真序列
.em.o	目標代碼	EMA 目標文件
.ex.o	目標代碼	外部目標文件
.pr.o	目標文件	進程模型
.ps.o	目標文件	管道目標文件
.em.x	可執行程序	EMA 執行程序
.sim	可執行文件	可執行的仿真

9.1.1 OPNET Modeler 開發環境介紹

Modeler 在描述系統的模型時採用了三層建模的方法，分別是：網路層、結點層和進程層，與之相應 Modeler 提供了網路編輯器、結點編輯器以及進程編輯器三種編輯器分別作為三個層次的模型。此外 Modeler 還提供了很多有針對性的編輯器，適用於圖標、天線模型等，根據使用情景可以自由選擇，是建模的利器。

9.1.1.1 項目編輯器

在對項目進行管理時，Modeler 使用的是項目編輯器。

在搭建仿真環境時，要根據實驗的目的、場景有針對性地選擇。模擬實驗場景通過「項目—仿真環境」進行選擇。在仿真環境中需設置網路拓撲結構、網路協議、信道中流量、應用等多項參數，形成一個網路實例。

OPNET 以子網、結點和鏈路三類對象為基礎實現網路模型構建，進行仿真實驗，然后對最終的實驗結果分析。

OPNET 的項目編輯器功能強大，能夠提供多種網路建模的方法。

(1) 在開始向導（startup wizard）中選擇仿真環境的雛形。

操作流程：File 菜單→new→startup wizard→建立拓撲結構。

建立拓撲結構的方式多樣，在創建空的拓撲結構時，導入的來源主要有：HP 的 OpenView、OPNET 的 VNE 服務器、Tivoli 的 NetView、XML 文件、ATM 的文本文件以及 OPNET 的 ACE 環境中創建。操作時根據需要選取設備模型、網路中節點的數量及採用的技術手段。

(2) 按需從「項目編輯器」的「對象面板」中選擇模型。

操作流程簡單，點擊項目編輯器中對象面板的圖標，將對象面板裡所需的結點和鏈路模型拖拽到項目編輯器的工作區間中，從而構建網路的拓撲結構。

(3) 使用快速配置選項（Rapid Configuration）。

在「topology」菜單下，有快速配置選項，此命令主要用於快速配置網路參數。

提供網路模型建立和編輯的工具是工作空間，這也是項目編輯器的子功能。工作空間中放置結點和子網路，並用相應的圖標對其表示。結點和子網路間的通信鏈路主要用連接線表示。對象的屬性可用於表示網路對象的特點，決定網路運行方式。

在 Modeler 中結點被劃分成三種：固定位置的結點，如網路交換設備、路由設備等；可移動的結點，如移動電話、車載裝置等；衛星結點（代表衛星）。每種結點所支持的性能各有偏重，如衛星結點支持衛星軌道，而移動結點支持二維的或三維的移動軌跡。通信鏈路適應各結點的特徵，也被分成三種：總線鏈路、無線通信鏈路以及點點之間的通信鏈路。總線鏈路被多個結點共享使用，用於傳輸數據。無線通信鏈路主要用於無線設備之間的通信，此鏈路按需建立，動態生成。點點之間的通信鏈路只能用於兩個指定結點之間通信。

表 9-2　　　　項目編輯器菜單欄中各菜單項的功能

菜單項	功能
File	打開項目、保存仿真環境、導入模型、打印圖表、打印報告、關閉項目
Edit	對環境中各屬性編輯，目的是控製程序運行流程，並對文本和對象進行維護操作
View	編輯器視窗
Scenarios	控製項目的仿真實驗環境

表9-2(續)

菜單項	功能
Topology	建立網路和創建網路對象，是與網路拓撲相關的各種操作
Protocols	與特定協議模型相關的操作
Windows	列出所有已打開的編輯器窗口，但只允許激活其中的一個
Traffic	與規定網路業務相關的操作，如規定穿過網路的路由和導入業務文件等
Results	控製搜集和查看統計結果
Simulation	用於配置和運行仿真
Help	提供聯機文檔、上下文相關幫助、手冊以及與程序相關的訊息

9.1.1.2 結點編輯器

結點由支持相應處理能力的軟件和硬件組成，常被看作是設備或資源。數據的生成、傳輸、接收並被處理都依賴於結點的工作。

在OPNET結點編輯器中，提供了模擬結點內部功能所需的各種模塊。每種模塊用於實現結點的一項行為，如數據生成、數據傳輸、數據存儲、數據路由、數據處理等。實現每個結點的模型時依據功能需求，在數據包流和統計線的協助下，可將多個模塊組合起來，實現對結點行為的仿真。在這裡數據包線用於傳輸模塊間的數據包，實現源和目的模塊之間數據包傳輸，用於代表實際通信結點中硬件與軟件的接口。統計線用於兩個模塊之間的數值傳遞，可幫助進程監控設備狀態及性能變化，建立結點內進程間簡單的通信機制。

結點編輯器中最常使用的模塊是工具欄處理機。處理機和其他模塊可任意連接，設置完全由用戶來掌控。隊列比處理機多了一些屬性，提供的功能多於處理機，如子隊列功能。

在需指定結點內兩個模塊間的邏輯關聯時要用到邏輯線，但不能用於在模塊間傳遞數據。

在使用天線時，用戶要指定無線收發信機的天線特性。

外部系統接口模塊用於和外部系統連接，是隊列模塊的超集。

9.1.1.3 進程編輯器

與通信網路和計算機系統相關的進程通過軟件或硬件組實現，可被看成是對數據進行處理的一系列邏輯操作及相應條件。OPNET進程模型提供邏輯形式用於描述實際進程，如：操作系統、排隊原則、通信協議和算法、共享資源管理、統計量搜集機制及專用的業務發生器。

OPNET 的進程編輯器中，進程由文本和圖形組合形成。採用此組合方式基於以下優點：

（1）用 C 或 C++ 語言描述進程模型所執行的操作可降低模型的複雜性，並具有高仿真逼真度；

（2）用圖形方式能直觀表示進程的模型以及模型間的控製流。

可以用狀態轉移圖（State Transition Diagram，STD）對進程的模型進行表示。在這種狀態圖中進程所處的各種邏輯狀態要用圖標標示，而用連線表示各狀態之間的轉移方向。若狀態轉移圖中的某種狀態是強制狀態就要將其標示為綠色，根據需求強制狀態按順序執行進入代碼部分及離開代碼部分。若狀態是非強制的，則用紅色來表示，狀態進入執行代碼後允許暫停並進入非強制狀態直至下一次中斷到達，此時仿真過程可根據需要轉向模型中其它的事件或實體。

9.1.1.4 鏈路編輯器

各種鏈路對象在鏈路模型中都有說明。在各種鏈路類型中，通過屬性、接口、表示方法及說明註釋用於標示鏈路對象。創建一個鏈路模型的實例可在項目編輯器的支持下完成，各屬性由鏈路模型的屬性決定。

圖 9-1 展示的是鏈路編輯器的操作界面。以下各種信息配置都可用對話框形式完成。

Link Types（鏈路類型），主要有四種：點對點單工鏈路-ptdup、點對點雙工鏈路-ptsimp、總線分接鏈路-bus tap 和總線鏈路-bus。

Key Words（關鍵字）：在項目編輯器對象面板中顯示與關鍵字匹配的鏈路模型。使用此功能只顯示與當前應用相關的模型，大大減少對象面板中的模型數。

Model Comments（模型註釋）：鏈路模型中對鏈路潛在應用、特性及用戶可能涉及的任何信息都匹配了註釋。註釋可為無權訪問鏈路模型內部結構的用戶提供幫助。

Attribute Interfaces（屬性接口）：與進程模型的配置相類似，通過設置也可以配置鏈路對象的內嵌相關屬性。對屬性的操作主要包括：預分配、更改優先級、重命名及隱藏等。

Attribute Specification（屬性說明）：通過單擊 ETS Handlers 按鈕規定定制的事件句柄和 ETS 庫改變鏈路屬性設置，OPNET 允許改變其默認行為。

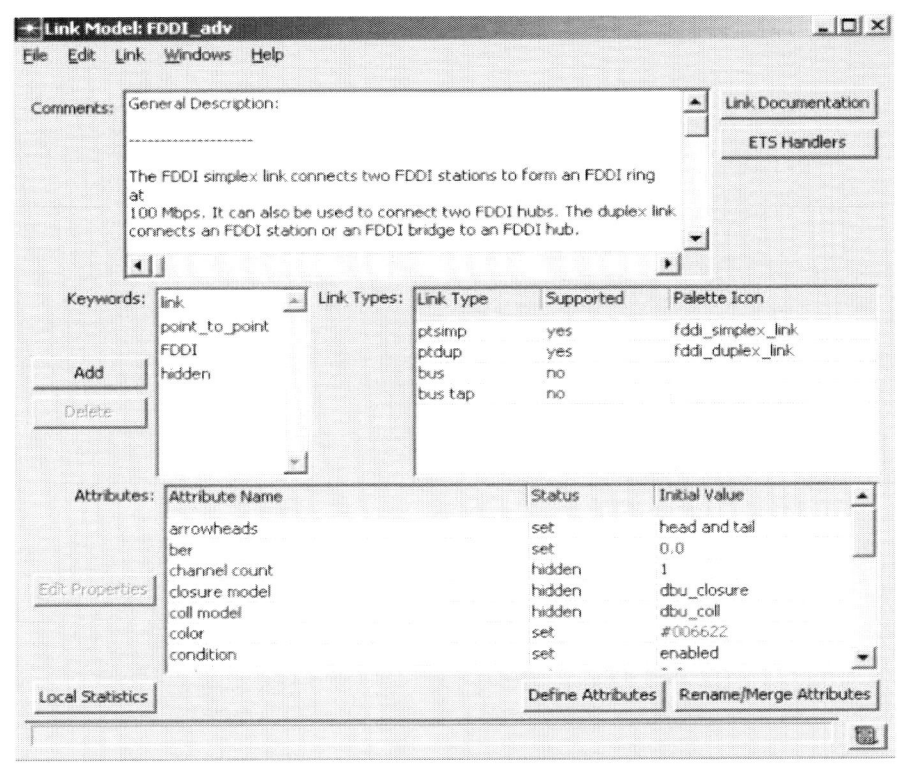

圖 9-1　鏈路編輯器

9.1.1.5　包編輯器

一個包會包括多個字段，各字段有自己基本的屬性。設置字段時就是對其名字、長度、數據類型、默認數據和註釋等屬性定義，其中註釋為可選項。特制的數據包可因核心程序的需要而被導入。

在圖形操作界面上，字段是用有色的矩形條表示的。矩形的長度與字段的大小（用 size 表示）成正比，各字段在包格式中的表示如圖 9-2 所示。

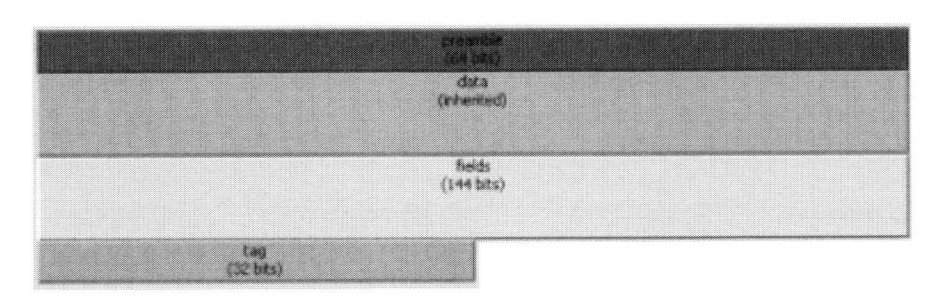

圖 9-2　包中各字段的表現形式

字段的屬性通過「Attributes」對話框進行設置。打開屬性設置對話框的操作非常簡單，只需右鍵單擊相應的包字段即可，也可以為字段附註釋。由於通常字段名是包格式調用的索引，所以各字段可任意放置。但若模型引用包字段時是通過索引進行的，則圖形表達方式會對操作產生一定的影響。在 OPNET 中左上方的字段的索引為 0，而右下方字段的索引值最高。

9.1.1.6 天線模型編輯器

在計算信號的接收功率時，是採用函數的形式來完成，在設計的函數中要充分考慮各種影響因素。天線間表示方向的矢量以及其各自的增益就是影響因素之一。當給定了結點的相對位置時，用於提供增益值的操作由天線模型編輯器中規定的天線增益模型完成。

天線模型編輯器如圖 9-3 所示，在編輯器的菜單欄設置訪問創建和處理天線模型的各類操作，並為使用頻繁的操作提供了快捷按鈕。天線模型編輯器各菜單項功能如下：

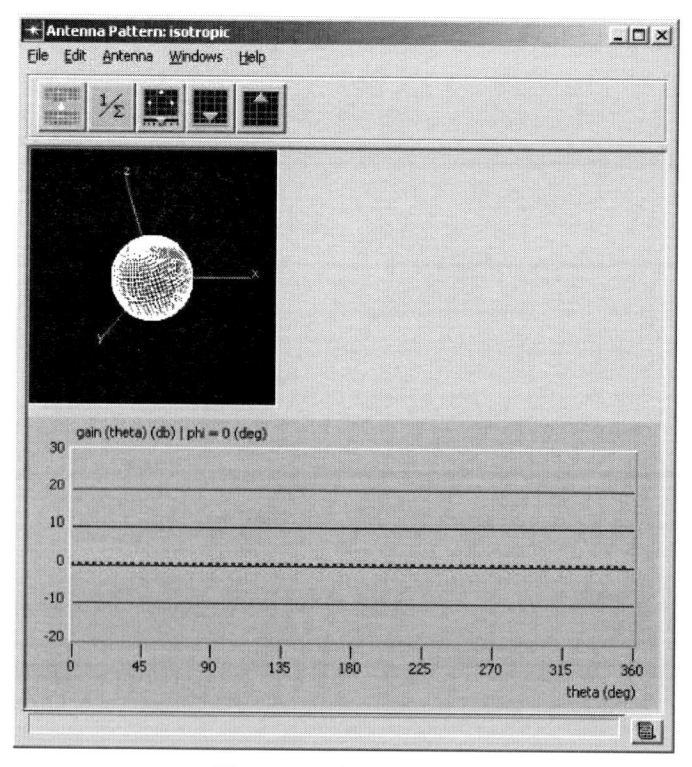

圖 9-3　天線模型編輯器

File：包含打開和關閉項目、導入模型、保存仿真環境及打印報告和圖形等與高層功能相關的操作。

Edit：編輯和維護的功能。編輯的對象是程序運行環境。

Antenna：主要用於對天線模型進行相關設置操作。

Windows：列出所有已經被打開的編輯器窗口，但只允許其中的某一個為活動窗口。

Help：提供幫助功能。可提供聯機文檔幫助、上下文幫助以及訪問指定主題的程序信息。

9.1.1.7　Modeler 編程

Modele 編程除編寫代碼之外還需進行很多其它操作。一個典型的 Modeler 程序中需要書寫代碼的地方包括：進程模型中的頭區域、外部的頭文件、進入和離開代碼、轉移代碼、函數區域、臨時變量、狀態變量以及源文件。

與頭文件類似，通常的常量定義、函數聲明、宏定義以及定義的數據結構都會在頭區域內完成。Modeler 除提供頭區域功能外，仍然支持常規的「.h」頭文件使用。頭文件和頭區域的定義相同，但功能有別。頭區域中定義的變量和函數只適用於本進程模型，不能用於其它進程模型，如有需要另行定義。但在不同的進程中卻可以使用相同的頭文件，只需把頭文件包含的命令放在頭區域中即可。進入、離開以及轉移代碼部分可以自由地添加用戶的函數等其它代碼。函數聲明放在「.h」頭文件或頭區域中，函數完整的代碼則需要放在外部文件或函數區域中定義。為利於 OPNET 的編譯，定義函數時，函數的入口和出口應該使用 FIN 和 FOUT（或者 FRET），可實現程序運行中錯誤的定位。進程模型的外部文件名為 xxx.ex.c，經編譯後生成的文件名為 xxx.ex.o，其編寫和編譯過程都由 OPNET 的外部代碼編輯器來完成。當外部文件被編譯后，在進程模型中進行申明即可使用。狀態變量的作用類似於函數裡的靜態變量，在進程喚起的過程中能保持原值。使用者依靠 Modeler 提供的界面來定義狀態並查看其源文件，單擊「Edit ASCII」就可以看到定義狀態變量的源代碼，與我們使用的標準 C/C++定義變量形式完全相同。

要想熟練使用 OPNET，除需要掌握各種函數庫的功能及使用方法外，還要求掌握 OPNET 的建模機制。在 OPNET 編程中會涉及用 C/C++書寫代碼、調用 OPNET 自帶的函數庫以及進程建模等多種操作。

9.1.2　OPNET 核心函數簡介

所謂核心函數（Kernel Procedure，KP），是一類 C/C++函數。或者是作為

中斷被調度，或者是普通的可被調用的函數。在 OPNET 的代碼編寫中核心函數起著非常重要的作用。

按功能將基於核心函數所操作的對象進行分類。同一類中的 KP 統稱為一個函數，同一函數內部的函數名都用相同的函數關鍵詞。如：使用關鍵詞「pk」作為那些主要用來處理包的 KP，將之歸類為包函數。

OPNET 編程的基本要求是掌握關鍵核心函數的功能、分類及使用方法。在需要時，可以快速查找到相應的核心函數並按要求對其使用。

在設置核心函數的結構時，遵守以下要求：

（1）以「op_」作為前綴：表明這個函數是由 OPNET 的仿真內核提供。

（2）第二個詞是函數名稱（要求用小寫字母表示）：是用於表示操作對象的縮略名。

（3）第三個詞是子包名稱：表示類屬關係（如：op_ pk_ nan_ set ( ) 中的 nan）。

（4）KP 是通過對象操作，因此要求在指定操作動作之前放置被操作對象，如 subq_ flush 和 attr_ set，操作動作分別為 flush 和 set，被操作的對象分別為 subq 和 attr。

參數類型

部分核心函數的參數和返回值使用的是大家熟悉的標準 C/C++類型（如 char，int，double），但許多 OPNET 也提供通過 typedef 從 OPNET 仿真數據結構中繼承來的自定義的數據類型。在下文中將會對各種特殊的數據類型加以介紹。

布爾類型（Boolean）用於表示 OPNET 返回值的真假，相應變量的值來自於常量集合 {OPC_ FALSE，OPC_ TRUE}。

當要確認 KP 是否成功時，要根據返回值的完成代碼類型（Compcode）來判斷。OPNET 中類型值為常量，值的集合為 {OPC_ COMPCODE_ FAILURE，OPC_ COMPCODE_ SUCCESS}，其中一個值表示失敗，另一個值表示成功。

動畫（Anim-Animation）函數指在操作中遇到的動畫實體時，主要依賴於數字型的「序號」(ID)。OPNET 有三種動畫實體是基於 ID 的，它們分別是：描繪-drawing、宏-macro 和查看器-viewer。表 9-3 表示了這三種動畫實體的基本數據類型。

表 9-3　　　　　　　　　三種動畫實體的基本數據類型

動畫實體	數據類型	舉例
Viewer	Anvid	Anvid vid
Macro	Anmid	Anmid mid
Drawing	Andid	Andid did

概率分佈類型（Distribution）主要用概率函數表示隨機數與特定輸出數值之間的匹配關係。經常使用枚舉表列出概率分佈類型，由指向對應關係算法和對應關係的編碼兩部分構成。

表述一個待解決的仿真事件的唯一方法是使用事件句柄類型（Event Handle），用來表示被 Intrpt 包 KP 調度對應的事件。需要注意的是，事件句柄是一種數據結構，而非簡單的整型或者指針類型。

用來確認動態生成的全局或局部統計量需用統計量句柄類型（Statistics handle）Stathandle，獲取的方法是：在指定 stat 包中用某 KP 註冊一個統計量。註冊成功的統計量具有唯一的標示符號，同時也擁有一個輸出向量用於保存統計數據。類型為全局的統計量可被多個仿真實體共用，生成的統計結果需要按加權比例對多個實體進行操作。

與仿真中斷相關的結構型數據集合是接口控制信息類型 - Interface Control Information。接口控制信息類型（ICI）包中的 KP 會使用這類數據結構，數據結構主要用於進程之間或層與層之間的通信。

可以設置用雙向鏈表的形式存儲數據。這裡作為可選的數據類型多樣，有基本的 C/C++ 數據類型，也有結構更複雜的構造類型。在組織數據時若採用鏈表的方式，則可以靈活實現數據的增刪操作，對數據類型操作時通過 Prg 包中的 KP 來完成。

OPNET 可通過流量導入模型（Traffic Import Model，TIM）使用軟件之外的數據。兩個為此功能服務的數據類型分別 Tim_ Location_ ID 和 Tim_ Data，下面是使用示例：

Tim_ Location_ ID tloc；

Tim_ Data tdata_ elem；

Pk 包中的 KP 可實現將數據封裝並將其傳輸的操作，封裝后的數據以包（Packet）的形式存在，是仿真操作中最基本的實體單位。聲明包的基本數據類型為 Packet，示例如下：

Packet * pack；

OPNET 仿真内核提供的池存儲可實現對系統動態管理的功能。由於仿真時需要為每組數據預分配內存空間，因此 OPNET 內核將大小相同的數據組看作是一個池，然後為每個池同時分配足量的內存。函數 op_ prg_ pmo_ define ( ) 的功能就是實現內存空間的分配，函數的返回值是一個可唯一標示池化內存的 Pmohandle 類型的對象句柄（Pooled Memory ObjectHandle），這個對象句柄可在多個仿真實體中共享。OPNET 這種池化內存分配方式比常規化的內存分配模式更具優勢。使用時基本數據類型為 Pmohandle，聲明示例如下：

　　Pmohandle pmohandle；

可使用 OPNET 提供的日誌句柄（log handle）為仿真的結果分析和調試創建日誌，以便查閱比對。使用的基本數據類型為 Log_ Handle，聲明示例如下：

　　Log_ Handle log_ handle；

仿真過程中每一個被激活的進程都需要有一個唯一標示——進程句柄（Process Handle）。進程句柄是一種數據結構，數據類型為 Prohandle，不同於簡單的指針或整型數據，需要通過使用 pro 包中的 KP 來對其進行操作。聲明示例如下：

　　Prohandle prohandle；

路由（Routing，RTE）包數據類型中將源結點到目的結點間的所在結點 ID 都記錄其中，而在數據類型 Route_ set 中記錄了源結點到目的結點間的所有路由表。數據類型 Topology 將路由包中各結點及其相關連接信息都包括在內，構成複雜的數據庫，在表示連接關係時使用句柄 Route_ link。路由包的基本數據類型有：Route、Route_ Set、Topology 和 Route_ Link 四種，使用示例如下：

　　Route * route_ p；
　　Route_ Set * route_ sp；
　　Topology * topology_ p；
　　Route_ Link * route_ lp；

OPNET 支持一種名為「Vartype」的關鍵字，這不是實際存在的數據類型，只是用於指代某一核心函數的參與，可為多種數據類型。當變量聲明為 Vartype 時，意味著其可以接收 double、int 或指向數據結構的指針變量。也可以使用 Vartype * 形式，即指向 Vartype 變量的指針變量，此時可指向 double *、int * 或指向「指向數據結構的指針」。

在調試時一種非常有效的方法是使用函數棧跟蹤。OPNET 的各種程序（除操作系統自身的調用外），都具備反向跟蹤的能力。通過這項功能，當錯誤發生時，可用 op_ vuerr 將結果打印出來。OPNET 的反向跟蹤能力更大的用

處是用於跟蹤用戶自定義的函數。為達到被跟蹤的目的，在定義函數時，在函數的唯一入口處插入預處理程序聲明代碼 FIN，在函數的多個出口處插入預處理程序聲明代碼 FOUT，而在函數的返回值點處插入預處理程序聲明代碼 FRET。如果用戶能夠規範書寫函數，複雜的嵌套調用也可以被跟蹤。

用戶可使用任何語法正確的標示符對變量命名。但應注意，不要讓全局或局部變量的名字與函數的名字相同，否則會發生程序執行順序混亂情況。表9-4列出易重名的函數名，用戶在使用時請多留意。

表9-4　　　　　　　　　　易重名函數名表

函數名	函數名	函數名
accept（）	index（）	send（）
access（）	kill（）	signal（）
audit（）	link（）	socket（）
bind（）	listen（）	stat（）
clear（）	open（）	tell（）
clock（）	pipe（）	truncate（）
close（）	poll（）	unlink（）
connect（）	read（）	wait（）
exit（）	select（）	

OPNET Modeler 常用核心函數有二十多個，這些函數的熟練使用是用 OPNET 書寫代碼的必備基礎。

（1）包函數

OPNET 仿真中最基本的通信實體是包。可使用各種包函數實現對包的創建、存取、查詢、複製及銷毀各項操作。

Packet * op_ pk_ create_ fmt（format_ name）：根據定義好的包結構模型創建新包，函數的返回值類型為指向新生成包的指針，如果創建函數有錯誤發生，則返回 OPC_ NIL。

說明：可以預先設置包的各種屬性，包的初始大小為預定格式結構大小，附加數據大小為零，使用過程中通過調用函數 op_ pk_ bulk_ size_ ser（） 可動態調整大小。這種按規定格式創建的包可用於規定格式通信的應用場景。新包創建需由仿真內核完成，要將循環置於激活此核心函數的隊列或處理器處。生成新包的時間戳由函數調用時的系統時間確定，創建成功后的包會獲得唯一

ID。使用此方式創建的包標示出了每一字段，簡化設置操作。但同時也限制所給的字段名字必須和包結構中的字段名相同，否則無法成功創建包。如果操作失敗，則會有以下各種返回值：

- 包格式無法識別
- 內存分配錯誤
- 分段錯誤
- 非法包格式或字段被賦值，某些字段或包不可在創造時賦值。

使用時與之相關的函數主要有以下幾個：

- 為格式化包字段賦值函數：op_ pk_ nfd_ set（）
- 將包發送給其它模塊函數：op_ pk_ send（）op_ pk_ deliver（）
- 銷毀不再使用的包函數：op_ pk_ destroy（）

其它與包相關的常用函數有以下幾種：

拷貝、銷毀包函數：op_ pk_ copy（pkptr）、op_ pk_ destroy（pkptr）。

得到、發送包函數：op_ pk_ get（instrm_ index）、op_ pk_ send（pkptr, outstrm_ index）、op_ pk_ send_ delayed（）。

設置獲取、包內命名字段值函數：op_ pk_ nfd_ set（pkptr, fd_ name, value）、op_ pk_ nfd_ get（pkptr, fd_ name, value_ ptr）。

獲取包屬性的函數：op_ pk_ total_ size_ get（pkptr）。

（2）隊列函數

在隊列的進程模型中使用的函數都是 subq 的函數，隊列中的子隊列由包連接構成，彼此獨立。

op_ subq_ pk_ insert（subq_ index, pkptr, pos_ index）：將包插入到給定隊列的指定位置上。Int 類型的參數 subq_ index 用於描述相關子隊列的索引；Packet * 類型參數 pkptr 是指向相關包的指針；Int 類型的參數 pos_ index 是子隊列中插入相關包的位置索引。函數的返回值為 Int 類型，主要有：OPC_ QINS_ OK、OPC_ QINS_ FAIL、OPC_ QINS_ PK_ ERROR、OPC_ QINS_ SEL_ ERROR 四種形式。函數的返回值的錯誤類型主要有：包指針為空、包指針指向靜態包、包指針指向已銷毀包、核心函數需要進程上下文、包已經插入該隊列、分段錯誤或子隊列選擇標誌不可識別等。還有一種特殊情況是若返回值為常數 OPC_ QINS_ FAIL 則意味著隊列或子隊列沒有足夠的使用空間。

說明：當函數中的位置索引參數 pos_ index 是一個小於 0，且非系統可識別的 OPC_ QPOS_ HEAD、OPC_ QPOS_ PRIO 或 OPC_ QPOS_ TAIL 時，包將會被插入到隊列頭部；如果位置索引參數值大於隊列長度，則包會被插入到

隊列尾部。

其它與隊列相關的常用函數有以下幾種：

向空的子隊列中插入新包函數：op_ subq_ pk_ insert（）。

從子隊列中移除包的函數：op_ subq_ pk_ remove（）、op_ subq_ flush（）或 op_ q_ flush（）。

9.2　NS-2 簡介及使用

Network Simulator（v2）簡稱為 NS-2，是網路模擬器也是網路仿真器，基於離散事件驅動可實現各種 IP 網路環境的模擬。NS-2 可在模擬某網路運行過程的基礎上，實現仿真擴展，繼而再延伸到一個真正運行的活動網路中去。除具備網路環境模擬的功能外，NS-2 也具備對多種常用的傳輸協議如 WWW、Web、FTP、Telnet、CBR、UDP 和 TCP 等的模擬功能。NS-2 採用路由隊列管理機制模擬實現了單源最短路徑 Dijkstra 算法及其它經典的路由算法。

實現網路環境模擬操作時，NS-2 採用 C++和 OTcl 兩種語言，C++和 OTcl 兩種語言的變量和對象通過 TclCL 相關聯。其中 OTcl 語言由麻省理工學院（MIT）開發，是在 TCL 語言的基礎上增加面向對象特性發展成的腳本程序設計語言。OTcl 的類和對象是解釋類和解釋對象，而 C++的類和對象是編譯類和編譯對象。

NS-2 架構主要包括：Network Components、Event Scheduler、Tcl、TclCL、OTcl、AgentUI，分別解釋如下：

Network Components：Agent：TCP、UDP…、Traffic Generator：FTP、CBR…

Event Scheduler：event-driven

Tcl：Tool Command Language

TclCL：C++ and OTcl linkage

OTcl：Object-Oriented Tcl

UI：User Interface

9.2.1　NS-2 的實現機制

為搭建起網路環境和模擬實現具體的網路協議，模擬器要用兩種編程語言來實現 NS-2，一種是程序設計語言 C++，另一種是腳本程序編寫語言 OTcl。

由於 C++是強制類型的程序設計語言，程序模塊擁有快速的運行速度，能方便實現精確的、複雜的算法，所以選擇程序設計語言 C++用於模擬和實現具體協議，這樣可有效率地處理報頭（Packet Header）和字節（Byte）等信息，並能應用合適的算法在大量的數據集合上進行操作。

OTcl 腳本程序編寫語言是無強制類型的，比較簡單，發現和修正 Bug 容易，但較 C++的模塊運行速度慢很多，因此 NS-2 選用該語言用於設置、修改網路組件和環境的具體參數。模擬時對開發和模擬出所需要的網路環境（scenarios）的時間要求較為嚴格，且要求能及時發現程序中的 Bug 並快速修改。完成這項任務時，重新編譯和運行的時間成為重要參數。對於這些要求 OTcl 腳本程序編寫語言都能很好滿足。

實現與解釋器交互和類映射的相關解釋器 C++類包括：Tcl 類、TclClass 類、TclObject 類和 TclCommand 類等。下面分別簡單地解釋：

（1）Tcl 類

Tcl 類的功能主要是實現對 Tcl 解釋器的引用，主要包括：獲得 Tcl 解釋器的句柄、調用解釋器、直接訪問解釋器、調用 OTcl 命令函數、傳遞/獲取 OTcl 命令運行的結果、報告錯誤、終止模擬器的運行、保存生成對象地址的哈希表。

使用時在獲得 Tcl 解釋器的引用之后方可調用 OTcl 命令函數，OTcl 中的控製臺命令的調用都需借助此引用完成。常用的 OTcl 命令函數分述如下：

tcl. eval（）；執行存儲在 tcl 命令緩衝區中的命令，且將結果保存在結果變量中返回。

tcl. eval（char * string）；執行字符串 string，並將執行結果保存在 tcl 的結果變量中。

tcl. evalc（char * string）；首先把 string 存儲在 tcl 的命令緩衝區中，然後再執行該 string 命令，且將結果保存在結果變量中返回。

tcl. evalf（const char * string，…）；執行過程與 eval（）相同，該函數用於完成類似 c 語言中的 printf 命令，完成對字符串的過濾。

tcl. buffer（）；返回 tcl 中的命令緩衝區。

當用戶指定的控製臺字符串命令被 Tcl 解釋器執行之后，命令的執行結果會被解釋器保存在自己內部的結果字符串變量中，這就是 Tcl 類的傳遞/獲取 OTcl 命令運行的結果功能。主要有以下兩個命令：

tcl. result（）；獲取命令執行后的字符串結果。

tcl. result（const char * string）；修改命令執行后的結果。

在 NS-2 中的 Tcl 命令解釋器裡保存了一個哈希表用於存儲生成對象的地址。Tcl 類保存生成對象地址的哈希表功能，可為每一個在模擬過程中生成的 TclObject 類及派生類的對象將其地址作為一個指針保存在該哈希表中，從而便於訪問。主要命令有以下幾個：

Tcl. enter（TclObject * obj）；將一個對象 obj 的地址加入到哈希表中。

Tcl. lookup（char * string）；在哈希表中查找名字為 string 的對象並返回。

Tcl. remove（TclObject * obj）；將對象 obj 的地址從哈希表中刪除。

（2）TclClass 類

TclClass 類是連接 C++類對象和 OTcl 類對象的紐帶。由於 TclClass 類是純虛基類，所以使用時只能生成其 static 類型的派生類。在 NS 中 TclClass 類和它的派生類又稱為 Linkage。TclClass 類的派生類存在於每個 OTcl 類和與之對應的「影子」C++類之間，完成對象間的數據通信任務。

（3）TclObject 類

TclObject 類主要實現的功能有：創建/清除模擬器組件的對象、綁定 C++類成員變量與 OTcl 類成員變量、實現 C++類的成員函數與 OTcl 類成員函數的一一對應。

TclObject 類具有創建/清除模擬器組件的對象的功能。最終基類為 TclObject 的類的對象，都會執行 TclObject 類的構造函數完成派生類對象的構建。TclObject 類的構造函數可創建一個內部的 C++對象，完成變量綁定、成員函數和命令的對應等操作。NS-2 在內部 C++對象創建完成后會調用各個派生類的構造函數，進而完成變量的綁定和命令的對應，完成對象的初始化工作。NS-2 把創建好的對象的指針添加到 TclObject 類中的對象哈希表中且將 cmd 函數設置為對應的 OTcl 對象中的一個成員函數。

TclObject 類具有綁定 C++類成員變量與 OTcl 類成員變量的功能。變量綁定操作在構造函數中完成。經過變量綁定后，當用戶設置、修改腳本中的 OTcl 對象中的成員變量時，該對象在 C++對象中對應的「影子」成員變量也相應發行變化，這樣可保持數據一致。

TclObject 類具有實現 C++類的成員函數與 OTcl 類成員函數一一對應的功能。成員函數一一對應的功能可達到通過調用 Otcl 對象中相應的成員函數，來達到調用對應 C++對象的成員函數的目的。成員函數綁定操作需要在各派生類對象中重寫 TclObject 類的成員函數 command（）函數。

（4）TclCommand 類

TclCommand 類的功能是創建能被 Tcl 命令解釋器解釋執行的普通命令。利

用 TclCommand 類創建新 Tcl 命令步驟如下：

・繼承於基類 TclCommand，創建新的派生命令類。

Class test_ tcomm : public TclCommand {

Public：

test_ tcomm（）；　　　　　//構造函數

int command（int argc，const char * const * argv）；　　//命令函數主要部分

}

・將新命令名作為參數執行基類 TclCommand 的構造函數。

test_ tcomm（）：TclCommand（「test」）{}

根據要實現的具體命令操作，重寫基類 TclCommand 的 Command（）函數。

#include<iostream. h>

Int test_ tcomm :: command（int argc，const char * const * argv）{

cout<<「This is a TclCommand test：」；

for（int i=1；i<argc；i++）

cout<<『『<<argv［i］；

cout<<『\ n』；

return TCL_ OK；

}

・在 init_ misc（void）函數中實例化該類。

　　　　new test_ tcomm；

註：init_ misc（void）函數在~ns/misc. cc 目錄下，主要負責命令的實例化等工作。

・在控製臺上輸入「test」回車，得到預期效果。

在控製臺上輸出：This is a TclCommand test：this is ns 2.0a12。

Simulator 類是 OTcl 類中的一個核心類，定義了許多網路拓撲結構、模擬場景以及事件函數等。該類的實例主要用於表示模擬環境。模擬環境的構成因素主要有：網路功能、事務次序以及網路結構等。由於沒有相應的 C++類與之對應，所以模擬工作開始於一個 Simulator 類的實例。在創建模擬器對象的構造函數中與之相關的事件調度器（Event Scheduler）被同步生成。Simulator 類還提供一張列表用於保存生成的拓撲結點（Node），為便於訪問，存儲的是該結點的地址。

9.2.2 NS-2 模擬及仿真過程

NS-2 採用兩種策略實現對網路的模擬，分別為：離散事件模擬以及分裂對象模擬。通過以下步驟 NS-2 完成網路模擬任務。

（1）配置網路拓撲結構。設置網路鏈路的基本參數，如帶寬、延遲及丟包處理方案等，然後開始編寫 OTcl 腳本代碼。

（2）創建協議代理。建立網路通信業務量模型及綁定相應協議到網路端設備上。

（3）配置業務量模型。分析業務量在一個網路中的分佈情況。

（4）創建 Trace 對象。trace 文件可以保存 NS 網路模擬的過程，在文件中可記錄模擬時發生的特定事件。當模擬仿真操作結束後，可通過 trace 文件結果進行分析研究。

（5）設定其它輔助參數。OTcl 腳本代碼編寫結束。

（6）利用 NS-2 執行書寫完的 OTcl 腳本代碼。

（7）對 trace 文件分析，提取有用信息。

（8）根據分析結果重新調整參數，進一步模擬仿真。

NS-2 對網路模擬的流程如圖 9-4 所示。

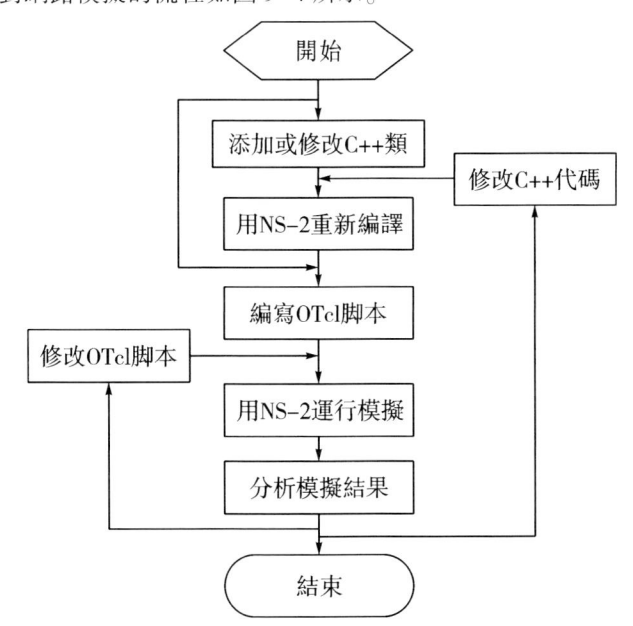

圖 9-4　NS-2 對網路模擬的流程圖

9.2.3 NS-2 的網路組件

NS-2 中有兩類網路組件，分別是：基本組件和複合組件。圖 9-5 表示的是 NS-2 中部分類之間的層級關係。

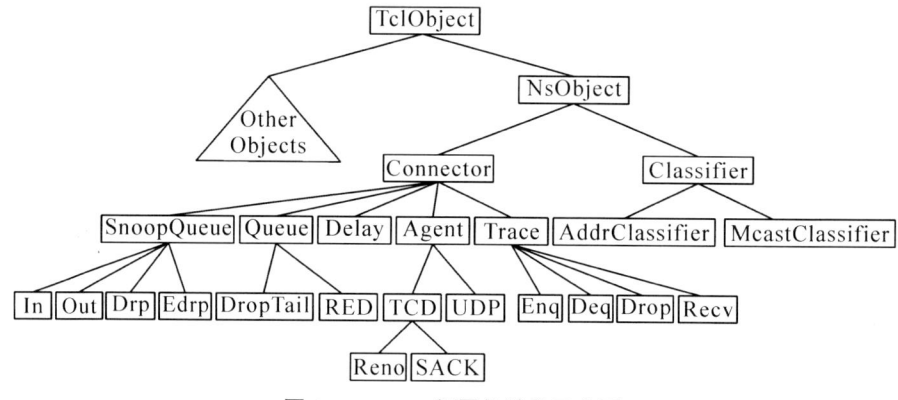

```
                    TclObject
                   /         \
              Other          NsObject
              Objects       /        \
                       Connector    Classifier
                      /    |    |   \    |         \
              SnoopQueue Queue Delay Agent Trace AddrClassifier McastClassifier
               / | | |    |           / | \    / | \ \
              In Out Drp Edrp  DropTail RED TCD UDP Enq Deq Drop Recv
                                          |
                                       Reno SACK
```

圖 9-5　NS-2 類層級結構示意圖

從圖中可以看出類 TclObject 是類 NsObject 的父類，而類 NsObject 又是所有網路基本組件的父類。NsObject 對象的基本功能是處理數據包（Packet）。所有的基本網路組件都分屬於連接器-Connector 或分類器-Classifier。以連接器（Connector）作為基類的派生類可生成的組件對象主要有：Trace-追蹤對象類、Queue-隊列、Agent-代理和 Delay-延遲。若網路中的組件是依賴連接器工作，則只能形成單進單出的通信管道，規定了數據流動的方向，使得數據只能在一條輸出路徑上流動。以分類器（Classifier）作為基類的派生類可生成的組件對象主要有 AddrClassifier-地址分類器和 McastClassifier-多播分類器兩種。分類器隸屬交換設備，可為基於此工作的網路組件提供多條數據通信的路徑。

複合網路組件是 NS-2 中獨立的類，不是由 TclObject 類派生的。如網路拓撲結構中的結點就是一個複合對象，它是由多個 Classifier-分類器對象和一個入口對象構成。

NS-2 中的 Link-拓撲結點連接類的構成較複雜，融入了連接入口對象、處理時間對象、管理包緩衝隊列對象、延遲處理對象以及廢棄處理對象等多個對象。Link 是一個重要的複合網路組件，主要用於建立結點間的連接，其中單向的連接是最易實現的。若想簡單連接網路中的兩個結點，則可以將連接方向選取為單向，此操作由 Simulator 對象中的成員函數-dublex-link 來完成。與結點相連的 Link 中的緩衝隊列主要用於接收結點的輸出隊列。简單連接

（simplex-link）提供的數據緩衝隊列（queue）主要用於處理網路中交換設備和各結點在處理隊列上的輸出順序問題。針對數據緩衝隊列中彈出（dequeue）的包和掉出（Dropped）的包處理操作分別為：彈出（dequeue）的包會被延遲模擬，操作時需先將其發送給 Delay-延遲處理對象；掉出（Dropped）的包被處理掉，操作時需將其發送給 Null Agent-廢棄處理對象。TTL 對象主要用於操作包在 Link 中被處理過程中涉及的相關時間參數。圖 9-6 是一個單向連接的示例。

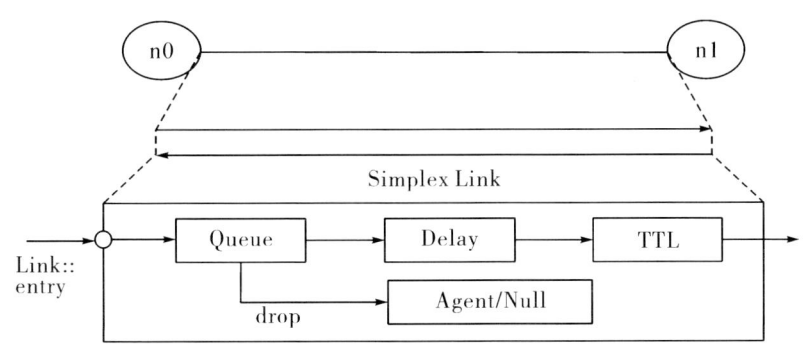

圖 9-6　兩結點間簡單單向連接示意圖

NS-2 將所有的構件都編寫成相應的 OTcl 對象和 C++ 類。OTcl 對象是用戶接口對象，是解釋對象，主要完成處理網路場景（scenario）模擬、運行已編譯 C++ 對象等功能；C++ 類是編譯類，是實現協議與算法的代碼，主要完成處理 package 傳送、修改或增加 agents、protocols 等功能。在用戶編寫仿真腳本時，主要完成 OTcl 對象建立、屬性設置、網路仿真事件調度等工作。C++ 類適用改變發生少的場景，執行速度快，而 OTcl 類適用改變發生多的場景，執行速度慢。

NS-2 中各類繼承關係如圖 9-7 所示。

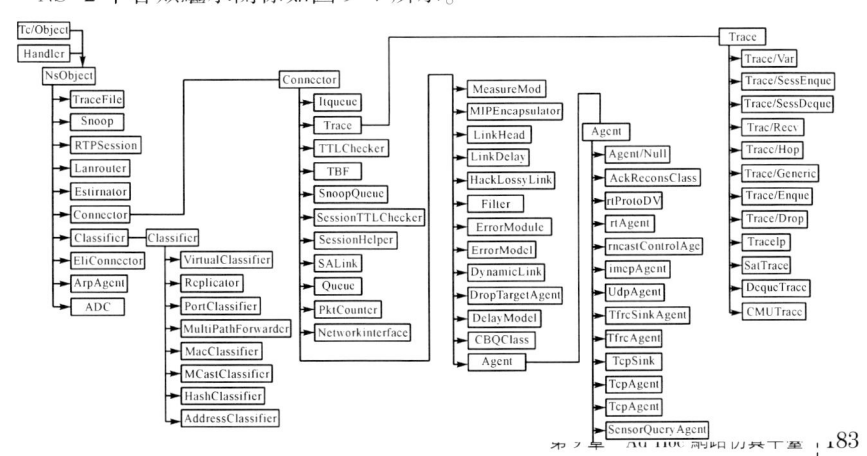

圖 9-7　NS-2 中類繼承關係

下面介紹 NS-2 中幾個重要的類。

(1) 包（Packet）類

NS-2 中的包由一個報頭堆棧（Header Stack）和一個可選擇的數據空間兩部分構成。網路組件根據需要，訪問包中相應的報頭。在模擬器對象（Simulator）創建的過程中需要設定好報頭的格式，所有註冊過的報頭無論使用與否都被存儲在包的報頭堆棧中，不同報頭在包的報頭堆棧中設置不同的偏移量（Offset）以方便網路組件訪問。由於在模擬環境中傳輸實際數據沒有意義，所以通常一個包沒有數據空間，而只含有報頭堆棧部分。圖 9-8 是包類結構圖。

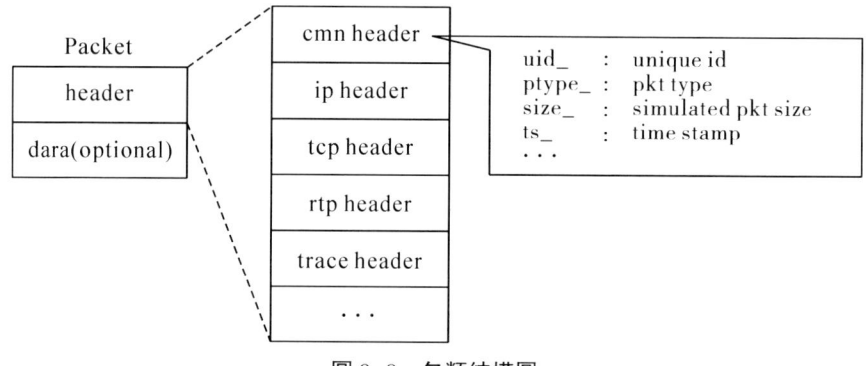

```
Packet              cmn header          uid_    :  unique id
┌──────────┐        ip header           ptype_  :  pkt type
│ header   │        tcp header          size_   :  simulated pkt size
├──────────┤        rtp header          ts_     :  time stamp
│dara(optional)│    trace header        ...
└──────────┘        ...
```

圖 9-8　包類結構圖

(2) 代理類（Agent）

代理網路組件代表了在網路層中數據包的產生源和接收端，同時也是對各種網路協議的實現。主要包括 Agent/TCP、Agent/TCP/Vegas、Agent/TCP/Newreno、Agent/TCP/Sack1、Agent/TCP/Reno、Agent /TCP/Fack 等幾種類型。

9.2.4　NS-2 的模擬輔助工具

NS-2 輔助工具有多種，主要包括：拓撲場景生成工具 setdest、數據流生成工具 cbrgen、簡單動畫顯示工具 Nam（network animator）、繪圖工具 gnuplot、Gawk 語言、Trace 分析文件。

9.2.4.1　拓撲場景生成工具 setdest

拓撲場景生成工具 setdest 主要用於生成無線網所需的節點隨機運動場景，使一定數量的網路節點在固定大小的矩形區域中隨機運動。

(1) 所在目錄：~ns/indep-utils/cmu-scen-gen/setdest

(2) 使用方法

Linux 系統環境變量中添加 setdest 名，根據情況指定路徑全稱或在其目錄

下使用（使用. /）

（3）使用格式

make（先用 make 命令生成可執行文件）

Setdest －v <1> -n <nodes> -p <pause_ time> -M <max_ speed> -t <simulation_ time> -x <max_ X> -y <max_ Y>

Setdest －v <2> -n <nodes> -s <seed_ type> -m <min_ speed> -M <max_ speed> -t <simulation_ time> -P <pause_ type> -p <pause_ time> -x <max_ X> -y <max_ Y>

參數說明：

-v：即 version_ of_ setdest，用於指定 setdest 版本

-n：即 nodes，指定場景節點總量

-p：即 pause_ time，指定了節點到達目的節點后需要停留的時間，若為 0 節點則無需停留。

-s：即 seed_ type，其值有 uniform 和 normal 兩種。

-m：即 min_ speed，設置網路節點移動的最小速率。

-M：即 max_ speed，設置網路節點移動的最大速率。

-P：即 pause_ type，其值為 constant 或 uniform。

-t：即 simulation_ time，設置模擬場景運行時間，單位為秒。

-x：即 max_ X，設置節點運動區域的長度，單位為米（m）。

-y：即 max_ Y，設置節點運動區域的寬度，單位為米（m）。

例：

#. /setdest －n 8 －p 0 －M 35 －t 500 －x 1000 －y 1000 >Testfile. tcl

生成的節點運動場景描述放置在文件 Testfile. tcl 中保存。

9.2.4.2 數據流生成工具 cbrgen

Cbrgen 是用 tcl 語言寫好的腳本文件，用於生成傳輸負載，可以產生 CBR 流和 TCP 流，在不同的環境下使用結果可能會有所不同。

（1）所在目錄：~ns/indep-utils/cmu-scen-gen/

（2）使用格式

ns cbgen. tcl [type cbr｜tcp] [-nn nodes] [-seed seed] [-mc connections] [-rate rate]

參數說明：

-type：用於指明生成流的類型。若選 cbr 表示生成 cbr 流，若選 tcp 表示生成 TCP 流。

第 9 章　Ad Hoc 網路仿真平臺　185

-nn：即 nodes，指定節點數量。

-seed：即 seed，用於指定隨機數種子。

-mc：即 connection，指定節點間的最大連接數。

-rate：即 rate，指定節點連接的數據流的速率

例：

ns cbrgen.tcl－type tcp－nn 20－seed 1－mc 6－rate 5>flowresult.tcl

運行結果：在某文件夾下生成一個名為 flowresult.tcl 的新文件，用於存儲執行 cbrgen.tcl 后獲取到的結果。

說明：使用 cbrgen 設置節點數時編號從 1 到 n，而 setdest 標示 n 個節點時編號從 0 到 n-1。使用 source 命令可將 cbrgen 和 setdest 生成的文件加入到另一個 OTcl 腳本中。若生成的文件用到 god_ 變量和 node_ 數組變量時，要提前在 OTcl 腳本中建立。

9.2.4.3　簡單動畫顯示工具 Nam

Nam（network animator）是以動畫形式運行來自真實環境裡或網路模擬軟件的特定格式的輸出文件 Trace，以觀測 Trace 和數據分組在網路模擬中流向。

（1）使用方法

Nam -g <geometry> -t <graphInput> -I <interval> -j <startup_time> -k <initial_socket_port_number> -N <application_name> -c <cache_size> -f <configuration_file> -r <initial_animation_rate> -a－p－S <namfile>

參數說明：

-g：設置 Nam 窗口中的幾何位置。

-t：設置 Nam 使用 tkgraph，並為其確定輸入文件。

-I：設置屏幕刷新率，單位為 ms，默認值為 50ms（20 幀/秒）。

-j：設置 Nam 動畫演示時間。

-k：初始化 socket 端口號。

-N：命名 Nam 實例，可用於后續對等的同步。

-c：設置緩衝區在反向演示（模擬的逆過程）時，所能存儲的活動對象的最大值（size）。

-f：設置演示啟動時所載入的文件。

-r：設置演示速度，即在幀間對應的仿真步長，默認值為 2ms（0.002）

-a：創建一個獨立的 Nam 實例。

-p：設置打印 Trace 的文件格式。

-S：僅在有 X 環境的 Unix 系統下此參數有效，用於開啟 X 同步以便於圖

形的調試。

（2）Nam 控製動畫顯示屬性

OTcl 腳本中可控製節點、隊列、鏈路和 Agent 對象動畫顯示的屬性。

Nam 控製節點動畫的命令使用如下：

設定節點的名稱：$ node label［label］

設定節點名稱的顯示位置：$ node label-at［ldirection］

增加節點註釋：$ node add-mark［name］［color］［shape］

設定節點的形狀：$ node shape［shape］

設定節點的顏色：$ node color［color］

設定節點顯示名稱的顏色：$ node label-color［lcolor］

刪除相關注釋：$ node delete-mark［name］

Nam 控製鏈路和隊列動畫的命令使用格式如下：

$ ns duplex-link-op <attribute> <value>

Attribute 的值為：orient、color、queuePos 和 label。各參數說明如下：

指定鏈路的方向 Orient：up、down、left、right、left-up、left-down right-up、right-down。

指定鏈路的顏色：Color

設置隊列顯示的方向：queuePos

設置鏈路顯示的名稱：Label

Nam 控製 Agent 動畫的命令使用格式如下：

$ ns attach-agent $ node $ Agent

$ ns add-agent-trace $ Agent AgentName

說明：該命令用於將想要顯示的 Agent 以名字 AgentName 出現在節點附近的方框內，從而可在 Nam 顯示中發現各節點上綁定了哪些 Agent。

在模擬仿真時，若實驗場景中存在眾多節點且需要創建多條數據流時，可使用拓撲場景生成工具 setdest 生成無線節點隨機運動場景，使用數據流生成工具 cbrgen 生成隨機的負載，兩個工具結合使用在模擬大型無線網絡拓撲時會非常方便迅速。在完成仿真后使用動畫顯示工具 Nam，可直接觀看網路運行過程的一些簡單場景。

9.2.4.4　Gnuplot 繪圖工具

Gnuplot 是一款強大的繪圖工具，由 Colin Kelley 和 Thomas Williams 於 1986 年開發的繪圖程序發展而來，可運行在多個平臺上，既支持命令行交互模式，也支持腳本方式，具有繪制多種科技圖的功能。Gnuplot 具有繪制數學函數圖

的功能，如 sin（）、cos（）圖等，同時也能繪制簡單的坐標數據圖。

　　Gnuplot 可提供多種繪圖類型，主要有 2D、3D、柱形圖、條形圖、線性圖及矢量圖等。Gnuplot 也支持多種輸出格式，如 jpg、png、svg 和 pdf 等。使用 Gnuplot 繪圖的流程如圖 9-9 所示。

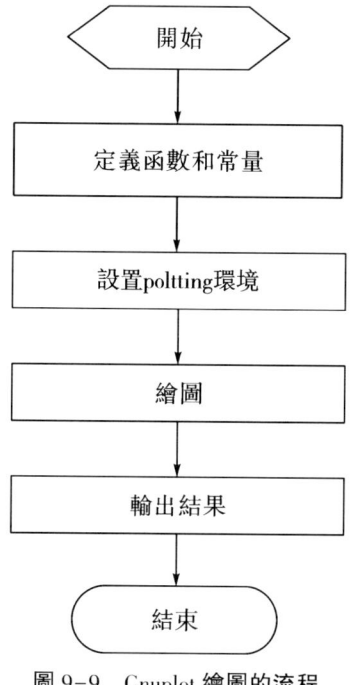

圖 9-9　Gnuplot 繪圖的流程

（1）Gnuplot 的數據類型與函數

Gnuplot 中的數字共有整數、實數及復數三種類型。

　　整數：Gnuplot 為整數分配 4 個儲存字節。能表示的整數範圍是 -2147483647 至 +2147483647，這種表示方式與 C 語言相同。

　　實數：Gnuplot 能表示約 6 或 7 位有效位數，指數部分為不大於 308 的數字。能表示的數據由正數、0 和負數三部分構成，範圍分別是：4.19e-307 ~ 1.67e+307、0、-1.67e+308 ~ -4.19e-307。

　　復數：用 {<real>,<imag>} 的形式表示復數。其中<real>是復數的實數部分，<imag>是復數的虛數部分，此兩部分均用實數形式表示。如 12 + 5i 即以 {12, 5} 表示。

　　Gnuplot 所提供的運算符（operator）與 C 語言相同，均可作用於整數、實數或復數上。

Gnuplot 的運算符分為 Binary Operator 和 Unary Operator 兩種類型，即作用於一個數學表達式上的單目運算符和作用在兩個數學表達式上的雙目運算符，數學表達式可以是數字也可以是方程。常用運算符如圖 9-10 所示。

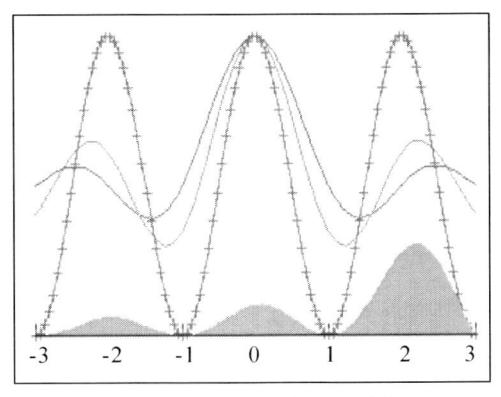

圖 9-10　Gnuplot 常用運算符

在 Gnuplot 中，用戶可自定義函數。函數中的變量可設置 1 至 5 個。定義函數的語法格式如下：

<function-name> (｛<dummy1>｝｛, <dummy2>｛,…｝｝) = <expression>

定義常數的語法格式如下：

<variable-name> = <constant-expression>

（2）Gnuplot 的繪圖功能

函數或數據資料為 Gnuplot 繪制圖形的數據來源。其中 plot 用於繪制 二維的函數或數據資料；splot 用以繪制三維空間中的曲面，繪制圖形的效果如圖 9-11 所示。

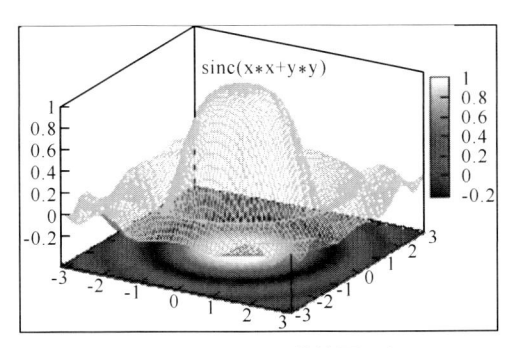

圖 9-11　Gnuplot 的繪圖示例

plot 的使用語法格式為：

plot ｛ranges｝ ｛<function> ｜ ｛" <datafile>" ｛using …｝｝ ｝ ｛title｝ ｛style｝

｝，<function> ｛title｝ ｛style｝…｝

例：plot sin（2*x）* cos（3*x）

splot 的使用語法格式為：

splot ｛ranges｝ ｛<function> | ｛" <datafile>" ｛index i｝ ｛using …｝ ｝ ｝ ｛title｝ ｛style｝ ｝，<function> ｛title｝ ｛style｝…｝

例：splot sin（2*x）* cos（2*x）

（3）設置圖形的顯示屬性

Label 的顯示屬性主要有：線條、文字註解、圖的位置和大小等參數。設置圖的大小格式如下：

Set size ｛<xscale>，<yscale>｝

Show size

例：將圖縮小到原來的 1/4。

set size 0.5：0.5

說明：默認值為 set size 1：1

例：設置圖像的標題為「圖示」，X 軸命名為「橫坐標軸」，Y 軸命名為「縱坐標軸」。

gnuplot> set title「圖示」

gnuplot > set xlable「橫坐標軸」

gnuplot > set ylable「縱坐標軸」

對坐標軸顯示屬性設置的操作有多種，分別列舉如下。

・設置坐標軸的顯示方式：線性和對數兩種方式，默認顯示方式是線性。設置坐標軸的顯示方式為對數的格式如下：

Set logscale <axes> <base>

Unset logscale <axes>

Show logscale

說明：base 的值默認為 10，axes 的值為 xyz 軸的任意組合。

・設置網格屬性：

Set grid；

unset grid；

・設置坐標軸顯示範圍的格式如下：

set xrange；

set autoscale <axes>；

・設置坐標軸的刻度格式示例如下：

set xtics 2.0;

set mxtics 5;

說明：設置 X 軸主刻度的大小為 2.0，且每個主刻度中畫 5 個分刻度。

（4）Gnuplot 繪圖實例

實例 1：在多圖模式下繪圖：

gnuplot > set multiplot #設置為多圖模式

gnuplot > set origin 0.0，0.0 #設置第一個圖的原點位置

gnuplot > set size 1.5，1.5　#設置圖的大小

gnuplot > splot 2 * x+y #繪製第一個圖

gnuplot > set origin 0.5，0.5 #設置第二個圖的原點位置

gnuplot > splot 2 * x-y　#繪製第二個圖

gnuplot > set origin 1.0，1.0#設置第三個圖的原點位置

gnuplot > splot (x+y) * 5#繪製第三個圖

gnuplot > set origin 1.5，1.5#設置第四個圖的原點位置

gnuplot > splot (x+y) * 3+y　#繪製第四個圖

實例 2：用極坐標繪圖繪製蝴蝶結

gnuplot > set clip　#圖形修訂設定

gnuplot > set polar　#設定為極坐標繪圖

gnuplot > beautibufly (t) = exp (cos (t)) -2 * cos (4 * t) +sin (t/12) * *5

#自定義函數 beautibufly (t)

gnuplot > set samples 1000　#設定繪製圖形的取樣點數

gnuplot > set title " Beautibufly" #設定標題

gnuplot > plot beautibufly (t) lw 2 #繪製函數 beautibufly (t)

實例 3：參數方程畫圖

gnuplot > set parametric#設置為參數方程繪圖模式

gnuplot > set hidden#消去隱蔽線

gnuplot > set urange [-pi：pi] #設定 u 參數的顯示範圍

gnuplot > set vrange [-pi：pi] #設定 v 參數的顯示範圍

gnuplot > set isosamples 60，30#設置網格點

gnuplot > splot cos (u) +0.5 * cos (u) * cos (v), sin (u) +0.5 * sin (u) * cos (v), \

0.5 * sin (v) with lines lw 2, 1+cos (u) +0.5 * cos (u) * cos (v), \

0.5 * sinv, sin（u）+0.5 * sin（u）* cos（v）with lines 1w 2

實例 4：繪製 pm3d 圖

gnuplot > set pm3d#設置 pm3d 模式

gnuplot > set isosamples 60，60#設置網格點

gnuplot > splot x * * 2+y * * 2#畫三維圖

gnuplot > splot x+y * * 2 w pm3d#畫成 pm3d 模式，比較發生的變化

gnuplot > set view 0，0#設置視角，將三維圖投影到底面上去

gnuplot > unset ztics#去掉 z 軸上的數字

gnuplot > set isosamples 220，220#使網格變細

gnuplot > replot　#重新繪製圖，注意變化，使過渡更光滑

實例 5：繪製等高線

gnuplot > set samples 30　　　　#設定繪製圖形的取樣點數

gnuplot > set isosamples 31　　　#設置網格點

gnuplot > set xlable " x axis"　　　#X 軸命名為「x axis」

gnuplot > set ylable " y axis"　　　#Y 軸命名為「y axis」

gnuplot > set zlable " z axis"　　　#Z 軸命名為「z axis」

gnuplot > set title " contourplot "　　#設置圖像的標題為「contourplot」

gnuplot > set cntrparam levels incr －100，20，150#設置等高線的疏密和範圍

gnuplot > set contour#設置畫等高線

gnuplot > splot sin（sqrt（x * x+y * y））/sqrt（x * x+y * y）1w 2 #繪製三維圖形

9.2.4.5　Gawk 語言

在 1986 年完成 Gnu 開發后開發的 awk—Gawk 是一種程序語言，與其它的語言相比，具有很強文件資料處理能力，在文件處理方面具有很大優勢。通過書寫簡短的代碼就可完成對文件的修改、抽取、對比等操作。

NS-2 與 OPNET 相比較，有以下不同之處：

（1）NS 是免費的自由軟件，普及度較高，而 OPNET 是付費軟件，普及率受限。

（2）兩者基於的最佳平臺不同，OPNET 在 Windows 環境下安裝使用最匹配，而 NS-2 在 linux 環境下安裝使用最匹配。

（3）OPNET 是一款商業軟件，要求統一操作，無法按需定制，而 NS-2 可以生成適應需求的特殊節點。OPNET 修改節點時只針對其屬性進行修改，不能生成新的節點，而 NS-2 卻能輕鬆實現生成新節點的功能。

（4）OPNET 界面友好、功能強大、操作簡便。NS 界面不如 OPNET，但功能也很強大，熟練掌握操作較難。

（5）NS 比 OPNET 版本更新快。

9.3　QualNet 簡介及使用

QualNet 是一個高性能的網路模擬系統，可用於無線、有線網路動態、快速開發和仿真。QualNet 產品具備高速並行運算能力，能夠實時地將真實的無線網路模擬成「軟件虛擬網路」。QualNet 有良好的可擴展性，支持多核 64 位處理器，具有多線程處理能力，能夠對擁有數千個節點的大型網路進行模擬。QualNet 完全遵循實際網路的體系結構及協議規範，具有較強的可移植性和靈活的接口模塊，並支持並行和串行的仿真模擬環境，能與很多仿真工具密切結合。

QualNet 具有以下特點：

（1）可基於多種操作系統運行：Windows、Linux、Mac OS、Solaris 和 IRIX 等。

（2）採用標準 C 語言編譯，方便用戶調用、修改仿真協議。

（3）根據網路的七層架構採用模塊化方案，各層間用標準的 API 接口相對接，這種設計便於用戶直接選取仿真的協議模塊。

（4）在對無線網路仿真時，主要實現對射頻和無線信道的仿真處理，仿真速度較快。

（5）可將仿真網路接入真實網路中，承擔網路測試任務。

9.3.1　QualNet 的輔助工具

QualNet 由 QualNet Scenario Designer、QualNet Animator、QualNet Analyzer、QualNet Packet Tracer 等軟件構成。

（1）模型設置工具 QualNet Scenario Designer

用戶可使用工具 QualNet Scenario Designer 設置網路模型，操作時只需通過簡單的拖放即可完成。QualNet Scenario Designer 的主要功能包括：設置網路中節點屬性參數、設置地理上分佈的物理鏈接、定義每個節點的網路層協議、定義業務流量特徵。圖 9-12 是 QualNet Scenario Designer 模型設置工具的操作界面。

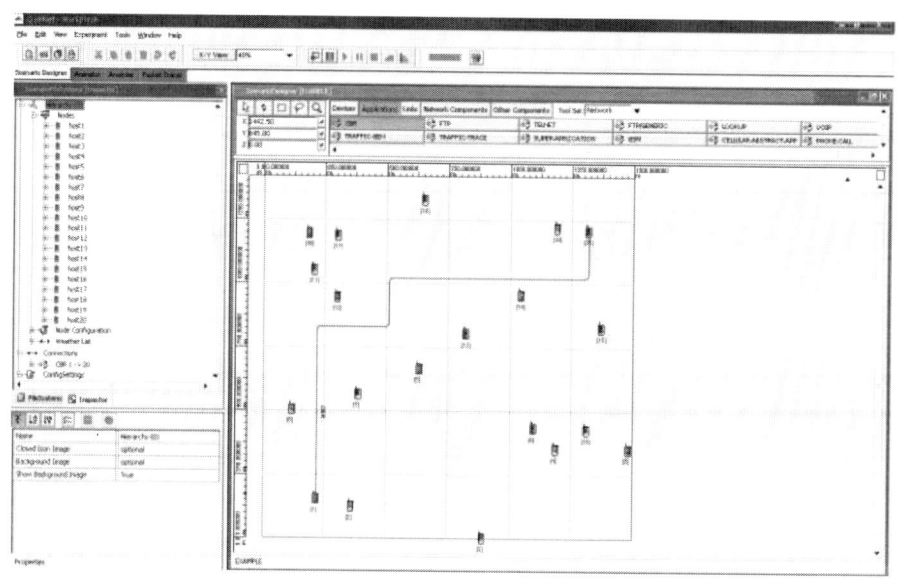

圖 9-12　QualNet Scenario Designer 模型設置工具操作界面

（2）業務流量分析工具 QualNet Animator

用戶使用工具 QualNet Animator 可深度觀察網路的業務流量，並對結果進行分析。仿真時 QualNet Animator 為用戶提供動態可視觀察窗口，並提供批量仿真的功能。圖 9-13 是業務流量分析工具 QualNet Animator 界面。

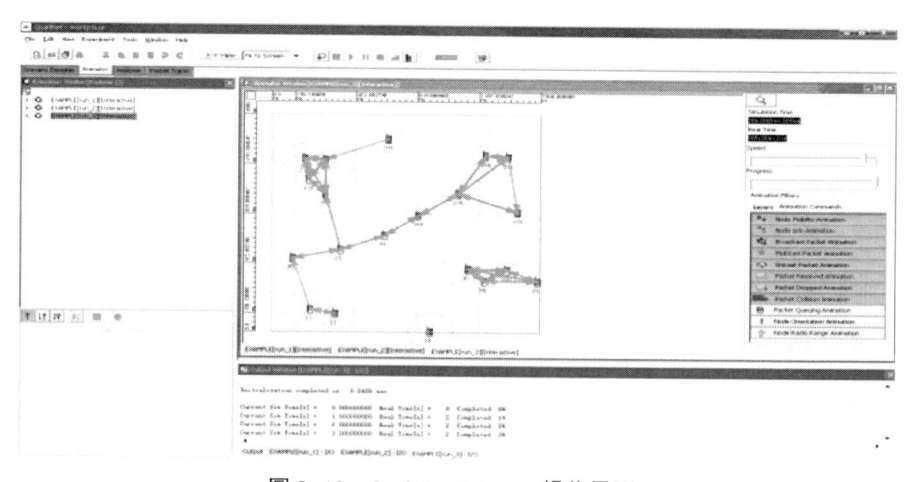

圖 9-13　QualNet Animator 操作界面

（3）圖形化工具 QualNet Analyzer

圖形化工具 QualNet Analyzer 可以採用圖形的形式將上百個統計指標同時顯示出來，並具有將所有的圖表導出到電子表格的功能。通過此工具，用戶能夠對預設的參數直接觀察，也可以按需定義要查看的指標，並形成多實驗報表。圖 9-14 是圖形化工具 QualNet Analyzer 顯示的界面。

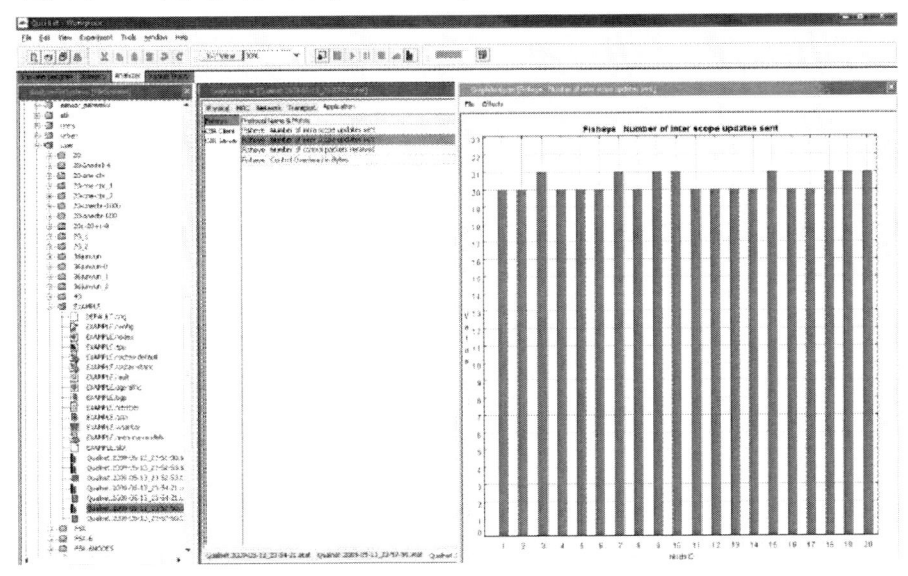

圖 9-14　圖形化工具 QualNet Analyzer 界面

（4）分組級的可視化工具 QualNet Packet Tracer

QualNet Packet Tracer 是一個實用的調試工具，可查看經過協議棧後分組內容變化情況。圖 9-15 是工具 QualNet Packet Tracer 的部分界面。

圖 9-15　QualNet Packet Tracer 界面截取圖

9.3.2 QualNet 的仿真工作流程

QualNet 的仿真工作包括以下流程：
（1）設計網路的拓撲結構，配置網路的各項參數。
（2）運行仿真模型，並對仿真過程監控。
（3）借助各種輔助工具對仿真結果進行分析。
（4）整理本次仿真資料，形成文檔以備后期使用。

9.3.3 QualNet 中源代碼編譯

QualNet 可運行在多種操作系統上，現以 Windows 平臺為例介紹 QualNet 源代碼的編譯過程。

（1）選擇 C++編譯器

任意一個 C++編譯器都可以用來編譯 QualNet 源文件，如 Microsoft Visual Studio 系列、Microsoft Visual C++2008 Express Edition 等。

（2）選擇可執行文件

在 Windows 平臺下，可執行文件包含在 bin 文件夾中，主要有以下兩種：

在 32 位平臺和 64 位平臺上都可以運行的可執行文件：Qualnet-precompiled-32bit.exe

只在 64 位平臺上都可以運行的可執行文件：Qualnet-precompiled-64bit.exe

（3）編譯 QualNet 源代碼

安裝了 C++編譯器 Microsoft Visual Studio 2008 IDE 后，要在環境變量中進行相關環境變量配置。環境變量配置成功后，完成下面的操作。

在 QUALNET_ HOME 目錄下創建新文件：Testfile。（下面文件內容中，縮進是 Tab，不是空格）

Testfile 文件內容：

all：

cd main

nmake – f

Testfile –windows–vc9 rebuild：

clean

nmake – f

Testfile –windows–vc9 clean：

cd main

nmake – f Testfile -windows-vc9 clean

在 Microsoft Visual Studio 2008 中選擇「文件」->「新建」->「從現有代碼創建項目（E）…」，在彈出的對話框中「要創建什麼類型的項目」中選擇「Visual C++」后點擊「下一步」，在彈出的對話框中輸入以下信息：

在彈出的對話框中設置如下調試配置參數后，點擊「完成」按鈕。

完成以上配置后，在 Microsoft Visual Studio 2008 IDE 中選擇如下操作即可完成編譯：

·選擇「生成」菜單->「生成解決方案」：生成 QualNet。

·選擇「生成」菜單->「重新生成解決方案」：會將對象文件清理掉后再重新生成 QualNet。

·選擇「生成」菜單->「清理解決方案」：只能將對象文件清理掉。

網路模擬系統 QualNet 可預測有線網路、無線網路、混合網路及相關設備的性能。由於添加協議是一項超複雜的工作，所以到目前為止，QualNet 暫不處理添加協議的請求。

9.4　OMNeT++簡介及使用

OMNeT++（Objective Modular Network Testbed in C++）是一款免費的、開源的多協議網路仿真軟件，是面向對象的離散事件網路模擬器，擁有完善強大的圖形界面接口。OMNeT++主要用於解決的網路仿真問題：①模擬無線電通信網路信道；②模擬多處理器和其它分佈式硬件系統；③模擬其它相關的離散事件系統；④網路協議仿真建模；⑤模擬排隊網路；⑥驗證硬件體系結構；⑦測評複雜軟件系統各方面性能。任何使用離散時間方法的系統仿真和建模都可通過 OMNeT++網路仿真軟件實現。

9.4.1　OMNeT++的模擬器

OMNeT++提供仿真的基礎底層結構和工具，而不提供具體的網路模型。組件體系結構可被重複使用，用於構建仿真模型。編寫后的模塊具有可重用性，根據需求可隨意組合。

OMNeT++模擬器允許用戶按實際需求繪製系統的邏輯結構。網路通信單元是包括任意複雜數據結構的信息，通過信息完成模塊間的通信。模塊行為由

參數集定制，處於模擬網路最底層的模塊被稱為基本模塊，可以嵌入行為，具有利用模擬器的庫函數在 C++ 進行編程的功能；處於模擬網路最頂層的模塊稱為系統模塊，系統模塊包括子模塊，模塊嵌入層次無限制。各模塊傳輸信息時可通過預先設置的路徑進行，也可以直接通過線路或門發送給目標點。

OMNeT++ 模擬器根據實例、調試及批量執行等不同目的改變用戶接口，為模塊工作的實現服務。高級用戶的接口將模塊透明的交給用戶，使其具備控製模擬器執行或干涉模擬器執行的能力。

當多個並聯的分佈式模擬器之間有通信仿真的需求時，可在 OMNeT++ 分佈式並行仿真功能支持下實現。這種並行仿真算法中加入新的模塊操作簡單，易於擴展，只需配置即可實現，無需特定的運行結構。由於模擬器可並行運行在 GUI 下，所以 GUI 提供的運行過程反饋資料使 OMNeT++ 又具備了多層次描述並行模擬仿真算法的功能。

9.4.2　OMNeT++ 組織框架

仿真工具 OMNeT++ 由六部分構成，分別是：

（1）網路描述語言的編譯器- network description compiler，nedc

（2）命令行形式的的用戶接口-Cmdenv

（3）圖形化形式的用戶接口-Tkenv

（4）網路描述圖形化編輯器-graphical network description editor，GNED

（5）仿真核心庫-simulation kernel library，Sim

（6）向量圖形化輸出工具-Plove

其中仿真核心庫（simulation kernel library，Sim）在 OMNeT++ 中起關鍵作用，用戶設計的每一個仿真實例都需內核庫 Sim 的支持。

OMNeT++ 框架是一個模塊化結構，高層體系結構如圖 9-15 所示。

OMNeT++ 實現仿真程序的人機交互機制依賴用戶接口完成。在 OMNeT++ 中用戶的操作權限有：設置模型內部變量、開始仿真操作、停止仿真操作以及觀察模型的內部機制。在仿真的過程中，用戶在編制、運行及調試時可使用圖形化的用戶界面，這樣更方便、更快速，更直觀。

OMNeT++ 的用戶接口有兩種類型，分別是圖形化接口和命令行接口。Tkenv 是圖形化接口，功能強大；Cmdenv 是命令行接口，比較簡易。Tkenv 表現出多種特徵：仿真動畫、標記斷點、在獨立窗口中輸出各模塊的文本、在 Tkenv 窗口中查看自己發送的消息、檢查和改變模型中的變量、顯示模型的詳細信息、用柱狀圖和時間序列圖顯示仿真結果。在 Tkenv 接口下可完成仿真程

序的跟蹤、調試、執行及執行狀態信息反饋等功能。

作為一個簡單易操作的命令行接口方式，Cmdenv 經常被應用在模擬實驗中。Cmdenv 表現出的特徵有：處理代碼快速、支持多操作系統、可批處理多項操作等。

批處理配置文件中的所有仿真將被一次性完成。

如圖 9-16 所示：

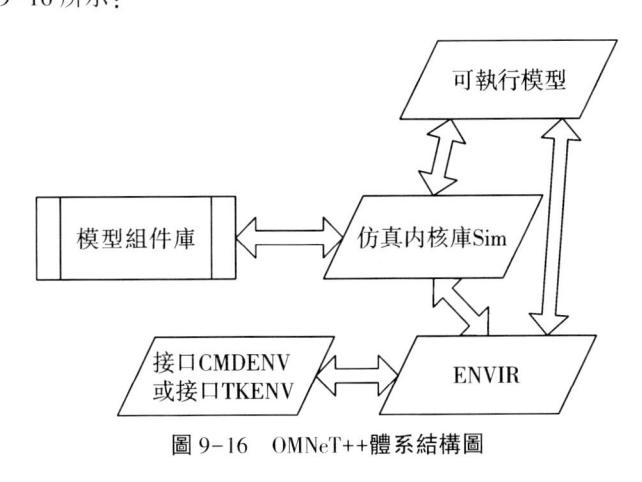

圖 9-16　OMNeT++體系結構圖

在 OMNeT++的體系結構中，各組件之間的關係遵循以下規則：

（1）可執行模型和核心庫 Sim 的關係。庫 Sim 的 main 對象可用於存儲執行模型的模塊代碼。當某些事務觸發後，Sim 會按需調用能完成此項操作的模塊。

（2）Envir 和核心庫 Sim 的關係。仿真模型的類型由 Envir 來確定，但在具體實現功能時需要核心庫 Sim 的支持。Envir 能夠捕捉並處理仿真內核和類庫中發生的異常和錯誤。

（3）可執行模型和 Envir 的關係。Envir 與可執行模型的對話是通過用戶接口對象 ev 來完成，主要用於保存仿真實驗操作中產生的調試文本。

（4）Envir 和 Tkenv、Cmdenv 的關係。類 Tkenv 和 Cmdenv 的父類是基類 TOmnetApp，類 TOmnetApp 可承擔用戶接口的功能，其定義代碼存儲在 Envir 中。Sim 和模型通過實例化 TOmnetApp 類調用 ev 對象，Envir 實現 Cmdenv 和 Tkenv 的基本功能和框架時也是通過 TOmnetApp 和其它類的方法來完成。

（5）組件庫和核心庫 Sim 的關係。仿真模型主要由核心庫 Sim 負責組建，在仿真過程中，各簡單型的模塊及組件都由核心庫 Sim 完成實例化的操作。若對組件實施的註冊和查尋等操作是由 Sim 在模型的組件庫中完成的，此創建模

塊的方式屬於動態創建。

9.4.3 OMNeT++的兩種工具語言

OMNeT++是基於事件驅動和進程式兩種方式的面向對象離散事件模擬工具，採用C++和NED（NEtwork Discription，網路描述）兩種語言進行混合式建模。

9.4.3.1 用C++語言編寫簡單模塊

OMNeT++中主要使用C++語言編寫簡單模塊。OMNeT++定義簡單模塊時使用CSimpleModule類。表9-5列出類CSimpleModule的四個成員函數的功能。

表9-5　　　　　類CSimpleModule的四個成員函數

成員函數	功能說明
Initialize（）	完成初始化工作。在執行未來事件集FES中的初始化消息前調用此函數，對成員變量初始化。對於複合模塊來說，其初始化操作要先於其子模塊完成。
activity（）	用戶通過此函數編寫一個簡單模塊，將其作為進程描述，函數中可以設置延緩執行時間等參數。當多個簡單模塊都包含此函數時，可協同執行多任務。activity（）函數中，用戶可根據需要手動設置模塊棧空間，一般設置為16k。若使用activity（）函數，則無需重載initialize（）函數。但activity（）函數也會引發內存負荷太重，協同多任務執行速度慢等問題，因此不是一種理想的編程方式。
handleMessage（）	適合應用在有幾千個簡單模塊的需要存儲較多狀態訊息或多狀態複雜的協議的大規模模擬環境中。handleMessage（）無需為每個模塊劃分獨立的棧空間，函數調用速度快。但也存在本地變量無法存儲狀態訊息，需要重載initialize（）的劣勢，在設計模塊時不方便。
finish（）	當循環完成後程序正常中止時被調用，調用模塊的順序與initialize（）秩序相逆。

使用CSimpleModule類註冊簡單模塊需要手動地添加宏define_Module（）或Define_Module_Like（）。用戶可以對CSimpleModule的四個重要的成員函數重新定義，但要求能同時將activity（）和handleMessage（）函數放置在一個簡單模塊中。OMNeT++會自動添加複合模塊，無需用戶干預。

9.4.3.2 NED語言

NED語言是OMNeT++特有的語言，包括import指令、定義通道、定義簡單和複合模塊、定義網路等多項功能。NED語言還具備自定義消息（message）

格式的功能。

（1）import 指令：當需要使用其它的通道、簡單和複合模塊等網路組件時，需要通過 import 指令提前引入相關的網路描述進行聲明。

（2）定義通道：位誤碼率 error、傳播延時 delay 和傳輸速率 datarate 是定義通道時的三個可選參數，要求其值為常量。error 的值表示錯誤傳輸一位的概率，傳播延時 delay 的單位為秒。datarate 用於計算包在通道中的傳輸能力，單位為位/秒。

（3）定義簡單和複合模塊：模塊（module）是 NED 中重要的實體，分為簡單模塊（simple module）和複合模塊（compound module）兩種。模塊間進行消息（message）傳輸時通過自身的門（gates）來實現。

定義其它模塊基礎的簡單模塊時，要求模塊名的首字母大寫並聲明門和參數，參數的類型有：numeric const、sring、numeric、bool 和 xml。若不指定參數類型，則默認為 numeric。參數可被簡單模塊的算法訪問。門有輸入門和輸出門兩種類型，是模塊間開始連接和終止連接的點。也可以將多個門組合在一起構成門向量來使用。

由一到多個子模塊組成複合模塊。簡單模塊和複合模塊都可以作為子模塊。複合模塊也需要聲明門和參數，同時還需聲明該複合模塊的連接和子模塊。OMNeT++模塊化具有層次化的結構。

（4）定義網路：網路定義主要是用於聲明要選擇的仿真模型，而仿真模型是需要由預先定義的模塊類型生成的實例。在 NED 文件中可根據需要定義多個網路模型並將其放在配置文件以供選擇。

9.4.4　OMNeT++建模操作

OMNeT++在構建模型時是通過組合可重用的模塊和組件完成，提供一種基於組件的架構。簡單模塊通過門（gate）相連構成複合模塊，複合模塊即可成為仿真模型實例。

創建簡單模塊就是生成一個繼承於類 cSimpleModuleC++的子類，類中需要覆寫一個虛成員方法，然后將新創建的類通過宏 Define_ Module（）註冊到 OMNeT++中。

模塊間通信的主要媒介是消息，timers（timeouts）也可以處理模塊發送給自身的消息。創建的消息或是 cMessage 類或是其子類，應包含數據成員，最重要的數據成員有 name、length 等。另外的數據成員可對發送/調度的信息進行存儲，這些數據成員包括：arrival gate、arrival time 等。若想在消息中傳輸更

多的數據，可通過繼承添加更多的數據成員。定義消息類時，無需用戶自己手工編寫，只需放在文件.msg中，定義的過程完全可在OMNet++的opp_msgc工具幫助下進行。文件.msg支持進一步的繼承、組合數組成員等功能，且擁有可在C++中自定義的語法，生成的C++文件的后綴是_m.h、m.cc。

對消息進行處理的相關成員函數都由類cSimpleModule提供。類cSimpleModule提供了方法send()和handleMessage()分別用於模塊間發送消息和處理接收到的消息。方法send()有兩個參數，分別為：cMessage * msg和const char * outGateName；方法handleMessage()只有cMessage * msg一個參數用於接收消息。當仿真環境為無線型時，NED文件中則不必再建立連接，此時只需調用方法sendDirect()即可直接將消息傳遞到其它模塊。方法sendDirect()的形參有四個，分別為：cMessage * msg、double delay、cModule * targetModule和const char * inGateName。

使用方法par（const char * paramName）讀取簡單模塊的NED參數，其返回值是cPar對象的引用。一般情況下，讀取操作在initialize()方法中完成，讀取到的參數值被存儲在類模塊的相應成員變量中。若方法par的返回值不符合要求，則可通過doubleValue()等方法完成數據類型的轉換。另外，也可以將參數賦值到XML文件中，C++代碼用DOM對象樹形式輸出。

OMNeT++建模操作步驟：

(1) 編寫消息、NED和C++代碼；

(2) 生成VC的makefile文件；

(3) 生成可執行文件，使用編譯命令nmake完成；

(4) 添加配置文件Omnetpp.ini，生成可跨平臺執行的仿真程序。仿真中需要的各個參數都可設置在文件Omnetpp.ini中

OMNeT++建模的流程如圖9-17所示。

9.4.5　OMNeT++仿真

OMNeT++仿真操作中要求首先編寫三個重要源文件的代碼，它們是EtherTrafficGen文件、EtherLLC文件和EtherMAC文件。然后對編寫好的源文件進行編譯操作，生成可執行文件。最后將運行的參數定義在配置文件omnetpp.ini中，此時一個可獨立運行的仿真程序生成了。

若在同一個目錄下包括了所需的所有源文件，運行操作如下：

opp_makemake --deepmake

通過以上操作，文件makefile被創建出來。由於參數配置已提前完成，所

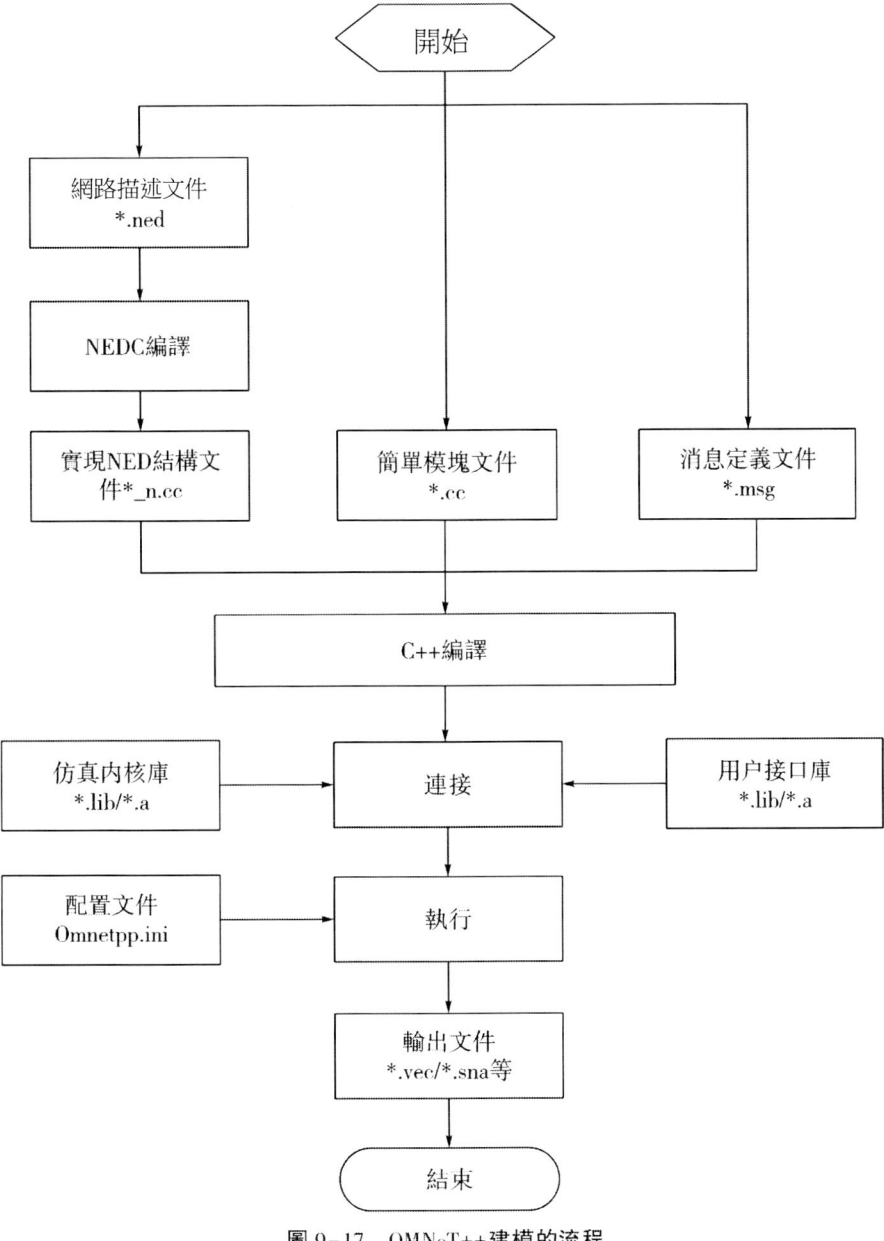

圖 9-17　OMNeT++建模的流程

以此時不再有任何的額外工作需要完成。

如果源文件存儲在不同的文件目錄下，則需要根據規定使用，操作時要傳遞額外的參數。

配置文件 omnetpp.ini 在仿真中起著關鍵的作用，主要用於定義仿真的網路：配置模塊參數、設定仿真運行時間、生成隨機數種子和收集的統計量等，可使用通配符為模塊的參數賦值。omnetpp.ini 也可以按需載入 NED 文件，且不能覆蓋 NED 中設置的參數值。如果在仿真時缺失配置文件 omnetpp.ini，運行時會報錯。

如果在仿真實驗中需要用到多個 ini 文件，需要使用傳遞參數 -f 來完成。

仿真程序默認運行方式是圖形用戶接口 TKenv，若遇批處理等特殊要求時可選擇使用命令接口 cmdenv。若想切換成命令接口 cmdenv 工作模式，則需要在文件 makefile 中進行編輯，以完成可執行文件與相應的庫鏈接操作。

網路仿真的輸出結果有兩種表現形式，分別為：標量輸出、向量輸出。對應不同的輸出形式，文件的指定標示分別為 omnetpp.sca 和 omnetpp.vec。若要讓輸出結果使用其它名字，則需要在配置文件 omnetpp.ini 中指定，並在簡單模塊中編寫賦予其記錄仿真結果能力的代碼。

在 omnetpp.ini 中可開啓或關閉某個輸出向量記錄，也能根據需要自由指定各仿真操作中間隔的時長。向量型的輸出文件中包括了多個輸出向量，這些向量是按照時間點記錄仿真行為，各輸出向量的值是一個由鍵名和值構成的鍵值對。存儲在輸出向量中的信息主要有：時間的隊列長度、端到端的數據包接收延遲、丟包量、信道吞吐量以及在簡單模塊中所設置的統計量等。通常簡單模塊獲取的輸出向量通過查看 cOutVector 對象的 C++ 的源代碼進行。可用程序 Plove 對輸出向量繪圖。

輸出標量文件用於記錄總的統計量，主要數據包括：發包量、丟包量、包平均的端到端傳輸延遲、信道吞吐量的峰值等。獲取輸出標量的值有兩種方法，一種是通過調用方法 recodScala()；另一種是通過簡單模塊類中的方法 finish()。用 Scalars 程序對輸出標量繪圖。

9.5　本章小結

本章介紹了 OPNET、NS-2、QualNet 和 OMNeT++ 四種優秀的網路仿真平臺，它們都可用於無線網路自組網 Ad Hoc 的模擬和仿真。

通信網路仿真平臺 OPNET 具有商業性，採用節點、網路和過程三層模型實現網路仿真操作。OPNET 的無線模型中用戶可按需指定頻率、帶寬和功率等多項參數，使節點間的連接和傳播由流水線的體系結構來確定。OPNET 提

供了 802.11、3G 和 TCP/IP 等眾多模型，注重網路服務質量 QoS 的性能評價。

NS-2 是免費的開源自由軟件，用於網路離散事件仿真，主要致力於 OSI 模型的仿真，能夠提供路由算法、TCP 協議、多播協議、仿真的網路協議和調度器等多種技術支持。NS-2 可跟蹤仿真過程並利用仿真動畫工具對仿真過程回放。由於太過詳細地對數據包級進行仿真，所以對於大規模網路仿真 NS-2 無法勝任。

QualNet 是一款可應用於有線和無線網路的快速、精確的動態仿真系統，採用標準 C 語言編譯，易於修改和調用。Qualnet 具有良好的可擴展性，可跨平臺運行於 Linux、Windows、Mac OS 和 Solaris 等多種操作系統上，還可以作為真實網路的子模塊，參與真正的網路測試中。

與其它網路模擬器相比，OMNeT++使用較為簡單。OMNeT++具備編程、調試和跟蹤等多項功能，可快速確定網路拓撲結構，並能運行在多個操作系統平臺上。不足之處是，到目前關於 OMNeT++的參考資料較少。

參考文獻

［1］王文博；張金文. OPNET Modeler 與網路仿真［M］. 北京：人民郵電出版社，2003：5-25.

［2］張銘，竇赫蕾，常春藤. OPNET Modeler 與網路仿真［M］. 北京：人民郵電出版社，2007：21-40.

［3］陳敏. OPNET 網路仿真［M］. 北京：清華大學出版社，2004：34-53.

［4］方路平，劉世華著. NS-2 網路模擬基礎與應用［M］. 北京：國防工業出版社，2008：20-158.

［5］王安，呂娜，王翔，等. 基於 QualNet 的數據鏈仿真技術研究［J］. 計算機工程與設計，2012，33（9）：3548-3552.

［6］趙永利 張杰. OMNeT++與網路仿真［M］. 北京：人民郵電出版社，2012：3-201.

［7］Andras Varga. OMNeT++ User Manual［EB/OL］. http：//www.omnetpp.org /index.php.

［8］操敏，李文峰，袁兵. 基於 OMNeT++的傳感器網路仿真［J］. 中國科技論文在線，2006：1-7.

第 10 章　基於 ZigBee 的農業環境遠程監測系統

　　為改變中國農業生產傳統管理方式，利用 ZigBee 技術近距離無線傳輸的優勢，設計智能農業環境遠程監測系統。該系統綜合運用通信、計算機及網路各方面技術。本系統可實時、準確地採集農田中溫度、濕度、光照強度、土壤 pH 值、植物葉綠素含量等數據，為智能農業生產提供可靠數據，從而提高農業管理智能化水平，推進農業生產現代化進程。

10.1　開發背景

　　農業生產是關係國計民生的大事，在人類社會中扮演著重要的角色。自人類社會出現以來，經原始農業、傳統農業兩個階段的發展，現在邁入現代化農業發展時期。現代農業具備時代特徵，主要表現在農業生產中運用信息技術，通過空間數據的採集和分析，構建以知識為基礎的農業管理體系。精準農業以 3S（GPS，GIS，RS）等技術為支撐，在農業環境中精確定位、準確採集信息、可靠傳輸並智能分析，從而指導農業發展。農業的發展趨勢是：由定性研究趨向定量研究，由靜態描述趨向動態分析；逐漸向多層次的綜合研究發展；與其他某些學科的交叉研究日益顯著。

　　ZigBee 技術是一種成熟的無線通信技術，以其低耗、低成本、低速率、操作簡單等優勢，在構建無線傳感器網路時備受青睞。ZigBee 聯盟制定通信中網路層和應用層協議，主要完成組網、安全認證等工作，以保障不同的 ZigBee 設備可兼容工作。基於 ZigBee 技術的網路拓撲結構有星型、樹型（簇狀）和網狀三種。

　　本方案結合 Linux 操作系統、ZigBee 傳感器和 WIFI 模塊，構建現代化的基於 ZigBee 的智能農業環境遠程監測系統。農田中需布置大量傳感器節點用

於數據採集，要求節點移動速度緩慢，即網路環境隨時間變化機率小，因此本系統中選用 ZigBee 技術用於網路組建。遠程農業環境監測系統實現實時、準確數據採集，為智能農業生產決策提供可靠數據，指導農業生產，解決精準農業中的關鍵問題。

10.2 系統總體框架

利用基於 ZigBee 的農業環境數據監測系統遠程採集農業生產中各項數據。用戶可以實時收集遠程農田環境中的各種數據，包括溫度、濕度、光照強度、土壤 pH 值、植物葉綠素含量等，並將收集到的數據顯示在 PC 端上。通過觀察、分析、處理數據，為智能決策系統提供可靠數據，利用專家知識系統指導生產，確定生產中灌溉量、除草除蟲劑及化肥追加量，使農業耕種管理更加高效、簡單、便捷。

基於 ZigBee 的智能農業監測環境總體框架如圖 10-1 所示。

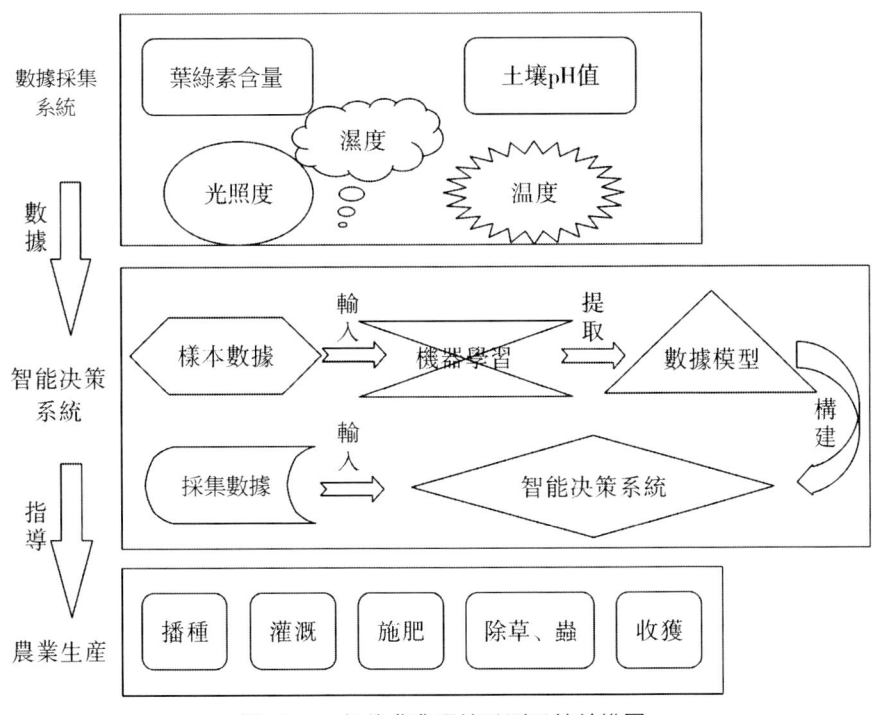

圖 10-1　智能農業環境監測系統結構圖

本系統主要由三大部分組成：數據採集系統、智能決策系統和農業生產。信息採集系統負責農田數據採集，然後將數據信息發送給智能決策系統進行統計分析，通過統計分析結果指導農業生產。

　　在信息採集系統中綜合多種技術全方位採集數據。首先採用星型（簇狀）拓撲結構在農田中放置傳感器，網路中的節點有三種類型：信息採集節點、協調節點和網關節點。在系統中網關節點主要用於和服務器進行信息交互，協調節點在網關和信息採集節點間起到紐帶的作用。系統採集農田中各種主要數據，包括：溫度、濕度、光照強度、土壤 pH 值、植物葉綠素含量。

　　智能決策系統的形成需要經過多次的機器學習。首先輸入樣本數據，通過機器反覆學習提取出數學模型，根據模型構建智能決策系統。形成了成熟的決策系統之後，方可將信息採集系統中收集到的數據輸入此系統中，通過系統統計分析比對等操作得出指導農業生產活動的策略。此模塊採用陳雲坪等提出的精準農業處方智能生成系統，生成具有可靠性高的數學模型用於以後的數據分析。

　　農業生產是整個農事活動中的核心環節，直接影響作物產量。在此模塊中涉及播種、灌溉、施肥、除草、除蟲等多個操作步驟。根據智能決策支持系統的指導，農業生產中將體現精確作業，改變傳統作業中的經驗操作。在本階段，各項操作需要有智能化農機具的支持。將農機具上控製下種密度和施肥量的控製閥門作為節點加入到基於 ZigBee 的無線傳感器網路中，即可實現根據當前農機具所處環境進行變量播種、施肥。除蟲、除草操作則需要提前利用圖像識別技術識別出蟲、草的品種，根據品種有針對性地噴灑藥物，在噴灑過程中準確操作大大減少藥劑使用量，減少浪費，降低對空氣的污染程度，做到低耗高質。灌溉時用水量的多少依據兩個重要的因素：一是傳感器監測到的作物生長環境中的溫濕度；另一個是依據專家系統對作物生長過程中不同階段對水量的需求度。經過精密指導，可對作物進行智能灌溉，避免盲目操作造成的水資源浪費及利用率低下等問題。

　　本設計主要完成數據採集系統。然后將數據信息發送給智能決策系統進行統計分析，通過統計分析結果指導農業生產。

10.3　系統開發環境及關鍵技術

　　本節主要介紹基於 ZigBee 的智能農業環境遠程監測系統的開發環境和使

用的關鍵技術。

10.3.1 系統開發環境

(1) 硬件開發平臺

選用 TQ2440 開發板，該開發板技術成熟，應用廣泛，相關使用手冊等資料齊全，可以很方便地查閱及實踐，大大縮短開發週期。

Acorn 計算機有限公司設計的 ARM 處理器主要面向低端市場，是一款 RISC 微處理器。ARM 處理器具有低電壓、低功耗、低成本、高性能等特點，在嵌入式市場上佔有重要地位，受到廣泛應用。ARM 處理器同時配備了 32 位和 16 位指令集，以適應不同的需求。本方案中採用 ARM 作為嵌入式處理器。

(2) ZigBee 模塊

利用無線數據傳輸功能，系統中數據傳輸任務主要由 ZigBee 模塊完成。ZigBee 模塊使用高性能芯片，具有低功耗、低成本、短時延的特點。

(3) WIFI 模塊

WIFI 模塊內置無線網路協議棧。硬件設備中嵌入 WIFI 模塊，主要用於接入互聯網，是遠程農田環境數據監測系統的重要組成部分。

10.3.2 系統開發關鍵技術

(1) CGI 接口技術

CGI（Common Gateway Interface），公共網關接口，是其它程序與 Web 服務器進行交互的工具，是 WWW 技術中最重要的技術之一。大多數 CGI 程序用來處理表單信息，Web 服務器根據接收到的數據類型進行處理，然后發送特定信息給瀏覽器。

(2) ZigBee 技術

ZigBee 是一種行業標準，定義了短距離、低功耗的無線通信所需要的一系列協議。它的出現填補了無線通信市場的空缺。

本監控系統要求將遠程農田環境中傳感器獲取到的數據返回給用戶，系統傳輸的數據量少、耗電低，但控製能力高。

由於藍牙協議功耗高、成本高、抗干擾能力差、信息保密性差，尤其是在傳輸範圍方面受限，一般有效範圍在 10 米左右，所以不適合用於農業環境數據監測。但 ZigBee 技術可使數據傳輸距離增加，且成本低、功耗低，適用於該系統的開發，所以作為通信協議的首選。

ZigBee 採用分層結構。ZigBee 協議棧從下到上分別為物理層、介質訪問控

製層、網路層、應用程序支持子層、應用層。

（3）傳感器技術

傳感器是採集到外來信息並將接收到的信息以電信號或者其它形式輸入到計算機中的一種硬件設備。

它是實現遠程農田環境監控的重要組成部分，主要用於採集各種數據。

10.4 系統設計

根據系統需求設計相應的系統流程圖和框架圖，為系統的實現提供更明確的思路。

10.4.1 系統整體設計

基於 ZigBee 的農業環境數據監測系統主要由四部分協作完成。
（1）硬件平臺：ARM 處理器、ZigBee 模塊、WIFI 模塊；
（2）軟件平臺：嵌入式 Linux 系統和 Boa 服務器；
（3）開發語言：C 語言、HTML 語言；
（4）數據庫：Sqlite 數據庫。

整個系統框架圖如圖 10-2 所示。

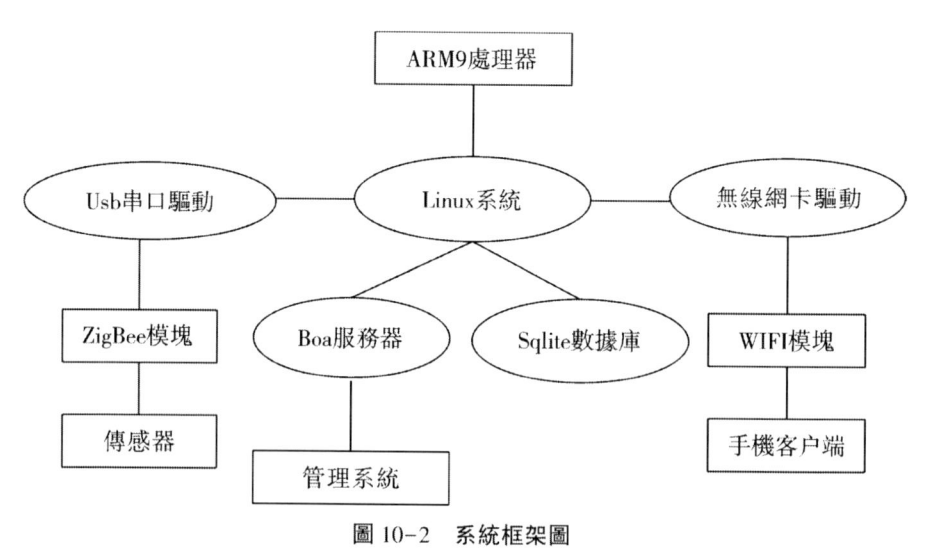

圖 10-2　系統框架圖

10.4.2 系統硬件連接

該監控系統使用 WIFI 模塊聯入互聯網，實現農業信息無線採集系統硬件連接結構示意圖如圖 10-3 所示。

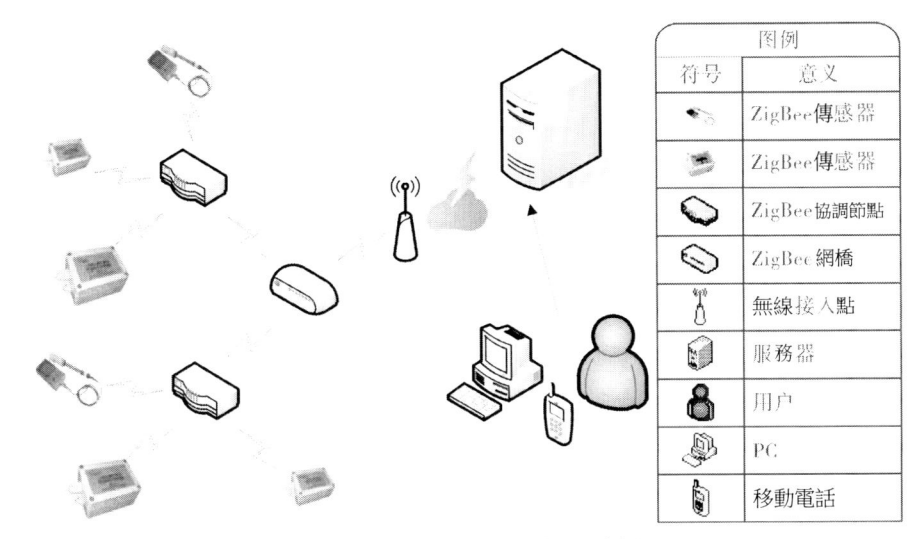

图例	
符号	意义
	ZigBee 傳感器
	ZigBee 傳感器
	ZigBee 協調節點
	ZigBee 網橋
	無線接入點
	服務器
	用户
	PC
	移動電話

圖 10-3　系統硬件連接結構示意圖

該監控系統的硬件平臺使用 TQ2440 開發板，TQ2440 是一款開發各種嵌入式應用系統的專業工具，它採用三星公司的 ARM9 芯片的 S3C2440 作為 CPU。該開發板已經廣泛應用於車載手持、網路監控、工業控製、檢測設備、儀器儀表、智能終端、醫療器械等嵌入式高端產品。

無線通信傳感網路採用以 TI 公司 CC2530 為主芯片的 ZigBee 模塊，CC2530 能夠以非常低的成本建立強大的網路節點。

10.4.3 系統軟件設計

系統軟件環境主要從應用程序移植、Web 模塊、數據庫、ZigBee 模塊四個方面進行設計。

10.4.3.1 應用程序移植設計

(1) 嵌入式系統移植

嵌入式 Linux 系統移植主要分為 Bootloader 移植、內核移植、文件系統移植。Bootloader 是嵌入式系統開始運行之前執行的一段程序，通過這段程序可以初始化硬件設備，並為內核移植和文件系統移植做好準備。

內核：內核是嵌入式 Linux 系統的核心。它是一個提供硬件抽象層、磁盤及文件系統控製、多任務等功能的系統軟件。

文件系統：文件系統是嵌入式 Linux 系統中非常重要的一部分，負責管理和存儲文件。文件系統主要包含著文件中的數據和文件系統的結構，用戶看到的文件、目錄等都存儲在其中。BusyBox 是一個集成了一百多個常用 Linux 命令和工具的軟件。利用 BusyBox 軟件進行移植，產生一個最基本的文件系統，再根據需要添加相應的應用程序。

整個系統的移植流程如圖 10-4 所示。

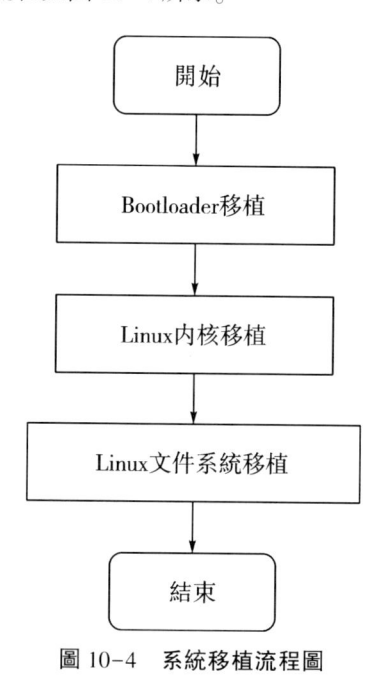

圖 10-4　系統移植流程圖

（2）WIFI 無線網卡驅動移植設計

嵌入式 Linux 系統移植完成后，需要修改 WIFI 無線網卡驅動程序，將其編譯成功后的驅動加載到 ARM9 開發板上。WIFI 無線網卡加載成功后，產生 WIFI 信號，用戶通過設備連接網路。無線網卡驅動移植流程如圖 10-5 所示。

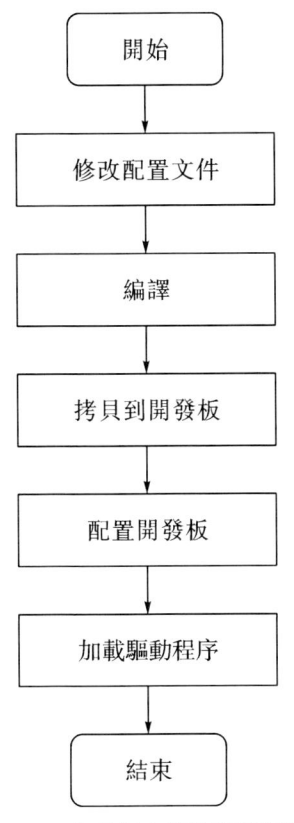

圖 10-5　無線網卡驅動移植流程圖

（3）Boa 服務器移植設計

Boa 是一個小巧的 Web 服務器，運行於 Linux 平臺上並支持 CGI 程序。移植 Boa 服務器的流程如圖 10-6 所示。

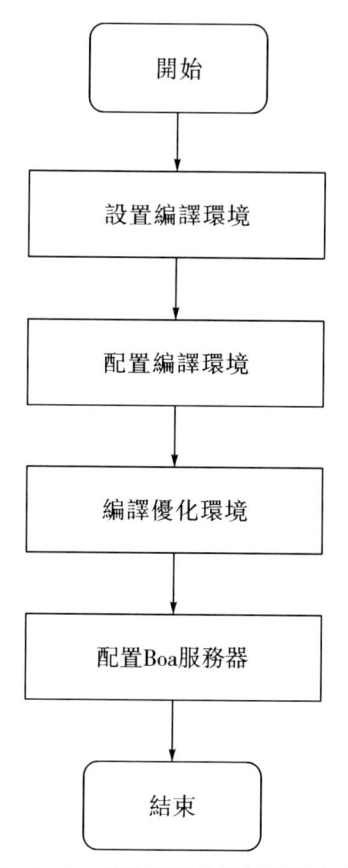

```
          開始
           │
           ▼
       設置編譯環境
           │
           ▼
       配置編譯環境
           │
           ▼
       編譯優化環境
           │
           ▼
      配置Boa服務器
           │
           ▼
          結束
```

圖 10-6　Boa 服務器的移植及配置流程圖

(4) Sqlite 數據庫管理系統移植設計

串口監聽程序將農業環境中採集到的溫度、濕度、光照強度、土壤 PH 值、農作物葉綠素含量等數據存儲在數據庫中，並將新節點數據存儲在數據庫中。Sqlite 數據庫管理系統移植流程如圖 10-7 所示。

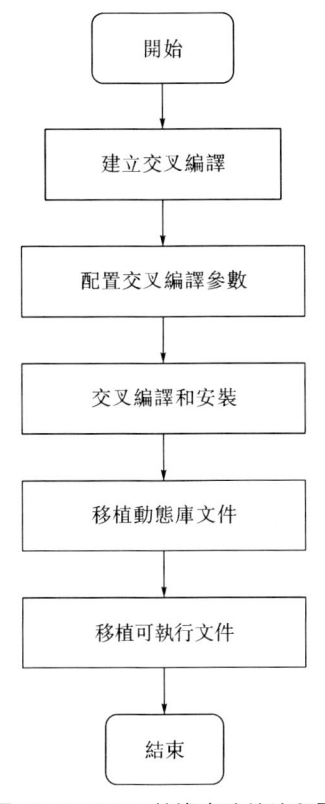

```
                    ┌──────┐
                    │ 開始 │
                    └──┬───┘
                       │
               ┌───────▼────────┐
               │  建立交叉編譯  │
               └───────┬────────┘
                       │
            ┌──────────▼──────────┐
            │  配置交叉編譯參數   │
            └──────────┬──────────┘
                       │
              ┌────────▼────────┐
              │  交叉編譯和安裝 │
              └────────┬────────┘
                       │
              ┌────────▼────────┐
              │  移植動態庫文件 │
              └────────┬────────┘
                       │
              ┌────────▼────────┐
              │  移植可執行文件 │
              └────────┬────────┘
                       │
                    ┌──▼───┐
                    │ 結束 │
                    └──────┘
```

圖 10-7　Sqlite **數據庫移植流程圖**

10.4.3.2　Web 模塊設計

用戶連接 WIFI 信號，通過 Web 瀏覽器進入登錄界面，身分驗證成功后，進入系統主界面。主界面上有運行狀態、基本設置、遠程顯示、遠程控製四個功能。用戶根據自己的需求，選擇其中的功能，進行請求，Web 服務器在接收請求后，處理用戶請求，並返回需要的數據。Web 模塊的功能模塊圖如圖 10-8 所示。

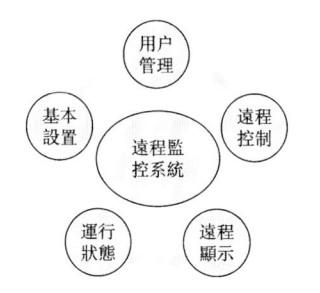

圖 10-8　Web **模塊功能模塊圖**

串口始終處於監聽狀態。網頁通過串口發送命令，協調器接收數據，並發送給終端節點。如果終端節點接收的是讀取命令，則讀取傳感器的數據，存儲於 sqlite 數據庫中，並將讀到的數據發送給協調器。如果終端節點接收的是控製命令，則控製指示燈。串口監聽流程圖如圖 10-9 所示。

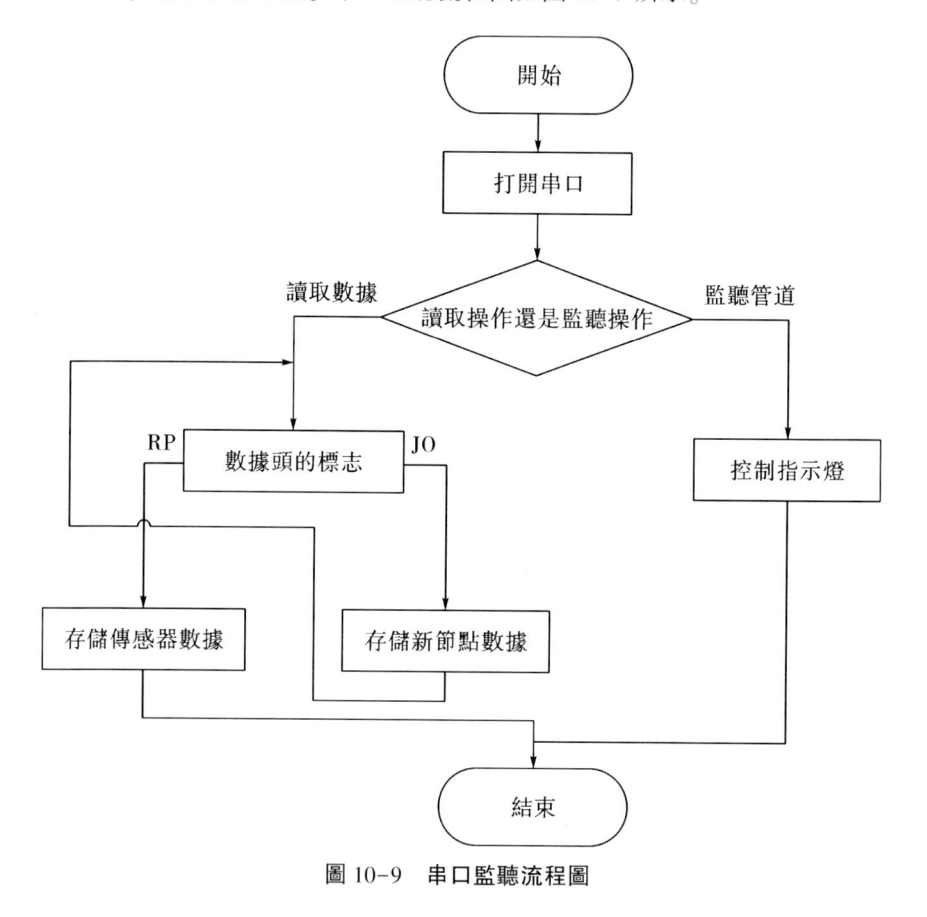

圖 10-9　串口監聽流程圖

10.4.3.3　數據庫設計

系統運行時產生的有用數據需要存儲在數據表中，因此需要有數據庫的支持。本系統使用的數據庫為輕量級的 Sqlite 數據庫，明顯的優勢是對數據的訪問簡單、方便。在數據庫中需要建立 ZigBee 協調器節點表和 ZigBee 終端節點表。由於兩類節點在網路中承擔的任務不同，所以每類節點有自己不同的屬性。整個數據庫系統中兩個實體的屬性及其之間的相互關係用 E-R 模型表示，如圖 10-10 所示。

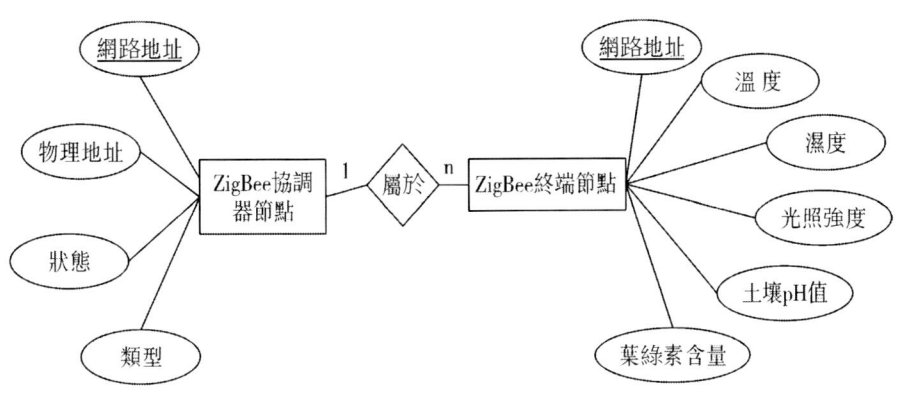

圖 10-10 數據庫系統 E-R 圖

根據系統模塊規劃，在 sqlite 數據庫中建立 ZigBee 協調器節點表和 ZigBee 終端節點表。協調器節點表結構如表 10-1 所示。

表 10-1　　　　　　　　ZigBee 協調器節點表

主鍵	列名	數據庫類型	允許空
是	Addr	integer	不允許
否	paddr	integer	不允許
否	status	integer	允許
否	Type	char	允許

ZigBee 終端節點表如表 10-2 所示。

表 10-2　　　　　　　　ZigBee 終端節點表

主鍵	列名	數據庫類型	允許空
是	Addr	integer	不允許
否	Temp	float	允許
否	Humidity	float	允許
否	Light	float	允許
否	pH	float	允許
否	crpCc	float	允許

兩個數據表中字段含義說明如下：

（1）ZigBee 協調器節點表：status（狀態），addr（網路地址），paddr（物理地址），type（節點類型）。

第 10 章　基於 ZigBee 的農業環境遠程監測系統

(2) ZigBee 終端節點表：Addr（網路地址）、Temp（溫度）、Humidity（濕度）、Light（光照強度）、pH（土壤 pH 值）、crpCc（植物葉綠素含量）

10.4.3.4　ZigBee 模塊設計

ZigBee 無線收發模塊採用的是星型網路拓撲結構，網路中有協調器、終端節點兩類節點。ZigBee 協調器處理數據流程如圖 10-11 所示。

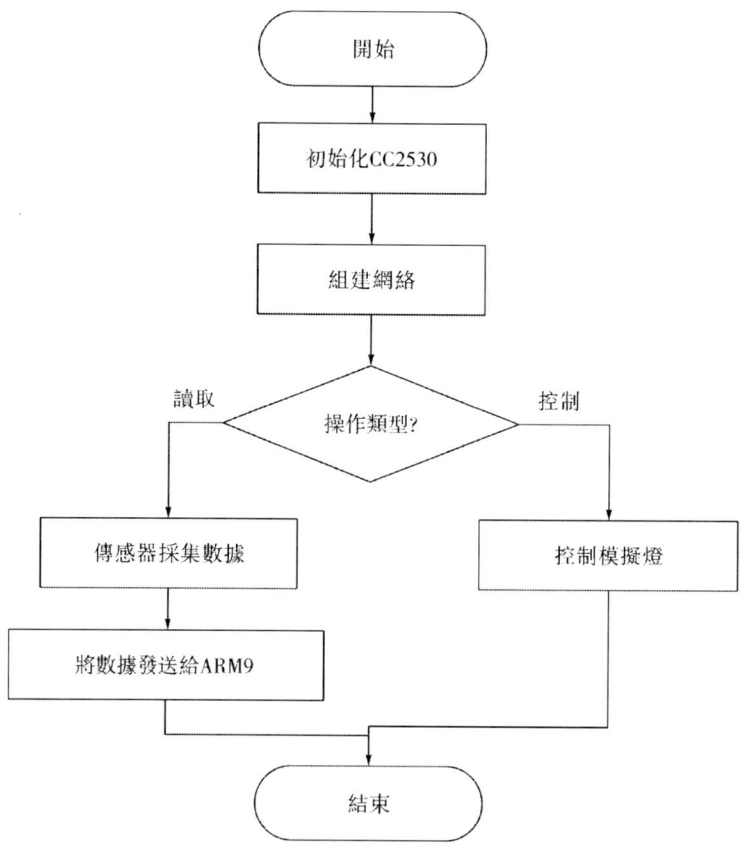

圖 10-11　協調器節點處理數據流程圖

協調器負責建立網路。系統上電后，首先完成應用層初始化操作，然后建立網路。網路建立后，它的功能和路由器一樣，允許節點的加入，進行數據的傳輸。建立網路后，終端節點處於等待狀態，當接收到協調器發送過來的命令是讀取傳感器數據時，則終端節點開始採集溫度、濕度、光照強度、土壤 pH 值、植物葉綠素含量等信息，然后傳輸給協調器，協調器接收節點的數據，將其傳輸給 ARM9 處理器。當協調器發送控製 LED 的命令時，則終端節點控製 LED 燈，用於檢測設備是否工作正常。ZigBee 終端節點處理數據流程圖如圖

10-12 所示。

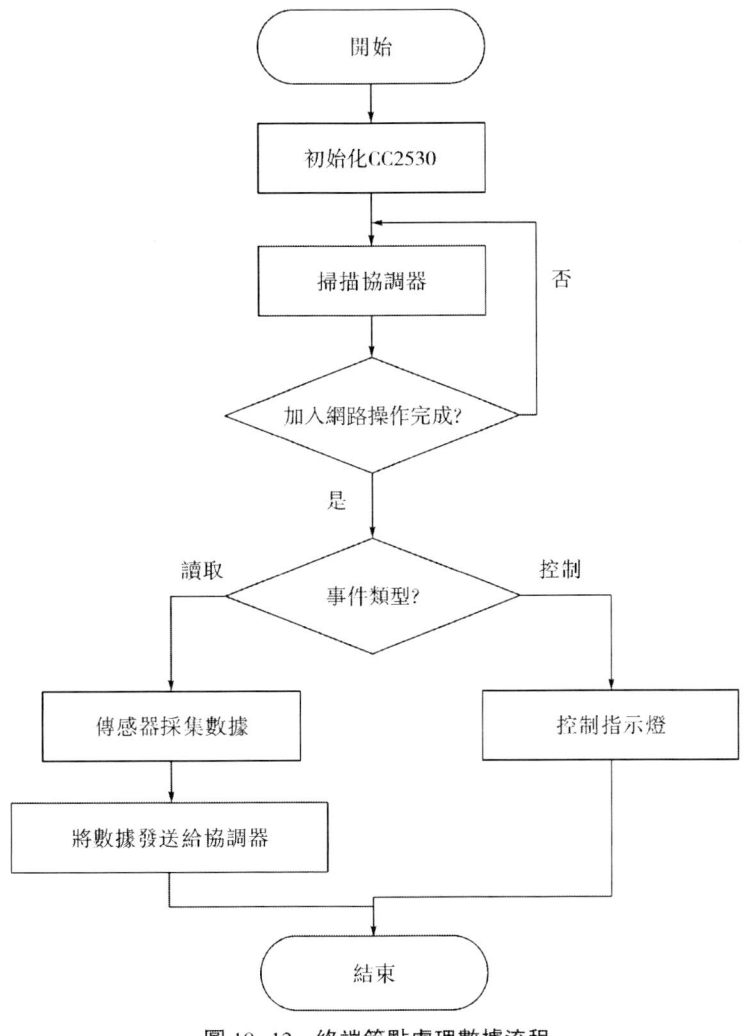

圖 10-12　終端節點處理數據流程

10.5　遠程監控系統實現

　　遠程監控系統的實現首先是設計思路和主界面的搭建，然后就是根據先后次序實現應有的功能。實現過程是整個設計過程的重要組成部分，主要包括應

用程序移植實現、Web 模塊實現、系統數據庫實現、ZigBee 模塊實現。

10.5.1 移植應用程序

應用程序移植主要從嵌入式系統移植、WIFI 無線網卡驅動移植、Boa 服務器移植、數據庫管理系統移植四個方面來實現。

10.5.1.1 移植嵌入式系統

移植嵌入式系統之前，要先構建嵌入式 Linux 系統開發環境，並在 PC 機上安裝 Ubuntu13.04 系統。在系統中安裝交叉編譯工具、Sqlite 數據庫、遠程登錄工具 C-Kermit、dnw 工具。

（1）安裝交叉編譯工具

・解壓 arm-linux-gcc-4.3.2.tgz 壓縮包

tar zxvf arm-linux-gcc-4.3.2.tgz

・配置交叉編譯環境，將 arm-linux-gcc 添加到環境變量中。

#vi /etc/profile

找到 Path manipulation 部分，添加 arm-linux-gcc 所在目錄。修改后，保存配置，重啓系統配置生效。

將以下程度段：

```
#Path manipulation
    if [「$ EUID」= 」0」]; then
        pathmunge /sbin
        pathmunge /usr/sbin
        pathmunge /usr/local/sbin
    fi
```

修改為：

```
#Path manipulation
    if [「$ EUID」= 」0」]; then
        pathmunge /sbin
        pathmunge /usr/sbin
        pathmunge /usr/local/sbin
        pathmunge /usr/local/arm/bin
    fi
```

配置環境的路徑根據自己解壓后包的路徑設置。

（2）安裝 Sqlite 數據庫

・複製 sqlite-3.6.17.tar.gz 到/usr/local 目錄下

・解壓 sqlite-3.6.17.tar.gz。

#tar zxvf sqlite-3.6.17.tar.gz

・新建目錄/usr/local/sqlite_arm

#mkdir /usr/local/sqlite_arm

・進入解壓目錄/usr/local/sqlite-3.6.17 配置 SQLite，執行 configure 命令生成 Makefile 文件。

#cd /usr/local/sqlite-3.6.17

#./configure -prefix=/usr/local/sqlite_arm

・執行 make 命令編譯 sqlite 程序

#make

・執行 make install 將 sqlite 安裝在/usr/local/pc 路徑下。

#make install

・安裝完后進入/usr/local/sqlite_arm 目錄下查看安裝文件。

#cd /usr/local/pc

#ls

bin include lib　　　//安裝目錄下文件

#cd bin

#ls

sqlite3　　　//數據庫訪問工具

（3）安裝遠程登錄工具 C-kermit

C-kermit 是一款集成了網路通信、串口通信的工具。

・安裝 C-kermit

#apt-get install ckermit

・配置文件

使用 kermit 之前，需要在/home/wuhongxi 目錄下面創建一個名為.kermrc 的配置文件，內容如下：

Set line /dev/ttyUSB0　　//USB 轉串口，串口 0

Set speed 115200　　　//波特率 115200

・運行 kermit，啓動串口

#kermit -c

(4) 安裝 dnw 工具

·解壓文件

#tar xvf dnw_ for_ linux. tar. gz

·編譯並加載 secbulk. c 內核模塊

#cd dnw_ linux/secbulk

#make - c /lib/modules/〗 uname -r〗 /build M =〗 pwd〗 modules

·編譯完成后，會生成 secbulk. ko

#ls

Makefile secbulk. ko secbulk. mod. o secbulk. c secbulk. mod. c secbulk. o

·加載模塊到 linux 內核

#insmod ./secbulk. ko

#dmesg

修改/etc/init. d/rc. S 啓動腳本，將加載內核路徑寫進去。

·編譯，生成 dnw 可執行文件

#cd ./dnw

#gcc - o dnw dnw. c

·將生成的 dnw 程序複製到/usr/local/bin 目錄下

#cp dnw /usr/local/bin

·燒寫鏡像后，需重啓系統，查看是否燒寫成功。

從 nordflash 啓動 TQ2440，選擇 a，則終端顯示：

USB host is connected.

Waiting a download.

此時可打開另一個終端。

#dnw root. bin

Bootloader 移植由以下四步完成：

(1) 解壓 uboot 源碼

tar xvfj u-boot-1. 1. 6_ 20120828. tar. bz2

(2) 配置 uboot

make EmbedSky_ config

(3) 編譯：Make

(4) 使用 dnw 工具燒寫鏡像

使用 dnw 工具燒寫。

內核移植通過以下操作完成：

（1）對系統源碼解壓

#tar xvfj linux-2.6.25.8.tar.bz2 – c /opt/EmbedSky

（2）修改「Makefile」文件，使系統支持 ARM

進入內核源碼，將

ARCH ? = (SUBARCH)

CROSS_ COMPILE ? =

修改為「ARCH=arm」和「CROSS_ COMPILE=arm-linux-」。

（3）修改平臺輸入時鐘

因為 TQ2440 使用的是 12MHz 的外部時鐘源輸入，所以應在文件「arch/arm /mach-s3c2440 /mach-smdk2440.c」中，把 16.9344MHz 改為 12MHz，。

（4）製作 TQ2440 配置單

在配置菜單中選擇「Load an Alternate Configuration File」選項加載配置文件，如圖 10-13 所示。

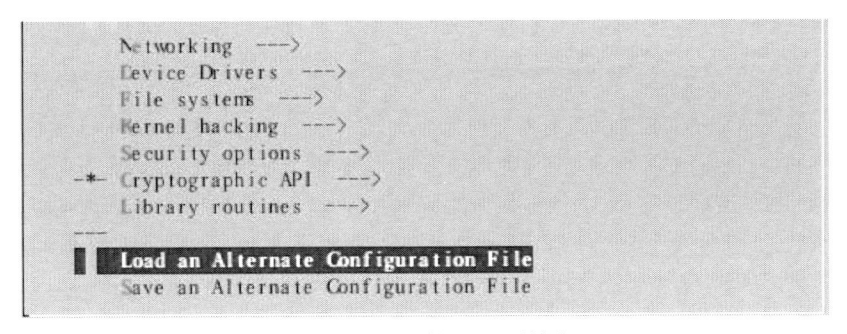

圖 10-13　加載配置文件圖

配置文件路徑操作如圖 10-14 所示。

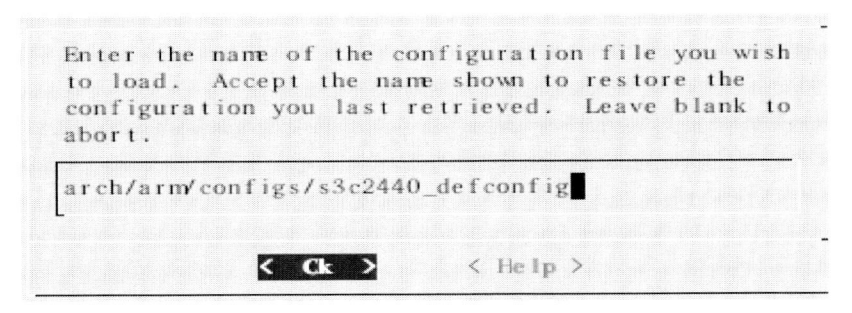

圖 10-14　配置文件路徑圖

單擊「OK」按鈕後，回到配置界面。進入「System Type」後，選擇如圖

10-15 所示系統類型配置圖。

```
Arrow keys navigate the menu.  <Enter> selects submenus --->.
Highlighted letters are hotkeys.  Pressing <Y> includes, <N> excludes,
<M> modularizes features.  Press <Esc><Esc> to exit, <?> for Help, </>
for Search.  Legend: [*] built-in  [ ] excluded  <M> module  < >

    ARM system type (Samsung S3C2410, S3C2412, S3C2413, S3C2440,
[*]   S3C2410 DMA support
[ ]     S3C2410 DMA support debug
      *** Boot options ***
[ ]   S3C Initialisation watchdog
[ ]   S3C Reboot on decompression error
      *** Power management ***
[ ]   S3C2410 PM Suspend debug
[ ]   S3C2410 PM Suspend Memory CRC
(0)   S3C UART to use for low-level messages
```

圖 10-15　System Type 配置圖

（5）保存配置單

選擇選項「Save an Alternate Configuration File」，將其保存為」.config」文件，如圖 10-16 所示。

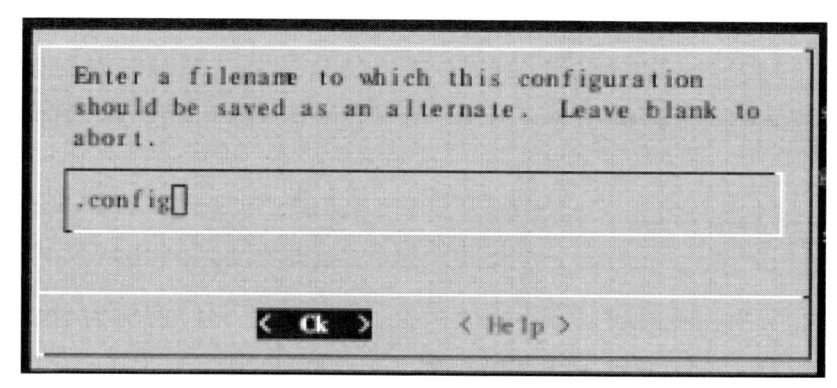

```
Enter a filename to which this configuration
should be saved as an alternate.  Leave blank to
abort.

.config

         < Ok >         < Help >
```

圖 10-16　保存配置單

（6）修改機器碼

在文件「arch/arm/tools/mach-types」中，將 362 改為 168 后保存。

（7）NandFlash 驅動移植

在文件「arch/arm/plat-s3c24xx/common-smdk.c」中，將結構體 smdk_default_nand_part [ ] 內容修改如下：

修改 Nand Flash 讀寫匹配時間，修改 common-smdk.c 文件。

然后修改文件「drivers/mtd/nand/s3c2410.c」中「Chip->ecc.mode = NAND_ECC_NONE」，添加如圖 10-17 所示對應的驅動配置。

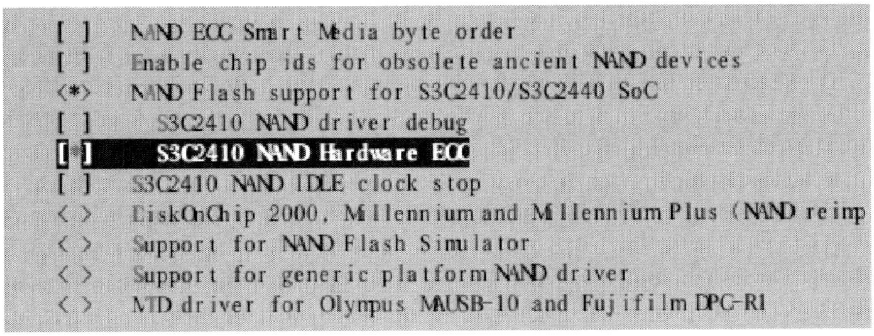

```
[ ]     NAND ECC Smart Media byte order
[ ]     Enable chip ids for obsolete ancient NAND devices
<*>     NAND Flash support for S3C2410/S3C2440 SoC
[ ]       S3C2410 NAND driver debug
[ ]       S3C2410 NAND Hardware ECC
[ ]       S3C2410 NAND IDLE clock stop
< >     DiskOnChip 2000, Millennium and Millennium Plus (NAND reimp
< >     Support for NAND Flash Simulator
< >     Support for generic platform NAND driver
< >     MTD driver for Olympus MAUSB-10 and Fujifilm DPC-R1
```

圖 10-17　驅動配置圖

(8) 完善串口驅動

修改內核源碼文件「drivers/serial/s3c2410.c」，並將 958 行串口設備名修改為 tq2440_seriql。

串口配置如圖 10-18 所示。

```
[*] Extended 8250/16550 serial driver options
[*]   Support more than 4 legacy serial ports
[*]   Support for sharing serial interrupts
[ ]   Autodetect IRQ on standard ports (unsafe)
[ ]   Support RSA serial ports
    *** Non-8250 serial port support ***
<*> Samsung S3C2410/S3C2440/S3C2442/S3C2412 Serial port support
[*]   Support for console on S3C2410 serial port
```

圖 10-18　串口配置圖

(9) 編譯鏡像

修改內核目錄「arch/arm/boot/」下的文件「Makefile」，如下代碼段從第 58 行開始添加，將生成的文件「zImage」複製到內核源碼根目下。

```
$(obj)/zImage: $(obj)/compressed/vmlinux FORCE
$(call if_changed, objcopy)
@cp -f arch/arm/boot/zImage zImage.bin
@echo 『Kernel: $@ is ready』
```

同時修改內核源碼根目錄下面的「Makefile「文件

-type f - print| xargs rm - f rm - f zImage.bin

(10) 使用 dnw 工具燒寫內核鏡像

./dnw zImage.bin

文件系統移植通過以下操作來完成：

（1）獲取 yaffs2 源碼

・複製 yaffs2 源碼到移植的內核 fs \ 目錄下。

・複製 fs \ 目錄下 Makefile 和 Kconfig 文件到內核源碼的 fs \ 目錄下，替換掉原來同名文件。

（2）添加對 yaffs 文件系統的支持

・在 VI 終端輸入：#make menuconfig，進入配置單，添加對 yaffs 文件系統的支持。

・配置完成后，以「．conf」格式保存配置單文件並編譯出鏡像。

（3）製作文件鏡像，獲取 Busybox 並對其修改和配置。

・解壓 Busybox

#tar xvfj busybox-1.13.0.tar.bz2 – c /opt/EmbedSky

・在源碼中修改 Makefile 文件，內容如下：

CROSS_ COMPILE = arm-linux-

ARCH = arm

・輸入#make menuconfig，進入配置單，如圖 10-19 所示。

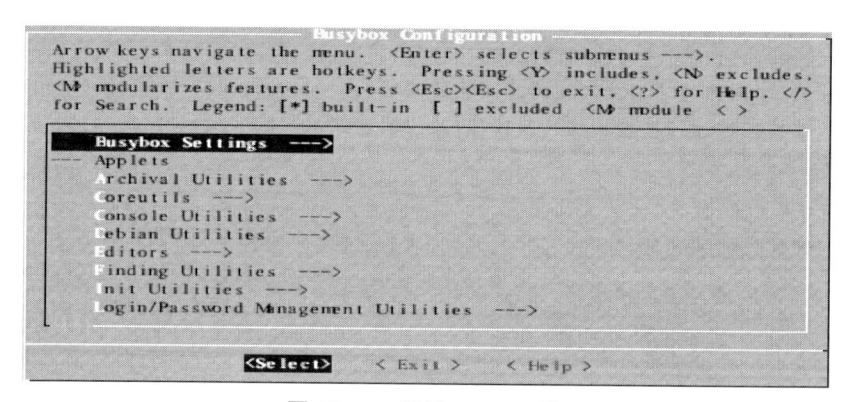

圖 10-19　配置 BusyBox 圖

・在根配置單中，選擇選項「Save Configuration to an Alternate File」，輸入「config_ EmbedSky」后保存。

（4）編譯並安裝 BusyBox

#make

#make install

（5）構建文件系統

```
#make – p /opt/EmbedSky/root_ 2.6.25.8
#cd /opt/EmbedSky/root_ 2.6.25.8
#cp – rf /opt/EmbedSky/busybox-1.13.0/_ install/ * .
#mkdir dev etc home lib mnt opt proc root sddisk sys tmp udisk usr/lib var
```

（6）構建完文件系統，添加內容

init 進程要用到兩個設備文件「/dev/console 和「/dev/null」，使用下面程序段創建。若創建失敗，在文件系統啟動時會出現錯誤提示：「Warning：unabletoopen an console」，即沒有打開控製臺。

```
#cd /opt/EmbedSky/root_ 2.6.25.8/dev
#mknod console c 5 1
#mknod null c 1 3
```

在「etc」目錄下進行如下操作：

```
[inittab]
    # /etc/inittab
    ::sysinit:/etc/init.d/rcS
    tq2440_ serial0::askfirst:-/bin/sh
    ::ctrlaltdel:/sbin/reboot
    ::shutdown:/bin/umount – a – r
    【mdev.conf】
sd [a-z] * [0-9] 0:0,0660 @ (mount – t vfat – o iocharset=utf8 /dev/ $ MDEV /udisk)
    sd [a-z] * [0-9] 0:0,0660 * (umount /udisk)
[boa/boa.conf]
```

Web 服務器移植通過以下操作實現：

```
#! /bin/sh
PATH=/sbin：/bin：/usr/sbin：/usr/bin
runlevel=S
prevlevel=N
umask 022
export PATH runlevel prevlevel
#
#Ttap CTRL-C &c only in this shell so we can interrupt subprocess.
#
Mount - a
Mkdir /dev/pts
Mount - t devpts devpts /dev/pts
Echo /sbin/mdev > /proc/sys/kernel/hotplug
Mdev - s
Mkdir - p /var/lock
/bin/hostname - F /etc/sysconfig/HOSTNAME
```

常用的庫文件放在「lib」目錄下，可執行程序存放在「usr/bin」目錄下。

（7）製作文件鏡像

#cd /opt/EmbedSky

#mkyaffsimage_ 2 root_ 2.6.25.8 root_ 2.6.25.8.bin

（8）將 root_ 2.6.25.8.bin 燒寫進 ARM 中

10.5.1.2 WIFI 無線網卡驅動移植實現

（1）修改配置文件

解壓 2011_ 0517_ RT5370_ RT5372_ RT5390U_ Linux_ AP.tar.bz2 這個文件。進入該目錄下，下面有 3 個文件夾 MODULE、NETIF、UTIL，分別修改 3 個 Makefile 文件將 PLATFORM=SMDK 打開，啟用 SMDK 平臺，Linux_ SRC 是內核的絕對路徑。CROSS_ COMPILE 是交叉編譯路徑。

```
ifeq ($(PLATFORM), SMDK)
LINUX_ SRC=/opt/EmbedSky/linux-2.6.25.8
CROSS_ COMPILE=arm-linux-
endif
```

將 NETIF/os/linux/usb_ main_ dev.c 中添加 MODULE_ LICENSE

（「GPL」）；

將 MODULE/common/rtmp_init.c 中的 MODULE_LICENSE（「RALINK」）修改為 MODULE_LICENSE（「GPL」）；

（2）編譯

回到根目錄進行 make，然后分別在 3 個目錄下生成 rt5370ap.ko、rt5370utilap.ko、rt5370net.ko3 個 ko 文件。

（3）複製的文件

將以上生成的三個驅動文件，再加上 MODULE 下的 RT5370AP.dat 文件複製到開發板上。

（4）開發板配置

在開發板的/etc/Wireless 下創建一個文件夾 RT5370AP，將 RT5370AP.dat 放到此文件下，將三個 ko 文件放到/usr 下面。

（5）加載驅動

Modinfo 查看三個 ko 文件依賴關係，在 ARM 中加載的先後順序為：

#insmod rt5370utilap.ko

#insmod rt5370ap.ko

#insmod rt5370netap.ko

（6）配置 dhcp

能搜到 WIFI 信號，卻連接不上，是因為沒有配置 dhcp，內核應該選三個參考（Packet socket、dhcp support Network packet filtering（replaces ipchains 必選）。將 udhcpd 添加到/etc/init.d/rcS 文件中開機后自啓動。

10.5.1.3 Boa 服務器移植實現

（1）設置編譯環境

解壓 boa-0.94.13.tar.gz 壓縮包

#tar zxvf boa-0.94.13.tar.gz

（2）配置編譯條件

・配置 boa

  #cd boa-0.94.13/src

  #./configure

・修改 Makefile

#vi Makefile

將 CC=gcc、CPP=gcc-E 分別修改成 CC=arm-linux-gcc 和 CPP=arm-linux-g++ -E。

·修改 src/compat. h 文件

將 #define TIMEZONE_ OFFSET（foo）foo##->tm_ gmtoff

修改為：#define TIMEZONE_ OFFSET（foo）foo->tm_ gmtoff

（3）編譯並優化

·執行 make 進行編譯，在 src 目錄下生成 boa 可執行程序。

#make

·去除 boa 中的調試信息

#arm-linux-strip boa

（4）配置 boa

建立正確的配置文件路徑並複製配置文件到該目錄下。

#mkdir /etc/boa

#cp boa. conf /etc/boa

修改 boa. conf

·文件/etc/group 中不存在組名為 nogroup 的組

將 Group nogroup 修改為：Group 0

·CGI 程序環境變量

CGIPath /bin：/usr/bin：/usr/sbin：/sbin：/web/cgi-bin

·DirectoryMaker：不指定預生成目錄信息文件。

DirectoryMaker /usr/lib/boa/boa_ indexer　　//將該語句註釋掉

·指定服務端腳本路徑的虛擬路徑

ScriptAlias /cgi-bin/　/web/cgi-bin

·保存修改后退出。

按 ESC，輸入 wq。

10. 5. 1. 4　移植 Sqlite 數據庫管理系統

Sqlite 數據庫移植主要包括配置交叉編譯參數，交叉編譯數據庫，移植編譯好的文件。

（1）建立交叉編譯、安裝目錄

在/usr/local/目錄下建立 sqlite_ arm 目錄

#mkdir /usr/local/sqlite_ arm

（2）配置交叉編譯參數

#cd /usr/local/sqlite-3. 6. 17

#. /configure － prefix =/usr/local/sqlite_ arm － disable-tcl － host = arm －linux

(3) 交叉編譯和安裝

執行完 configure 命令后生成 Makefile 文件。執行 make 和 make install 進行編譯和安裝，安裝完成後在 sqlite_ arm 目錄下面生成 include、lib、bin 三個目錄。

(4) 移植動態庫文件

把 libsqlite3.so.0.8.6 複製到開發板上的/lib 目錄下面，使用如下命令建立軟連接。

ln – s libsqlite3.so.0.8.6 libsqlite3.so.0

ln – s libsqlite3.so.0.8.6 libsqlite3.so.0.2

(5) 移植執行文件

將 /usr/local/sqlite_ arm/bin 下 Sqlite3 文件複製到開發板/usr/bin 目錄下。

10.5.2　Web 模塊實現

(1) 登錄功能實現

移植完 Boa 服務器后，在 ARM9 上運行 Boa，將 index.html 主頁面放到/web 目錄下面。在瀏覽器地址欄輸入 http：//192.168.1.2，進入主界面，則訪問成功。此界面通過輸入用戶、密碼登錄主界面。當輸入用戶和密碼為空時，彈出對話框顯示輸入不能為空；當輸入錯誤的用戶或密碼時，彈出對話框顯示用戶或密碼錯誤。

(2) 基本信息實現

用戶登錄主界面，點擊「運行狀態」，鏈接到「cgi-bin/RunStatus.cgi」，該功能主要將本地地址、服務器地址、WIFI 信號名、登錄的用戶和密碼顯示在網頁上。用戶可以更加方便地查看本地地址，服務器地址和 WIFI 信號名。

(3) 基本信息設置

在主界面上，點擊「基本設置」，鏈接到「cgi-bin/BaseSet.cgi」。該功能主要包括：①顯示用戶、密碼、WIFI 信號名，服務器地址；②修改用戶、密碼、服務器的地址和信號名。客戶可以根據自己需求，方便地修改服務器地址和信號名。

(4) 遠程顯示實現

在主界面上，點擊「遠程顯示」，進入遠程監控界面。該功能主要實現將不同環境中的溫度、濕度、光照強度數據顯示到網頁上。用戶可以方便地遠程監測環境。

（5）遠程控製實現

在主界面上，點擊「遠程控製」，鏈接到「WebControl.html」頁面，該功能主要實現遠程設備（用 LED 燈模擬）開關控製。客戶可以方便遠程監控。

（6）串口讀寫模塊的實現

串口是網頁和 ZigBee 之間通信的關鍵，具有讀取和寫入數據兩種功能。

①串口監聽進程循環讀取數據，終端節點向協調器發送數據。如果串口監聽進程接收到的命令頭為 RP，則將讀取到的數據插入數據庫。如果串口監聽進程接收到的命令頭是 JO，則說明有新節點加入網路中，需將新節點信息存儲到數據庫中。

②網頁將數據通過管道發送給管道監聽進程之後，管道監聽進程將接收到的數據寫入串口，然后根據寫入的數據進行判斷。如果接收到讀取命令，協調器向終端節點發送讀取命令。終端節點接收到命令后，讀取溫濕度、光照強度等傳感器數據，並將讀取到的數據返回給網頁。如果終端節點接收到控製命令，則根據接收到的不同命令對指示燈進行相應的操作。

10.5.3　系統數據庫實現

Sqlite 不需要任何數據庫引擎。這說明它不需要安裝即可保存數據。

（1）Sqlite 數據庫移植完畢后，需要手動創建數據庫。執行以下命令：

sqlite3 zig_arm.db

（2）創建完數據庫后，需要手動創建終端節點表和傳感器數據表，終端節點表用於存儲終端節點的信息，傳感器數據表用於存儲傳感器數據。執行以下命令創建兩個數據表：

create table node（status integer, addr integer, paddr integer, type char（3）, primary key（addr, paddr））；

create table data（addr integer, light char（5）, temp char（5）, humidity char（5）, primary key（addr））。

（3）操作兩個表之前需要先連接數據庫，其代碼如下

sqlite3_open（"zig_arm.db", &db）

（4）獲取表中的數據，其代碼如下

sqlite3_get_table（db, buf, &azResult, &nrow, &ncolumn, &zErrMsg）

（5）執行 sql 語句

sqlite3_exec（db, buf, 0, 0, &zErrMsg）

(6) 清空 dbResult 存儲內容

sqlite3_ free_ table（dbResult）

(7) 關閉數據庫

sqlite3_ close（db）

10.5.4 通訊模塊的實現

該系統以 ZigBee 網路節點通信為主要通信模塊。CC2530 協調器節點與 ARM9 處理器選用串口進行數據通信，CC2530 終端節點連接溫濕度等傳感器和光照強度傳感器並採集溫度、濕度和光照強度等數據。CC2530 協調器和 CC2530 終端節點通過 ZigBee 協議進行通信。

10.5.4.1 CC2530 協調器節點程序實現

協調器節點主要完成以下功能：

(1) 建立並管理 ZigBee 網路。
(2) 與終端節點進行數據傳輸。
(3) 通過串口實現與 Web 服務端的數據交互。

系統上電後，協調器完成初始化工作，建立網路後，等待新的終端節點加入網路。CC2530 協調器節點有兩個監聽功能，一個是監聽終端節點的數據發送請求，另一個是接收 Web 服務端的控製命令。

終端節點請求連接，協調器接收到 ZDO_ STATE_ CHANGE 消息。收到該消息則打包幀頭、物理地址、網路地址。並將打包後的數據通過串口發送給 Web 服務端，並存儲在 Sqlite 數據庫中。

當協調器通過串口接收到 Web 服務端發送過來的數據時，應用層收到 SPI_ INCOMING_ ZTOOL_ PORT 消息，調用 UartRxComCallBack 這個函數，進行數據的處理。根據相應的處理，向特定的終端節點發送數據，終端節點根據接收到的命令進行相應的處理。

終端節點發送數據給協調器，當協調器接收到數據後，經過協議棧其他層處理後，最終在應用層只需要接收 AF_ INCOMING_ MSG_ CMD 消息即可。將接收到的信息幀通過串口發送給 Web 服務端，並將數據存儲在 Sqlite 數據庫中。

ZigBee 協議規定有兩種地址，一個是物理地址，這是節點的唯一身分證號，要求網路內每個節點都必須有唯一的物理地址。另一個是網路地址，節點網路地址隨著是由網關自動分配的。這個地址每次重新加入網路會隨著路由路徑不同，而發生改變。ZigBee 使用網路地址通訊。節點加入網路後，會將網路

地址和物理地址進行配對並發給需要的某個節點。

10.5.4.2　CC2530 終端節點程序實現

終端節點根據協調器發送過來的讀取命令，採集溫度、濕度、光照強度、土壤 pH 值、植物葉綠素含量等數據，並將數據發送給協調器。從低功耗方面考慮，終端節點採用電池作為供電電源。為保證長期正常工作，終端節點採用休眠的工作方式，當接收到協調器發送過來的命令時，終端節點被喚醒。

終端節點上電後，完成一系列初始化工作，主動查找協調器節點成功啟動的網路，等待加入網路。成功加入網路後，終端節點將自己的信息（節點類型、節點地址）發送給協調器節點，監聽協調器是否有數據發送過來。當收到 AF_ INCOMING_ MSG_ CMD 消息時，終端節點解析接收到數據。如果終端節點接收到讀取命令，則讀全部傳感器節點數據，並將讀取到溫度、濕度、光照強度、土壤 PH 值、植物葉綠素含量等數據發送給協調器節點。如果接收到控製數據，則根據收到的不同數據對指示燈進行相應的操作。在任務完成之後，終端節點進入休眠狀態。

10.5.4.3　串口通信實現

協調器需要跟 Web 服務器之間通過串口進行信息交互，因此協調器通過 MT_ UartInit 函數進行串口初始化和處理數據操作。

Web 服務器與協調器之間的通信是雙向的，包括 Web 服務器向協調器發送數據以及協調器返回數據給 Web 服務器。為了方便數據通信，需要制定串口通信協議。通信協議表如表 10-3 所示。

表 10-3　　　　　　　　　通信協議表

任務類型	命令頭	父節點地址	網路地址	節點類型	數據緩衝區
2 字節	2 字節	2 字節	2 字節	3 字節	7 字節

定義發送串口接收緩衝區和發送緩衝區，緩衝區大小可以根據自己的需要定義，然后調用 HalUARTRead 函數讀取串口數據。

10.6　測試結果

為了保證該系統功能完整、可用，需要進行測試。由於 ZigBee 可靠傳輸距離是 10-75m，所以按照間距為 60~70m 的標準將 10 個 ZigBee 終端節點分別放置到不同的農田區域中。

通過手機登錄服務器，點擊「遠程控製」，選擇區域 1，選擇指示燈 1 亮，則可控製區域 1 中指示燈 1 亮，如果選擇滅，區域 1 中的指示燈滅。點擊「添加」，則添加一個區域，將另一個 ZigBee 終端節點放到該區域中，則也可實現指示燈的控製。

用戶用手機連接 WIFI，登錄服務器。登錄成功后，用戶可以選擇任意模塊，如「遠程顯示」，則進入該界面，選擇區域號碼后，點擊「顯示」，則在本網頁上面顯示該區域的溫度、濕度、光照強度、土壤 PH 值及農作物葉綠素含量等信息，某次檢測的結果如表 10-4 所示。

表 10-4　　　　　　　系統採集的農田數據表

Node number	Temp (℃)	Humidity (%)	Light (%)	pH	crpCc (mg/g)
No. 1	17.63	20.32	63.82	5.613	5.72
No. 2	17.74	20.57	70.16	5.625	7.21
No. 3	17.52	20.43	65.15	5.632	6.34
No. 4	17.66	20.66	69.22	5.615	6.70
No. 5	17.56	21.38	70.37	5.723	7.18
No. 6	17.83	21.57	68.59	6.042	6.59
No. 7	17.92	21.61	69.22	5.931	7.01
No. 8	17.73	20.78	68.78	6.125	6.82
No. 9	17.64	24.39	70.22	6.214	7.19
No. 10	17.83	22.71	70.31	6.038	7.27

從實驗結果可知，本系統具有良好的擴充性，可根據需要改變網路的容量。

10.7 本章小結

本章主要完成了基於 ZigBee 的智能農業環境遠程監測系統的設計與實現。在整個設計過程中，主要完成以下幾方面的工作：

（1）設計並實現遠程客戶端與控制中心通過 WIFI 的遠程通信。

（2）移植 Linux 系統，選擇 Boa 作為 Web 服務器，開發 CGI 程序，建立交

叉編譯環境，實現與用戶的交互。

（3）設計並實現 Web 監控平臺用於遠程監控。通過 Web 客戶端遠程監測農作物周圍的溫度、濕度、光照強度、土壤 pH 值、農作物葉綠素含量並遠程控製指示燈。

實驗結果表明，本系統可實時、準確採集數據，實現了由手機、筆記本、PC 機等客戶端遠程監測農業環境數據的目的。為將數據輸送到智能決策系統，根據決策結果進而指導農業生產做好了準備工作。

由於本遠程監控系統具有一定的通用性，所以用戶可以根據生活中需要解決的實際問題將其改建成具有自適應性的遠程監控系統，從而拓展網路的應用領域。

參考文獻

［1］王小強、歐陽駿、黃寧淋. ZigBee 無線傳感器網路設計與實現［M］. 化學工業出版社，2012，6.25-189.

［2］劉剛、趙劍川. Linux 系統移植［M］. 清華大學出版社，2014，2.24-153.

［3］鄭強. Linux 驅動開發入門與實踐［M］. 清華大學出版社，2014，2.10-198.

［4］韋東山. 嵌入式 Linux 應用開發完全手冊［M］. 人民郵電出版社，2008，8.120-160.

［5］孫戈. 基於 S3C2440 的嵌入式 Linux 開發實例［M］. 西安電子科技大學出版社，2010，5.40-160.

［6］Yongfei Y, Minghe L, Hongxi W. et al. Design of Farmland Environment Remote Monitoring System Based on ZigBee Wireless Sensor Network［C］. The 4th IET/IEEE International Conference on Frontier Computing（FC 2015），Thailand，2015，9：355-364.

［7］王軍. JavaScript 入門經典［M］. 人民郵電出版社，2012，7.20-189.

［8］徐誠、高瑩婷. Linux 環境 C 程序設計［M］. 清華大學出版社，2010，1.51-200.

［9］王桐、陳立偉、王紅濱. 零點起步嵌入式編程入門與開發實例［M］. 機械工業出版社，2011，2.18-100.

［10］韓少雲、奚海蛟. ARM 嵌入式系統移植實戰開發［M］. 北京航空航天大學出版社，2012，5.37-183.

［11］楊水清. 精通 ARM 嵌入式 Linux 系統開發［M］. 電子工業出版社，2012，5.54-178.

［12］劉波文、黎勝容. ARM 嵌入式項目開發三位一體實戰精講［M］. 北京航空航天大學出版社，2011，10.48-240.

［13］李文仲. ARM9 微控製器與嵌入式無線網路實戰［M］. 北京航空航天大學出版社，2008，6.34-156.

［14］Stanley B. Lippman. C++ Primer［M］. 人民郵電出版社，2006，10-65.

［15］Essential C++. Stanley B. Lippman［M］. Addison Wesley，2002，29-89.

［16］Eckel | Bruce. Thinking in C++［M］. Prentice Hall，2000，78-100.

［17］於海業，羅瀚，任順等. ZigBee 技術在精準農業上的應用進展與展望［J］. 農機化研究，2012（8）：1-6.

［18］龐娜，程德福. 基於無線傳感器網路的溫室監測系統設計［J］. 吉林大學學報，2010，28（1）：55-60.

結　論

　　隨著通信技術的高速發展，無線自組網的應用範圍得到越來越寬廣的拓展。Ad Hoc 網路的廣泛應用在便利人們工作生活的同時也暴露出更多能被攻擊者利用的致命弱點。在一個信息時代，通信網路的安全性是大家廣泛關注的焦點。在 Ad Hoc 網路中，魯棒的拓撲結構、可信的認證方案、強健的加密算法及安全的路由策略是安全機制的命脈。只有各方面密切配合、協作運行，才能保證網路的可用性、保密性、完整性及認證性。

　　Ad Hoc 網路是一種新型的網路，有著與傳統無線和有線網路完全不同的組網特點，因此傳統安全機制並不能完全適用於此種網路系統。目前關於 Ad Hoc 網路技術的相關研究很多，在國內外存在眾多有權威的研究機構及大量有參考價值的文獻。通過分析 Ad Hoc 網路的特點、存在的安全隱患及對安全機制的需求，匯集多年研究成果，本書建立較為完善的 Ad Hoc 網路安全體系。在這個安全體系中，將網路拓撲結構設計、節點身分認證管理、數據加密、組播密鑰管理及安全路由策略實現等安全要素全方位融合，形成有機整體，針對現存的各種攻擊及安全漏洞，提供有效的抵禦方案。

　　針對 Ad Hoc 網路的組網特點，本書提出以下安全技術解決方案：

（1）使用 B-樹的結構構建網路的拓撲結構

　　提出基於 B-樹的模式組建合理的 Ad Hoc 網路拓撲結構。方案依據用戶身分，合理設置各種用戶在網路中的位置，解決了組網的關鍵問題。採用 B-樹結構對網路用戶進行成組的劃分從而形成層次結構。充分利用多分支平衡樹的優勢，合理組織網路中的移動設備，大大提高網路的可用性、有效性、擴展性和安全性，所以方案具有一定的實用價值。

　　利用 B-樹結構組織網路用戶，結點生成及維護操作簡單，用結點作為網路中的組方便對用戶進行管理；當用戶加入、退出網路時，網路能夠迅速調整，節約網路重構時間，符合 Ad Hoc 網路快速組網的特點；能快速定位網路用戶，使得通信有針對性地進行。

（2）設計一種安全的先驗式路由策略

充分考慮 Ad Hoc 網路的特點和局限性，對原先驗式路由協議進行改進，提出一種新的安全先驗式路由策略 SDSDV，以此抵抗針對此類路由協議的各種典型攻擊。SDSDV 路由策略主要運用了以下幾個技術點：

源節點的身分和目的節點的身分分別在路由請求階段和路由響應階段保護起來。利用隱藏的數據，單向散列函數對通信路徑上傳輸的路由信息真偽進行識別。使用單向散列函數（哈希函數）保護路由信息，可保證只有指定節點才有權限獲取完整的相關路由信息，同時還使非法用戶失去對路由信息異常獲取的機會。

在建立 Ad Hoc 無線自組網中源節點和目的節點之間的通信路徑時使用了非對稱加密算法保護路由數據。當通信鏈路創建完成後，使用對稱加密算法對傳輸數據加密以保證數據的機密性。

節點身分認證系統採用的是分佈式認證方案。在這裡主要還是參考 Shamir 門限思想，將信任分散，節點身分認證服務器由網路中多個節點共同承擔。通過這種操作保證了網路的認證性和可用性。

以上多個技術點的使用解決了路由信息和用戶數據在傳輸過程中的安全問題，保證了完整的、可認證的路由建立，提供了安全可靠的通信通道，降低網路被攻陷的風險。

（3）設計了安全節點身分認證方案

通過分析 Ad Hoc 無線自組網中各種認證方案的優劣，針對大型的分層網路拓撲結構，提出一種基於簇的系統認證私鑰管理機制。在這種認證管理機制中主要以完全分佈式認證系統為理論依據。基於簇的系統認證私鑰管理方案中將網路系統中用於認證節點身分的私鑰以秘密享的方式進行分割，將分割成的子秘密派發到各個簇中；然後各個簇把接收到的子秘密作為簇的私鑰再進一步的分割，仍然使用秘密共享的思想進行管理。

當網路中有新節點加入或某個節點的身分受到質疑時，可以運用本認證方案對其進行身分識別，合法節點即可獲得證書。由於方案中網路的系統私鑰與簇私鑰有著緊密的聯繫，因此入侵者捕獲系統私鑰的攻擊行為難以實現。考慮到網路節點的移動性，在方案中設置了一個安全閾值用於控制節點可被認證的最大限度，降低網路被摧毀的風險。由於系統的認證私鑰被細化到每個節點的手中，因此通過認證的節點的身分可信度更高，同時這種精細的管理方案也使系統私鑰洩露的機率減小，保證了系統的安全性，也保證了網路的可用性。

(4) 設計自組織組密鑰管理方案

當 Ad Hoc 無線自組網的規模較大時，需要對其分組管理，而組內的廣播通信在信息傳遞中占據主要地位。如何確保組內信息的安全性主要依賴於組密鑰的管理。充分分析前人對組密鑰的研究成果，結合 Ad Hoc 無線自組網的特性，提出了一種可由網路節點自我管理組密鑰的策略。

Ad Hoc 無線自組網中的節點移動性強，當初始化完成之後，網路需要對節點進行動態管理。組密鑰的作用主要是用於加密組內傳輸的數據信息。本組密鑰管理方案具有適應 Ad Hoc 無線自組網自主運行特徵的自組織性。當網路中加入了新的節點時，為保證以前組內傳輸的加密信息不被新成員破譯，則需要及時更新組密鑰；而當網路中有節點要退出網路時，為避免以後的加密信息再被其解密，也需要及時更新組密鑰。自組織的組密鑰管理方案很好地解決了以上安全問題，保證了組密鑰的前向和后向安全。組密鑰的更新操作由組內節點自主完成，無需第三方參與。在組內發放新密鑰時借助於拉格朗日插值多項式，充分利用公鑰加密算法和對稱加密算法的優勢，大大減少了入侵者非法獲取新密鑰的機會。方案中為各個網路節點分配了公/私密鑰對，其中公鑰是基於節點的身分生成，而私鑰是運用橢圓曲線加密算法計算得到，此方法適應 Ad Hoc 無線自組網節點計算能力及能量有限的優點，延長了網路的生存期。

自組織組密鑰管理方案具有存儲開銷小、能源消耗小、自組織、高安全性等優點，完全適應 Ad Hoc 無線自組網的特性。

書中對 Ad Hoc 網路中的 MAC 訪問控製和差錯控製也進行了詳細說明，為網路數據傳輸的可靠性提供了保障。對 Ad Hoc 網路中另外的一些安全因素也作了詳細的分析，如節點定位管理、時鐘同步、數據訪問、數據融合與聚合以及移動管理等，並針對這些關鍵技術中存在的漏洞給出了對抗惡意攻擊的解決方案。

基於實地操作條件受限及資金需求的考慮，對於大部分的 Ad Hoc 網路實驗都可以利用模擬仿真平臺來進行。在文中介紹了幾種實用而又功能強大的仿真平臺，包括 OPNET（Optimal Network）、NS-2（Network Simulator）、QualNet 和 OMNeT++等。對幾種無線網路仿真平臺的主要功能及基本使用方法做了介紹，有需要的用戶可以選擇使用。

在本書的最后一章中，是一個關於 Ad Hoc 網路的應用實例。為改變中國農業生產傳統管理方式，利用 ZigBee 技術近距離無線傳輸的優勢，設計並實現了基於 ZigBee 的農業環境遠程監測系統。該系統綜合通信、計算機及網路各方面技術，利用農田中鋪設的傳感器可實時、準確地採集農田中溫度、濕

度、光照強度、土壤 PH 值、植物葉綠素含量等數據,為智能農業生產提供可靠數據,從而提高農業管理智能化水平,推進農業生產現代化進程。

　　Ad Hoc 網路安全是一個複雜的問題,網路的應用層、傳輸層、網路層、鏈路層及物理層等五層網路協議都會發生針對性的攻擊行為。為滿足可用性、完整性、認證性及保密性四個方面安全需求,一個健全的安全機制應該包含路由協議、密鑰管理及入侵檢測和響應等多方面的內容。

　　隨著通信技術的不斷發展,Ad Hoc 網路將會面臨更多的問題,因此關於網路的安全體系研究是本人將來持續研究的重點內容。

致　　謝

　　本書從選題、確定預期目標、制訂工作計劃到具體內容的撰寫修改，我的家人給予了寶貴的建議，並親自幫我校對文稿，陪我走過這一段艱難的歷程。

　　感謝課題組及科研室全體同學在參考資料方面給予我的啓發和幫助！感謝辦公室同事對我工作的支持和幫助，使我能夠抽出時間完成本書的寫作。同時，也向所有在學習、工作和生活中給予我關心、支持與鼓勵的家人、同事、同學、朋友們表示感謝！

　　本書的順利完稿離不開該領域國內外專家、學者的科研成果，在此對書中所有參考文獻的作者、譯者以及出版單位致以誠摯謝意！

葉永飛

國家圖書館出版品預行編目(CIP)資料

Ad Hoc網路安全體系 / 葉永飛 著. -- 第一版.
-- 臺北市：崧燁文化，2018.09
　面　；　公分
ISBN 978-957-681-611-6(平裝)
1.資訊安全 2.網路安全
312.76　　　　107014698

書　　名：Ad Hoc網路安全體系
作　　者：葉永飛 著
發行人：黃振庭
出版者：崧博出版事業有限公司
發行者：崧燁文化事業有限公司
E-mail：sonbookservice@gmail.com
粉絲頁　　　　　網　　址：
地　　址：台北市中正區重慶南路一段六十一號八樓815室
8F.-815, No.61, Sec. 1, Chongqing S. Rd., Zhongzheng Dist., Taipei City 100, Taiwan (R.O.C.)
電　　話：(02)2370-3310　傳　真：(02) 2370-3210
總經銷：紅螞蟻圖書有限公司
地　　址：台北市內湖區舊宗路二段121巷19號
電　　話：02-2795-3656　　傳真:02-2795-4100　網址：
印　　刷：京峯彩色印刷有限公司（京峰數位）
本書版權為西南財經大學出版社所有授權崧博出版事業有限公司獨家發行
電子書繁體字版。若有其他相關權利及授權需求請與本公司聯繫。

定價：450 元
發行日期：2018 年 9 月第一版
◎ 本書以POD印製發行